三维激光测风雷达产品分析与应用

马　明　张　杰　周鼎富等　著

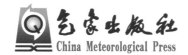
气象出版社
China Meteorological Press

内 容 简 介

本书以实际应用为导向,基于长期的一线观测研究资料,详细介绍了三维激光测风雷达的产品意义和应用。全书共 9 章,内容包括激光测风雷达的系统概述、探测模式和主要产品介绍、产品意义和应用探讨、不同天气环境下测风产品的图像特征、不同地理环境下的风场特征、低空风切变探测、特殊风场过程分析、探测性能讨论等。本书可供从事激光测风雷达产品气象应用的业务人员、科研人员和高校师生等使用,也可作为大气探测等专业研究生的教材。

图书在版编目（ＣＩＰ）数据

三维激光测风雷达产品分析与应用 / 马明等著. --
北京 ： 气象出版社, 2021.9（2022.7重印）
ISBN 978-7-5029-7558-6

Ⅰ. ①三… Ⅱ. ①马… Ⅲ. ①三维－激光技术－应用
－测风雷达－研究 Ⅳ. ①TN959.4

中国版本图书馆CIP数据核字(2021)第192245号

三维激光测风雷达产品分析与应用
Sanwei Jiguang Cefeng Leida Chanpin Fenxi yu Yingyong

出版发行：气象出版社				
地　　址：北京市海淀区中关村南大街 46 号		**邮政编码**：100081		
电　　话：010-68407112（总编室）　010-68408042（发行部）				
网　　址：http://www.qxcbs.com		**E - m a i l**：qxcbs@cma.gov.cn		
责任编辑：张锐锐　孔思瑶		**终　　审**：吴晓鹏		
责任校对：张硕杰		**责任技编**：赵相宁		
封面设计：艺点设计				
印　　刷：三河市君旺印务有限公司				
开　　本：787 mm×1092 mm　1/16		**印　　张**：16.25		
字　　数：430 千字				
版　　次：2021 年 9 月第 1 版		**印　　次**：2022 年 7 月第 2 次印刷		
定　　价：98.00 元				

本书如存在文字不清、漏印以及缺页、倒页、脱页等,请与本社发行部联系调换。

《三维激光测风雷达产品分析与应用》
编写组

马　明　张　杰　周鼎富　牛向华　杨泽后
夏珅宁　刘迅速　廖　斌　陈春利　罗　雄
李明利　范　琪　靳国华　周　杰　冯力天
冯振中

前　言

低空大气风场实时高精度测量，在气象预报、航空安全保障、风能资源开发以及军事领域等均具有重要的意义和应用价值。目前常用的风场遥感测量的手段有微波雷达、超声波雷达以及激光雷达。激光多普勒测风雷达以其高角度分辨率、高速度分辨率、高距离分辨率、强抗干扰能力以及在体积重量等方面的独特优势，成为晴空条件下备受关注的大气风场测量手段，广泛应用于三维风场测量、大气湍流探测与跟踪、风切变预警、飞机尾迹涡流探测等方面。

关于激光测风雷达测量体制、模式、数据处理等方面的研究文献众多，而关于激光测风雷达产品的应用则较为少见，系统的梳理讨论尚未见诸文献。做出好的探测系统是基础，用好探测产品为国民经济服务才是关键，也是我们持续追求的目标。长期以来，作者所在的研究团队深感在激光测风雷达蓬勃发展的大背景下，国内缺乏一本书，能够使读者较为系统地了解激光测风雷达的探测模式、主要产品，以及关于产品意义的解读和产品应用的场景。因此，我们决定编写一本专门论述三维激光测风雷达产品气象应用的书。

本书主要面向从事激光测风雷达产品气象应用的业务人员、科研人员和高校师生等。全书共9章，马明、周鼎富负责总体框架设计，张杰负责统稿和内容审定。具体分工如下：第1章由马明、周鼎富撰写，第2章由牛向华、罗雄撰写，第3章由张杰、范琪撰写，第4章由夏珅宁、杨泽后撰写，第5章由牛向华、刘迅速撰写，第6章由廖斌、陈春利撰写，第7章由马明、冯力天撰写，第8章由张杰、冯振中撰写，第9章由周杰、李明利、靳国华撰写。

本书的撰写得到了中国人民解放军61540部队、西南技术物理研究所、成都信息工程大学的大力支持。本书中所表达的所有观点、结论或建议仅代表作者的个人观点，不代表上述单位的观点。此外，特别感谢西南技术物理研究所和成都信息工程大学在素材整理、文字编辑等方面提供的帮助；感谢责任编辑张锐锐和孔思瑶，她们的热心与责任心，确保了本书及时完成，最终成稿。

本书写作过程中得到众多单位和同志们的热情鼓励和多项支持，主要单位是：四川西物激光技术有限公司、北京云极限科技有限公司、北京威胜通达科技有限公司、北京航空气象研究院、中国民航大学、民航西北空管局气象部、民航青海空管分局、民航甘肃空管分局气象台、民航四川监管局空管处、四川机场集团攀枝花机场航务部、民航云南丽江监管局空管处、云南机场集团昆明机场航务部、丽江机场航务部、张家口赛区冬奥气象中心、首都体育学院等。

对本书撰写提供帮助的主要人员是：朱克云、张涛、黎倩、许皓琳、罗辉、郑佳峰、黄轩、任超、王攀峰、曾祥能、甘永进、邸宏伟、端木虹、马晓玲、田维东、王宗敏、田志广、孟晓黎、

1

刘银松、程明、张元忠、庄子波、陈星、张开俊等。

在本书稿完成搁笔之际,对上述单位和同志们的积极帮助和指导,表示深深的感谢!由于编者水平有限,书中难免存在错误和不当之处,欢迎读者批评指正。

作者

2021 年 5 月

目 录

第 **1** 章

激光测风雷达概述

1.1 激光雷达概述

激光(Light Amplication by stimulated Emission of Radiation,LASER),又叫受激辐射光放大、镭射、光激射器等,其理论基础是爱因斯坦 1916 年提出的物质受激辐射理论。1960 年,美国休斯公司科学家 Theodore Maiman 利用强闪光灯激励掺杂铬原子的红宝石晶体实现了世界上首次辐射光输出,时隔仅一年之后的 1961 年,中国科学家王大珩、邓锡铭、王之江等也在长春光机所研制出我国第一台红宝石激光器。1964 年,我国著名科学家钱学森建议将该种辐射产生的新型光的中文名称统一为"激光"。

激光器的基本组成包括了激活介质、泵浦源及谐振腔(图 1.1.1),激光产生必不可少的条件是激活介质中需要产生粒子数翻转和增益大于损耗。从激光工作原理来看,激活介质的量子能级辐射跃迁导致激光具有强单色性和好的相干性,使得光束在自由空间中可按高斯光束进行远距离传输,并可在小的束散条件下承载较高的功率密度。因此,激光具有好的单色性、相干性、准直性及高亮度等基本特点,这些特点使得激光在军民各行各业得到极大的关注与发展。

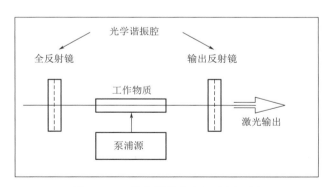

图 1.1.1 激光器的基本组成原理图

激光器的发明是 20 世纪科学技术的一项重大成就,经过 60 年的不断进步,各类新型激光器不断出现,先后出现了固体、气体、半导体、光纤等多种类激光器,工作波长覆盖紫外、可见光、近红外、中长波红外及太赫兹波段等,并在频谱域(超短波、超长波、可调谐、单频、宽光谱)、时空域(超快超高峰值、窄波束及准直性等)及能量域(高亮度、大功率、高能等)等各个方面都有极佳的表现,与其他技术手段相结合,在军民各个应用领域得到极大发展与应用,成为 20 世纪和 21 世纪世界科技大变革的一项重要支撑技术。

激光雷达(Laser Detetion and Ranging,LADAR 或 LIDA),是以激光作为信息载波,以光电探测器为接收器件,以光学望远镜为发射与接收天线,通过信号处理与数据反演,实现对目标探测的雷达(Radar)系统。激光雷达几乎利用了激光的时空域、频域及能量域的所有特征,与微波雷达相比,在大气传输特性、目标反射/散射特性、目标信息特性、信息处理及数据反演特性等方面具有自己独有的特点,可获得远程弱小目标的众多特征,如空间距离、方位、形态、速度、振动频谱、光谱、偏振等,具有远程、高精度、小型、多要素探测能力,能够实现对目标区的目标态势、地理环境、气象水文等多种复杂环境下的探测与感知,为不同应用提供远程、实时、高精度及多维度的信息,是未来高技术发展必不可少的重要信息感知手段。

自从激光出现以后,世界各国在激光雷达领域大力发展,先后发展了从目标态势识别与感知、精确打击、超远程目标探测、空间探测及环境探测等多种应用的激光雷达系统,具有目标搜索、探测、识别、跟踪及预警等多种功能,并在多种平台上应用,对军民发展应用起到了重要的作用。图 1.1.2 为激光雷达的基本工作原理图。

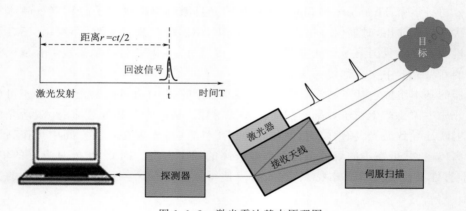

图 1.1.2 激光雷达基本原理图

一般的激光雷达主要由激光发射分系统、探测接收分系统、光学发射与接收天线、雷达信息处理分系统、扫描与伺服分系统、雷达综合控制分系统、通讯分系统、电源分系统及辅助部件等组成。如图 1.1.3 所示。其中激光发射分系统、探测接收分系统以及信息处理分系统,是雷达系统的核心。

与普通微波雷达相比,由于激光雷达采用了波长很短的激光作为载体,因此激光雷达在距离、速度等分辨率上具有较大的优点,同时,还具有隐蔽性好、抗有缘干扰能力强、低空探测性能好等优点,在系统体积、重量、功耗等方面,也具有较多的优势。但需要注意的是,激光在大气中传输时,与大气分子及气溶胶等产生吸收及散射效应,激光传输受到衰减,因此激光雷达的工作性能易受天气和大气影响。图 1.1.4 为不同波段的激光在大气中的传输透过率情况。在激光雷达的工作波段选择,需要仔细考虑大气传输因素,尽量选择处于大气窗口的激光波段。

激光雷达的种类繁多,其典型分类参见图 1.1.5,其中每一种分类方式可以根据要求再细分出很多内容。

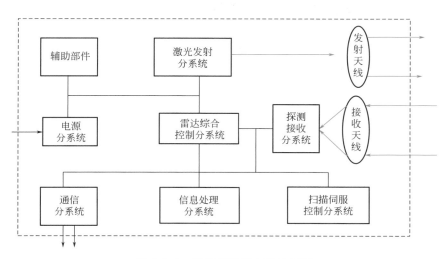

图 1.1.3　激光雷达基本组成框图

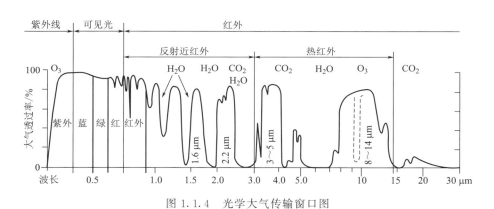

图 1.1.4　光学大气传输窗口图

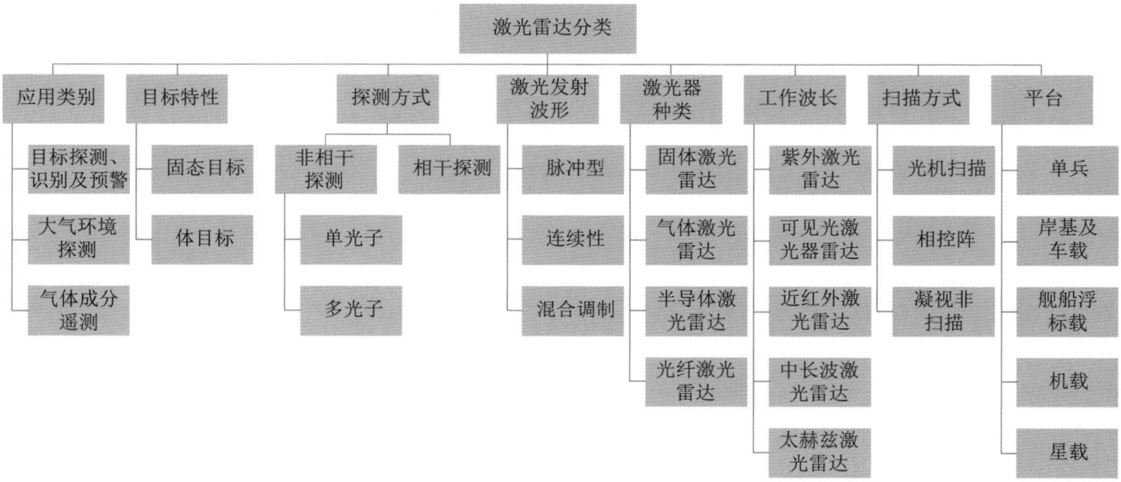

图 1.1.5　激光雷达主要分类

■ 1.2　激光多普勒测风雷达

1.2.1　风场测量技术及发展

　　风是由于太阳活动、潮汐变化等导致的地球大气流动变化的一种自然现象。风对人类生产、生活及各项活动有重要的影响,与人类长期发展密不可分。在气象、环保、风电、体育比赛、交通、建筑及各类军事行动等,均对大气风场进行实时快速准确的探测与预报分析有强烈的需求。对大气风场进行实时快速准确的探测与预报分析,对提高长期天气预报的准确性、风暴预报的准确性、改进气候研究模型、军事环境预报、飞机安全飞行、舰船安全航行等方面具有重大意义。

　　传统的大气风测量手段主要包括原位接触式测量和远程遥感测量。前者包括如机械风杯、热线测风仪、超声波测风仪等,传感器具有结构小巧紧凑、价格低等优点,但应用中只能对传感器的安装位置及经过路径上接触到的风进行测量,如各种气象站,以及探空气球、气象火箭等。

　　而遥感测量手段包括微波风廓线雷达、气象雷达、超声波雷达(声达),激光测风雷达、卫星等,可实现对一定距离范围内的大气风场的遥感测量。空中风向、风速的精确测量和空中流场准确分布测绘一直是世界各国重要研究课题。以前的风向、风速数据主要来源于无线电探空测风仪、地面风杆、海洋浮标、海洋观测船、航空飞行器以及卫星,它们在覆盖范围、观测频率、数据精度等都有很大限制。针对社会生产的发展,世界气象组织提出了全球范围的高分辨率大气风场数据的迫切需要,对近地层直接三维风场测量已经提到日程上来。

　　表1.2.1为几种典型的风场遥感测量技术的对比表。

表 1.2.1　几种典型的风场遥测技术比对表

测量原理	天气雷达	风廓线雷达	声达	激光测风雷达
探测对象(示踪物)	云、雨、雪、降水等	大气湍流	大气	大气分子、气溶胶
载波波段	微波(X、C、S)	微波(UHF)	声波	激光
测量原理	通过测量云雨等对微波反射信号的多普勒频移,解算含有水汽的大气移动速度	通过测量大气湍流对微波反射信号的多普勒频移,解算风廓线的运动速度	通过大气对声波反射信号的多普勒频移解算风速	通过测量大气分子或气溶胶对激光散射的多普勒频移,解算风速
水平范围	0.2～300 km			周边10～20 km范围
垂直范围	0.1～22 km	0.1～16 km	0～200 m	0～5 km(受气溶胶浓度限制)
空间分辨率	200 m	50～100 m	10～30 m	10～200 m
时间分辨率	1 s(点扫描刷新率)	3 min	3 min	1 s(点扫描刷新率)
风速精度	1 m/s	2 m/s	1 m/s	0.5 m/s
风向精度	15°	10°	10°	5°
典型尺寸	天线(直径约1 m)+后端系统	5 m×5 m×5 m	0.5 m×0.5 m×0.5 m	0.5 m×0.5 m×0.5 m
重量	数吨	数吨	20～50 kg	10～200 kg

测量原理	天气雷达	风廓线雷达	声达	激光测风雷达
主要缺点	需要有云雨目标配合	精度低、体积大、价格高,低空探测困难	探测范围小、受周边环境影响大	在降雨或云层较厚天气下探测威力有一定影响
主要优点	探测距离远	探测高度高,受环境天气影响相对较小	价格低	测量精度高,实时性强,测量盲区小,可对低空风测量。体积小、功耗低,在高精度风场测量方面具有明显的技术优势

从表 1.2.1 中可以看出,与传统测风仪器及手段相比,激光测风雷达具有精细的时间分辨率、优越的方向性和相干性、大的垂直与水平跨度、高的探测精度和实时快速的数据获取能力,在时空分辨率、测量精度方面都更具优势,能够快速获取远程的高精度风场数据。

激光多普勒测风雷达在分辨率和三维观测等方面的优点,其他探测手段难以比拟,上述特点使得激光雷达成为现代大气探测的有力工具。随着激光技术、光学机械加工技术、信号探测、数据采集以及控制技术的发展,激光测风雷达技术的发展也日新月异。迄今为止,多普勒测风激光雷达是唯一能够获得直接三维风场的工具,具有提供全球所需数据的发展潜力。

1.2.2　多普勒测速原理

从表 1.2.1 中我们还可以看出,对大气风场遥感测量的技术原理基本都是基于载波与示踪目标的多普勒效应来实现对风速的测量。

多普勒效应是奥地利物理学家 Christian Doppler 于 1842 年提出的理论,其主要内容是“物体辐射的波长因为光源和观测者的相对运动而产生变化”。基本特点是在运动的波源前面,波被压缩,波长变短,频率变高(蓝移);在运动的波源后面,会产生相反的效应。波长变长,频率变低(红移);波源的速度越高,产生的效应越大。根据波红(蓝)移的程度,可以计算出波源循着观测方向运动速度。所有波动现象都存在多普勒效应,其原理见图 1.2.1。

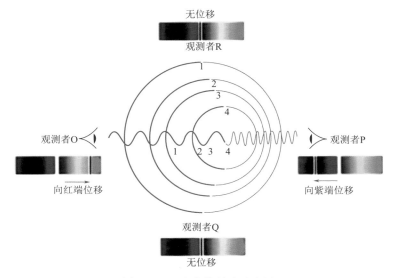

图 1.2.1　多普勒效应示意图

对于雷达而言,多普勒效应表现为运动目标后向散射回波与发射波之间存在频移,图 1.2.2 为雷达的多普勒效应示意图。

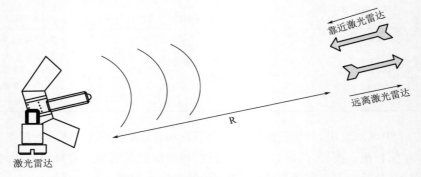

靠近激光雷达

远离激光雷达

R

激光雷达

图 1.2.2 雷达多普勒原理示意图

雷达发射的信号一般可以表示为 $S(t) = A\cos(\omega_0 t + \varphi)$,其中角频率为 ω_0,φ 为相位,A 为振幅。

而雷达接收到目标反射的后向散射信号为:

$$S_R(t) = kS(t - t_r) = kA\cos[\omega_0(t - t_r) + \varphi] \tag{1.2.1}$$

式(1.2.1)中 $t_r = \dfrac{2R}{C}$ 为回波滞后于发射信号的时间,其中 R 为目标与雷达之间距离;c 为光传播速度;k 为回波衰减系数。

如果目标固定不动,则距离 R 为常数,回波与发射信号之间存在有固定相位差 $\omega_0 t = 2\pi f_0 \cdot \dfrac{2R}{c} = \dfrac{4\pi R}{\lambda}$,为信号光往返于雷达和目标之间产生的相位滞后。

当目标以速度 $v \cdot e$ 相对雷达匀速运动时(其中 e 为雷达波单位方位矢量),则距离 R 随时间变化,在 t 时刻目标与雷达之间的距离为 $R(t) = R_0 - v \cdot t$,式中 R_0 为 $t = 0$ 时的距离。

根据式(1.2.1),在 t 时刻接收到的波形 $S_R(t)$ 上的某点,是在 $t - t_r$ 时刻发射的。由于通常目标与雷达的相对速度 $v_r(v_r = v \cdot \cos(\theta)$,其中 θ 为目标移动方向与雷达波束之间的夹角)远小于光速,故延迟时间 t_r 可近似写为:

$$t_r = \frac{2R(t)}{c} = \frac{2}{c}(R_0 - v_r \cdot t) \tag{1.2.2}$$

因此后向散射信号与发射信号的相位差为:

$$\varphi = -\omega_0 t_r = -\omega_0 \frac{2}{c}(R_0 - v_r \cdot t) = -2\pi \frac{2}{\lambda}(R_0 - v_r \cdot t) \tag{1.2.3}$$

该相位差为时间 t 的函数。因此在径向速度 v_r 为常数时,产生的频率差为

$$\Delta f_d = \frac{1}{2\pi} \frac{d\phi}{dt} = \frac{2v_r}{\lambda} = \frac{2v \cdot \cos(\theta)}{\lambda} \tag{1.2.4}$$

该式就是多普勒频移的基本公式。

当目标面向雷达运动时,$\|\theta\| \leqslant 9°$,多普勒频移为正值,如图 1.2.3(a)所示;而当目标背离雷达运动时,$\|\theta\| \geqslant 90°$,多普勒频移为负值,如图 1.2.3(b)所示。

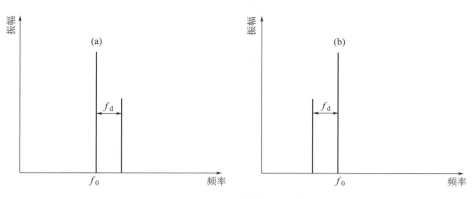

图 1.2.3　多普勒频移正负关系

1.2.3　激光多普勒测风原理及技术

激光多普勒测风雷达是以激光为照射源,利用激光与随风运动的大气分子或气溶胶等示踪物体目标后向散射的多普勒频移的检测,结合雷达的波束扫描,来实现对大气风场的测量。

激光测风雷达向空中发射激光脉冲,沿脉冲传播途径上的运动示踪物目标会对激光脉冲产生散射效应并产生多普勒频移,激光视线方向的风速与多普勒频移存在着公式(1.2.4)的固定关系:$\Delta f_d = \dfrac{2v_r}{\lambda}$。

测风雷达通过接收带有多普勒频移的散射光回波,对其进行光电转换和信号处理,并从中检测出多普勒频率,最终推算出激光视线方向上的风矢量信息。其物理过程如图1.2.4 所示。

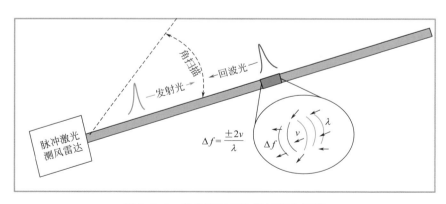

图 1.2.4　激光测风雷达测风基本原理

雷达系统通过将激光束在空间指定区域进行多波束扫描,对各个风矢量在空间上进行分解与合成处理,最终可反演获得指定区域的风场信息。在此基础上,可以进一步对风场结构进行综合分析,获得风切变等二次大气风场数据产品。

按探测体制来区分,激光多普勒测风雷达可分为直探式激光测风雷达和相干激光测风雷达。

（1）直探式体制激光测风雷达

直探式体制（又叫非相干体制）激光测风雷达以直接激光能量探测技术为原理，以大气分子或气溶胶颗粒为示踪物，雷达通过将大能量单频激光照射到大气中运动的示踪物质上中，雷达接收上述示踪物质的后向散射光，通过光学鉴频方式来实现对示踪物移动的多普勒频移的测量。该体制的激光雷达的主要特点指采用能量探测方式，通过光学鉴频器对激光散射回波强度的检测并转换为频率信号，来实现对示踪物群移动的多普勒速度的测量。

非相干探测体制激光雷达是直接探测信号光谱能量变化，探测带宽较宽，可以探测大气米氏散射和瑞利散射，是中高层大气风场测量的主要技术手段。该技术的优点是原理技术简单，缺点是工作时易受到白天背景光的影响，难以实现全天时运转；灵敏度较低，要求激光器的发射能量大，体积重量功耗大，维护困难；探测精度及稳定性主要依赖于光学鉴频器的稳定性，且数据刷新慢，实时性差，测量精度低。一般在科研台站观测中应用较多，在武器系统或其他实时性要求高及环境恶劣的业务平台应用上受到一定的限制。

直探式激光测风雷达一般采用可见光或紫外光波段（如常见的 532 nm、355 nm 等）的激光波长，目的是采用短波长以尽量提高从示踪物（大气分子或气溶胶）散射的回波能量。由于这些波长具有可见光人眼不安全性等特点，在实际业务应用中需要考虑该因素。

（2）相干探测体制激光雷达

相干探测体制的激光雷达采用激光相干探测原理技术，以大气气溶胶为示踪物，雷达发射单频窄线宽的激光照射到大气中的气溶胶中，气溶胶的群移动产生的后向散射回波被雷达接收，通过光学相干混频及光电转换，雷达对中频信号进行数字鉴频，实现对气溶胶群移动的多普勒速度的测量。该体制激光雷达的主要特点是采用相干探测方式，灵敏度高，精度高，通过数字鉴频技术，实现对示踪物群移动的多普勒速度测量。

相干激光多普勒测风雷达，根据激光发射源工作模式不同，又可以分为连续及脉冲两种工作体制。

其中连续工作体制的相干激光测风雷达系统输出的照射光源为连续波激光，通过光学天线的聚焦实现对焦点附近的径向风测量。连续波激光雷达在一个探测周期里一般只能对一个高度层的风速风向进行测量，需要通过变焦才能实现对多个高度层的大气风场的测量。该体制雷达主要应用于对低空风有密集测量需求的场合，如低空气象保障等，具有近程盲区小（≤10 m）、分层测量高度分辨率高等特点。

而脉冲工作体制的相干激光测风雷达系统一般采用较宽的百纳秒级的脉冲激光作为照射光源，脉冲体制输出的激光具有峰值功率高的特点，采用准直输出，雷达可以实现较远的探测作用距离，并可一次性获得各个高度层的风速风向数据，具有数据刷新率高的特点。但受激光脉冲宽度限制，该体制的激光测风雷达在工作时存在一定的近程盲区，最小盲区与脉宽（τ）的关系为：$R_{\min} = \dfrac{C}{2 \cdot \tau}$。

由于激光的相干效率与波长大小存在一定的关系，相干探测一般采用红外波长激光，具有人眼安全性，常见的相干激光测风雷达的工作波段包括 1.5 μm、1.6 μm、2 μm 及 10.6 μm 等。

相干探测具有极窄的光谱滤波特性，因此该体制的激光雷达抗干扰能力强，灵敏度极高，可达到量子噪声限。由于大气分子振动等产生的多普勒展宽达到 GHz 量级，因此相干体制的激光测风雷达理论上就不能实现对大气分子产生的瑞利散射多普勒频移探测，而主要用于以米氏散射为主的大气边界层的测量。

相干外差探测技术采用外差探测原理,具有测量精度高、数据率高、实时性强、测量范围宽、结构紧凑、探测灵敏度较直探式系统高 3~4 个数量级以上等特点,因此,采用相干探测技术的激光测风雷达系统,具有系统信噪比高、速度测量精度高、作用距离远、对激光光源亮度要求低等优点,并在系统体积重量及可靠性等方面具有明显优势,适合于多环境下多平台应用。近年来随着激光技术的进步而得到突飞猛进的发展,相关技术及产品已经在各行各业中得到大量应用。但该体制的激光测风雷达,由于利用的示踪物为大气气溶胶,因此,在气溶胶浓度较低的环境下,其探测能力将受到影响。

文后续工作主要是针对脉冲相干探测体制的激光测风雷达展开相应的应用分析与介绍。

1.3　相干激光测风雷达发展历程

1.3.1　国外发展历程

国际上对激光测风雷达的研制从 20 世纪 60 年代即开始。自从 1960 年第一台激光器诞生以来,激光光源以其单色性好、方向性佳、相干性强、亮度高等独特优势得到快速发展,激光问世后,科学家立即提出了大气探测激光雷达系统的设想。

按照雷达所采用的激光发射器发展历程,激光测风雷达发展大致可分为三个代:

① 第一代:采用气体激光器的激光测风雷达。其波束稳定性好、输出功率大、缺点是体积庞大笨重,需要较高的能量供应和冷却系统。

② 第二代:采用固体激光器的测风雷达。其光束质量好,寿命长,结构紧凑,但高功耗及波长的水气吸收特性等也使得其应用推广受到一定限制。

③ 第三代:采用光纤激光器的测风雷达。其稳定性强、光束质量高、体积小、环境适应性强,使得小型批量商用化的激光测风雷达逐渐成为了可能。

(1)第一代气体型激光测风雷达

在激光雷达发展初期,由于气体激光器具有输出光束方向性好、相干长度长、输出能量高等优点,因此早期的相干激光雷达一般采用 CO_2 激光器作为激光发射源。成熟的 CO_2 激光技术,提高了相干激光雷达对风场的探测能力。在 20 世纪 80 年代和 20 世纪 90 年代初期,无论地基系统,还是机载系统,都得到了广泛应用。

1964 年 Yeh 和 Cummins 首次提出使用光混频技术测量激光散射信号的多普勒频移的可能性,1966 年首次使用相干体制激光雷达测风。1968 年,在 NASA 的资助下,Al Jelalian 等人在美国雷神公司(Raytheon Co.)研制出世界上第一台相干测风激光雷达——基于连续波 CO_2 激光器的相干测风激光雷达系统,该系统通过改变焦点深度获得距离分辨率,探测的距离一般为几百米。作为连续 CO_2 激光雷达的一个应用,1970 年 R. M. Huffaker 等人报道了利用气溶胶的后向散射信号测量机场跑道上空飞机的尾流。

20 世纪 90 年代美国 NASA 全球水文气候研究中心的大气遥感工作组、NASA 马歇尔空间飞行中心(MSFC)、NOAA 环境技术实验室(ETL)以及 NASA 喷气动力实验室(JPL)共同开发研制的机载大气风场相干测量传感器 MACAWS(Multi-center Airborne Coherent Atmospheric Wind Sensor),该系统采用 TEA CO_2 激光器为光源,采用相干探测方式,实现了对流层和同温层三维风场及气溶胶散射进行测量。雷达系统装载于 NASA 的 DC-8 喷气式飞机完成了挂飞(如图 1.3.1)。

图 1.3.1　NASA DC-8 喷气式飞机

但用于相干探测的 CO_2 激光器体积庞大、效率较低,使得其在军事上的应用上受到极大制约。近 20 年来,采用固体激光器作为发射光源的相干激光雷达系统技术得到飞速发展。1992 年美国相干技术公司首次建立了 2 μm 全固化相干激光测风雷达系统,实现激光测风雷达的小型化。

(2)第二代固体型激光测风雷达

20 世纪 80 年代末期出现的单频固体激光器(波长主要在 1 μm 和 2 μm 左右)已经开始逐步应用于相干激光雷达技术上。从 20 世纪 90 年代开始,采用固体激光器作为发射源的相干激光雷达系统技术得到进一步发展,1992 年美国相干技术公司(CTI)首次采用 2 μm 激光器研制出全固态相干激光测风雷达系统,并随后在多种环境下进行推广应用。

CTI 的 CLR photonics 在 2000 年左右开展了激光测风雷达的商用化工作。2002 年研制出的 Wind Tracer 激光雷达(图 1.3.2)最早在安装在香港国际机场,并于 2005 年正式投入服务。这是世界上第一部应用激光雷达在机场探测和自动发出风切变预警的业务系统。系统采

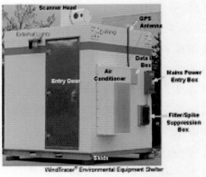

图 1.3.2　Wind Tracer 相干激光测风雷达

用脉冲式相干 2 μm 红外固态激光雷达,并通过香港天文台自主研发的飞机下滑道扫描风切变探测运算程序(GLYGA)和径向风切变探测运算程序(RAGA)实现风切变自动探测和预警。此外,该系统还在拉斯维加斯 McCarran、日本东京 Haneda、Narita 以及意大利 Palermo 机场得到应用,风切变探测捕捉率均达 90% 以上。Wind Tracer 激光雷达主要参数见表 1.3.1。

表 1.3.1　Wind Tracer 主要参数

技术参数	技术指标	技术参数	技术指标
最大探测距离	8～15 km	发射波长	2022.5 nm(Tm:YAG)
最小探测距离	400 m	脉冲能量	2 MJ ±0.5 MJ
最大径向速度	± 20 m/s(可选模式);± 40 m/s	脉冲宽度	400 ns±150 ns
距离分辨率	通常 80 ～ 100 m	脉冲重复频率	500 Hz ±10 Hz
扫描装置说明	二维半球扫描。水平范围:0～+360° 俯仰范围:0～+180°	发射接收孔径直径	10 cm
刷新率	1 min(取决于用户编程的扫描模式)	系统效率	>10%
最大扫描速度	20°/s	重量	2730 kg
功率估计	3 kW 运行(峰值 5 kW)	尺寸	2.8 长×2.1 宽×2.6 高(单位:m)

2 μm 固体激光器虽然能输出较大的激光能量,但在大气传输中水气吸收较大,且在该波段的光电探测器(InGaAs)的转换效率不高,同时在系统体积重量功耗及稳定性等方面仍存在难题,使得固态激光测风雷达在进一步降低体积重量方面仍存在较多困难。近年来美国洛克马丁公司在收购了 CTI 公司后,也陆续开发了采用 1.61 μm 波段激光器的激光测风雷达来逐渐取代 2 μm 的激光测风雷达,可以进一步减小系统的体积重量,且在大气水气吸收方面存在一定的优势,但在系统小型化方面,仍存在一定困难。

近 20 年来,随着光纤激光器技术的迅速发展,由于采用 1550 nm 波段光纤激光器的激光测风雷达系统在系统体积重量、功耗及系统可靠性等方面的巨大优势,此外该波段在通信领域的成熟性,使得采用光纤激光器的激光测风雷达得到迅速推广应用,并逐渐走向成熟,部分国家已经形成产品。

(3)第三代光纤型激光测风雷达

近年来,随着技术的发展,光纤激光器在光束质量、稳定可靠性、系统体积重量以及热管理等诸多方面的优势,使得采用光纤激光器的激光测风雷达得到革命性发展,在可靠性、工作寿命、人眼安全性、系统免维护性,尤其在系统体积重量及价格等方面得到了极大改进。

2004 年,英国 QinetiQ 公司于开发出一种全光纤小型连续波激光多普勒测风系统(ZephIR 系统),在 2005 年开始进行该雷达的批量生产,用于陆上和海上风廓线测量,在风能工业应用中有很多成功的风场测量记录。系统采用 1.55 μm 的电信级连续窄线宽光纤激光器作为激光发射源,可以实时测量低空大气各目标层水平风速,作用距离 10～200 m,风速测量范围 1～38 m/s,测量精度 ±0.3 m/s,重量约 40 kg,可以快速拆卸及安装。见 1.3.3 左图。

俄罗斯的激光系统公司 2010 年开发出采用 1.55 μm 连续波光纤激光器,系统作用距离 5～300 m,测量精度 ±0.3 m/s,距离分辨精度为测量高度的 10%。见图 1.3.3 右图。

图 1.3.3 英国、俄罗斯全光纤连续波激光测风多普勒雷达原型样机

法国 Leosphere 公司与法国空间研究所（ONERA）从 2004 年开始，陆续开发出了 Wind-Cube 激光测风多普勒雷达系列产品。目前该公司的激光雷达在国际上的市场份额最大，已经在地基、船载、测风塔等场合使用，使用环境包括陆地及海洋等，用于风能工业、气象学、机场安全以及室外体育项目的风场监测。此外，该公司还进一步开发出三维激光测风雷达，采用 100 μJ 以上光纤激光器为光源，通过双轴转镜方式，实现对周边水平 3 km 范围的大气风场测量，并从 2011 年开始在多地试用。随后几年里，该公司对三维激光测风雷达不断进行技术改进，在 2015 年左右完成了三款（Wind Cube S100、S200、S400）三维激光测风雷达的研制并投放国际市场。图 1.3.4 为该公司 S200 及 S400 型激光测风雷达的实物图。

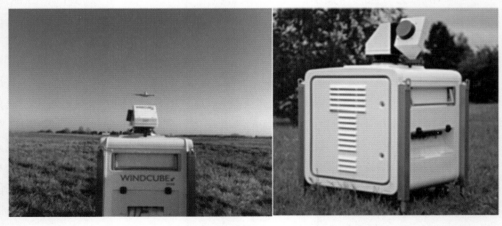

图 1.3.4 法国 Leosphere 公司的三维激光测风雷达

2008 年左右，英国 Halo—Photonics 公司推出 Galion 系列激光测风雷达，采用 1.54 μm 激光器做光源，测量高度 200 m。2011 年，该公司继续研制出 Galion G800 型三维激光测风雷达，采用双轴光学扫描方式，实现了风场的三维扫描测量。到 2015 年左右，该公司又研发出测

程 105～9600 m 的 Stream Line-Pro 三维激光测风雷达。图 1.3.5 为 G800 及 Stream Line-Pro 雷达。

图 1.3.5 英国 Galion 系列激光测风雷达

2010 年，日本三菱公司工程师 Toshiyuki Ando 等人研制出可单人携带的小型全光纤脉冲测风雷达样机（图 1.3.6 左）。2015 年左右三菱公司又采用 1550 nm 波长的三维扫描激光测风雷达，实现了对周边水平 10 km 范围内大气风场的扫描测量（图 1.3.6 右）。

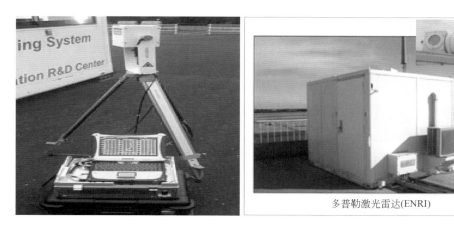

多普勒激光雷达(ENRI)

图 1.3.6 三菱公司的激光测风雷达

2014 年，美国 NASA 研发出 Windimager 三维激光测风雷达，采用 1.54 μm 光纤激光作为发射源，能实现对水平 400～10000 m 范围内的大气风场探测。图 1.3.7 为 NASA 的 WindImager 三维激光测风雷达及水平风场测量图。

1.3.2 国内发展历程

我国的相干激光测风雷达研究起步较晚，国内早期从事激光多普勒测风雷达技术的研究单位主要有西南技术物理研究所、中国海洋大学、哈尔滨工业大学、北京理工大学、中国科学技术大学，中科院安徽光机所、上海光机所，航天 35 究所、704 所，电科 27 所，西南技术物理研究所等。

2007 年西南技术物理研究所采用 1.55 μm 窄线宽光纤激光器为光源，研制出全光纤连续相干激光多普勒测风雷达样机，实现了对 5～300 m 高度的大气风场测量，2009 年在东北某地

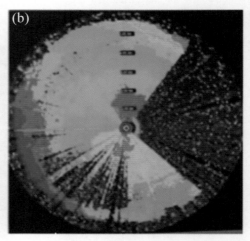

图 1.3.7　美国 NASA 的三维激光测风雷达及风速测量结果图

与 100 m 测风塔上多个高度层的超声波传感器进行了风场比对。

2010 年,中国电子科技集团公司第二十七研究所报道了采用 1.5 μm 连续波差零频的激光雷达,实现了对 10～200 m 径向风速测量。

2012 年,中国科学院上海光学精密机械研究所研制了 1.064 μm 的激光测风雷达,系统由脉冲激光器、光学收/发机和信号处理机组成。种子激光器输出的连续激光分成两部分,一部分作为本振光输入到平衡光电探测器用于外差探测另一部分经过 AOM 调制后注入脉冲激光器的谐振腔进行功率放大。发射激光脉冲的能量为 0.5 mJ,宽度为 80 ns,重复频率为 200 Hz,望远镜的口径为 55 mm,探测的距离分辨率为 40 m,探测距离为 30～500 m,径向风速精度为 0.3 m/s。

2014 年,中国海洋大学报道了其研制的用于风能研究和开发利用的 1.55 μm 全光纤相干测风激光雷达,使用的激光脉冲能量为 100 μJ,重复频率为 10 kHz,脉冲宽度为 200 ns,风速测量范围为 ±50 m/s,风速测量精度小于 0.3 m/s,扫描指向精度 0.1°,距离分辨率为 30 m,最大探测 3000 m。

2014 年,西南技术物理研究所完成了国内第一型连续波体制激光测风雷达的设计定型及业务应用,2015 年最先采用球形光电转塔结构研制出三维激光测风雷达样机,2017—2021 年,该单位研制出多种型号的激光测风雷达产品,应用平台覆盖单人便携、手持、地基、车载、船载、浮标及无人/有人机载等,在国内各个省(自治区、直辖市)、各种环境及南海、太平洋、印度洋等海域均有业务化应用,覆盖范围非常广泛。

近年来,国内全光纤型相干激光测风雷达由于应用需求发展较快,先后有多家公司开始从事该技术的推广与应用,如南京牧镭、西物激光、智慧传承、深圳大舜等,在风电、气象、环境、体育比赛等场合应用较多。

本书后续章节中的各种测量数据及分析等,均基本针对西南技术物理研究所及西物激光研制生产的风廓型激光测风雷达(FC-Ⅱ型)及机场三维激光测风雷达(FC-Ⅲ型)而展开。

图 1.3.8 为国内几款典型的激光测风雷达产品实物照片(图片来自网络公开宣传报道)。

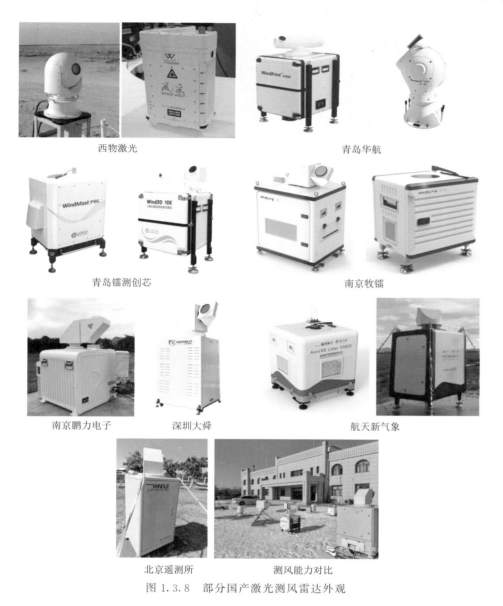

西物激光　　　　　　　　　　　　青岛华航

青岛镭测创芯　　　　　　　　　　南京牧镭

南京鹏力电子　　　深圳大舜　　　　航天新气象

北京遥测所　　　　测风能力对比

图 1.3.8　部分国产激光测风雷达外观

■ 1.4　激光测风雷达系统简介

　　激光测风雷达基本工作原理如图 1.4.1 所示,种子光源输出的激光经光纤分束器分为两部分,一部分作为相干拍频的本振光(Local Oscillator)输入光纤耦合器;另一部分经声光调制器(AOM)调制成的脉冲,并由光纤放大器放大,输出的脉冲激光经光学环行器和光学天线发射到目标空域。激光与大气气溶胶相互作用,携有多普勒频移的回波信号与本振光相干拍频。相干信号由光电探测器转换为光电流,最后通过信息处理器进行 A/D 采集、滤波、FFT、累加等处理,即可检测出该相干信号的频率值,再利用多普勒频移与风速关系可获得径向风速。激光光束结合雷达光机扫描结构,实现对所需方向径向风速的测量,最后通过风场反演计算获得测量空域的风场数据,并可通过数据挖掘,进一步获得风切变、云底高等二次数据产品。

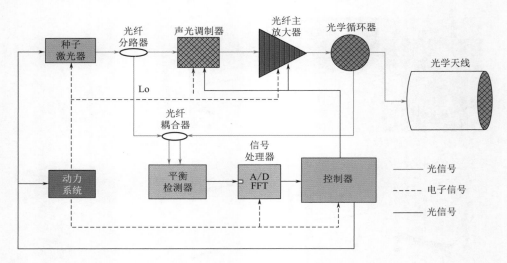

图 1.4.1　激光测风雷达基本工作原理图

根据激光雷达的扫描方式及数据应用产品,相干激光测风雷达可分为风廓式激光测风雷达和三维激光测风雷达,两者硬件的主要差别体现在扫描方式的不同。

1.4.1　风廓式激光测风雷达

(1)基本原理

风廓式激光测风雷达主要用于对雷达上空的风速风向及垂直气流的测量。雷达工作时需要控制激光波束在不同的方位以固定的倾角向空中发射并接收回波,通过对不同方向波束测量的径向风速进行反演,来实现对上空不同高度的大气垂直风速风向的廓线测量。

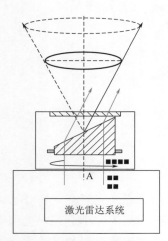

图 1.4.2　风廓线激光测风雷达扫描原理图

这种扫描通常有两种方式,第一种为多镜头循环扫描方式,雷达有 4~5 个光学镜头,通过光开关进行波束切换,激光在各个镜头轮流发射,实现波束的扫描,通过 DBS 反演算法,实现对风场垂直廓线的测量。该方式需要光开关进行波束切换,存在较大的光学损耗,一般用在近程(400 m 以内)的风场探测领域。第二种光学扫描为单轴光机扫描方式,该方式利用棱镜所产生的光束偏折现象,通过将棱镜进行单轴旋转,将激光束在上部空间扫描形成圆锥型路径,雷达获取各个圆锥扫描角方位的径向风矢量信息,再通过风场反演来实现对雷达上方大气风场垂直廓线的测量。棱镜单轴扫描系统工作原理框图见图 1.4.2 所示。

风廓式激光测风雷达的光束反演方式主要有 4 波束 DBS 反演、多波束 VAD 反演等,两种方式均以垂直天顶为中心,光束以一定的天顶角作圆锥扫描。其中四波束 DBS 扫描反演如图 1.4.3 所示。

图中 u,v,w 分别代表正东水平风速、正北水平风速、向上垂直风速,扫描区域待反演的各个风层的风场即可由这三个量构成的风矢量来表示,γ 代表四个扫描方向与垂直方向的夹角

（即扫描角）。

若 V_{RE}，V_{RW}，V_{RN}，V_{RS} 分别代表在东、西、北、南四个扫描方向上测得的同一高度风层内的径向风速，则通过下式可求出 u，v，w 的数值，从而测得每个风层的风场矢量。

$$\begin{cases} V_{RE} = u\sin\gamma + w\cos\gamma \\ V_{RW} = -u\sin\gamma + w\cos\gamma \\ V_{RN} = v\sin\gamma + w\cos\gamma \\ V_{RS} = -v\sin\gamma + w\cos\gamma \end{cases} \Rightarrow \begin{cases} u = \dfrac{(V_{RE} - V_{RW})}{2\sin\gamma} \\ v = \dfrac{(V_{RN} - V_{RS})}{2\sin\gamma} \\ w = \dfrac{(V_{RE} + V_{RW} + V_{RN} + V_{RS})}{4\cos\gamma} \end{cases}$$

$$(1.4.1)$$

于是，水平风速 V_H、水平风向 α 的表达式如下：

$$V_H = \sqrt{u^2 + v^2}$$
$$\alpha = \arctan(v/u)$$

$$(1.4.2)$$

图 1.4.3　雷达 DBS 扫描反演原理示意图

而 w 即是垂直气流的速度。最后，将所有风层的数据按照高度分布进行数据排列，可形成测量区域的风场三维分布数据，并形成风羽图等用户产品。

（2）FC-Ⅱ型便携风廓式激光测风雷达

本书以西南技术物理研究所研制、西物激光公司生产的 FC-Ⅱ型便携式激光测风雷达作为国内典型垂直廓线风廓式激光测风雷达进行分析。该雷达具有体积小巧、重量轻，环境适应性好，精度高，采用手持机操控，自带电池，展开机撤收快速，可在野外恶劣环境快速应用，可快速获得测量区域的风速、风向、垂直气流、风切变、云底高等数据产品。雷达测量精度先后与测风塔、探空仪等进行了比对，测量精度及环境适应性好，目前该型雷达及其变形已经在国内大量应用。

FC-Ⅱ型便携式激光测风雷达系统标准配置组成包括雷达主机、手持式终端、测风雷达监控与分析应用软件及辅助部件等。FC-Ⅱ型便携式激光测风雷达主机实物见图 1.4.4。

FC-Ⅱ型便携式激光测风雷达的一些典型应用见图 1.4.5。

图 1.4.4　便携式激光测风
雷达系统（自带电池供电）

图 1.4.5　FC-Ⅱ型便携式激光测风雷达典型业务应用

FC-Ⅱ型便携式激光测风雷达的主要技术指标见表1.4.1。

表 1.4.1　FC-Ⅱ型便携风廓式激光测风雷达主要技术指标

参数	数值
技术体制	脉冲相干体制
激光波长	1550 nm±10 nm
探测范围	垂直最大探测高度:≤3000 m
	垂直最低探测高度:≤50 m
风速	0～40 m/s
风向	0°～360°
探测误差(2 min平均)	风速:≤0.5 m/s(V≤10 m/s),≤5%V(V>10 m/s)
	风向:≤5°(V>5 m/s,2 min平均)
	垂直气流:≤0.2 m/s
最小数据探测周期	10 s
准备时间	≤5°min(全温范围)
系统体积	350 m×200 m×500 m
重量	20 kg(含蓄电池)
功耗	≤120 W
工作环境	工作温度:-40～55℃;存储温度:-45～60℃; 淋雨、沙尘、盐雾、霉菌、冲击、振动、电磁兼容等满足军用环境要求
数据产品	风速、风向、垂直气流、波束谱数据、云底高、风切变等

1.4.2　三维激光测风雷达

(1)基本原理

三维激光测风雷达用于对指定空域的大气风场进行多模式的扫描测量。

三维激光测风雷达的工作原理与风廓线雷达相似,硬件差别主要体现在该雷达采用了二轴(方位及俯仰)光机扫描机构。正是由于采用了双轴扫描方式,使得三维激光测风雷达与相比于风廓线雷达,具有更强的功能、更多的数据产品,可实现包括空间多个指向区域的大气风场的测量。

该种雷达的激光波束经过二轴光机扫描机构,将激光波束按设定方向进行方位及俯仰的偏转投射,实现对空间指定方位向的径向风测量,通过风场反演,可获得指定区域在不同扫描方式下的风场分布情况。

目前市面上三维测风雷达的扫描方式主要有两类:双轴转镜式扫描和双轴光电球扫描。

其中第一类为双轴转镜式扫描系统,该类系统采用双正交转镜方式进行扫描,以法国Leosphere公司的Wind Cube 400S型三维激光测风雷达为代表。该方式下雷达的光学收发系统固定,激光束通过二轴转镜的方位轴与俯仰轴的转动,实现激光束的空间扫描。如图1.4.6(a)所示,从激光器输出的激光束经反射镜A完成90°偏转后入射至反射镜B,反射镜B再次将激光束反射,并经玻璃窗口发射至探测空域;同时方位轴进行0°～360°旋转,俯仰轴伴随进行 0°～＋90°范围内旋转,最终实现波束的空间扫描。该扫描方式具有成本低,易于实现的优点;不足之处是扫描系统由多个光学镜片组成,光速需经过多外镜片的反射。

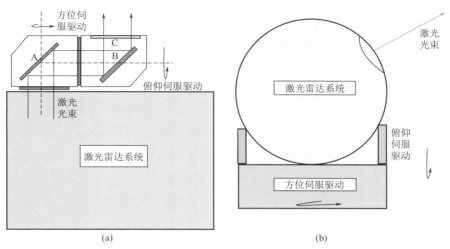

图 1.4.6　三维激光测风雷达扫描方式原理示意图
(a)二轴转镜式扫描结构;(b)二轴光电转塔式光电扫描球结构

　　第二种类为双轴光电球扫描系统,该类系统采用雷达整体二轴扫描方式,以双轴光电转塔为载体,将激光测风雷达的核心组件全部集成安装在球内,雷达通过对球形转塔的俯仰及方位扫描即反演,实现对指定方位区域大气风场的多种模式测量。该扫描结构方式的激光测风雷达据查询最早是由西南技术物理研究所提出并采用,具有结构简单、效率高、安装调试方便、体积重量小巧,环境、平台适应性好,以及波束可自稳定及修正等优点,已经在地基、车载、船载及机载等多种平台上得到广泛应用。图 1.4.6 为两种典型的三维激光测风雷达扫描结构方式示意图。图 1.4.7 为两类典型的三维激光测风雷达实物照片。

(a)　　　　　　　　　　　　　(b)

图 1.4.7　三维激光测风雷达实物
(a)法国 Leosphere 公司 WInd Cube 400S 激光雷达;(b)国产的 FC-Ⅲ型三维激光测风雷达

　　三维激光测风雷达有多种扫描及风场反演方式,各模式针对不同应用需求有不同的特点与表现。详细的扫描方式将在第 2 章中进行描述。

（2）FC-Ⅲ型三维激光测风雷达

图 1.4.8 为国产 FC-Ⅲ型三维激光测风雷达系统组成联接及雷达主机内部组成框图。后文中很多工作及产品介绍与分析均基于该雷达展开。该种雷达在国际上首次采用球形光电转塔结构形式，可实现对半球空域大气风场的测量，具有波束自稳定功能，可在移动平台上应用。目前该种雷达的扩展版已经在包括地基、车载、船载、机载等多种平台上得到应用。

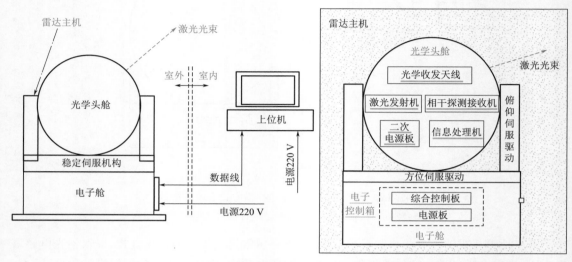

图 1.4.8　国产 FC-Ⅲ型三维激光测风雷达系统联接及内部组成框图

表 1.4.2 给出了 FC-Ⅲ型激光测风雷达的主要技术参数。

表 1.4.2　FC-Ⅲ型三维激光测风雷达主要参数

参数	数值
技术体制	脉冲相干体制
激光波长	1550 nm±10 nm
探测范围	垂直最大探测高度：≤3000 m
	垂直最低探测高度：≤30 m
风速	0～75 m/s
风向	0°～360°
最大径向探测距离	≥10000 m
方位角扫描范围	0°～360°
俯仰角扫描范围	−10°～190°
探测误差	风速：≤0.1 m/s(径向)，≤0.5 m/s(廓线实测)
	风向：≤5°(V>5 m/s，廓线 2 min 平均实测)
高度分辨率	≤30 m/50 m/100 m/200 m 等可设置
时间分辨率 （输出垂直风廓线更新时间）	3 s 至 10 min 可选
角度分辨率	≤0.1°
速度分辨率	≤0.1 m/s(径向)
供电	220 V/50 Hz
功耗	≤250 W(平均功率)

参数	数值
重量	65 kg
体积	420 mm×700 mm
典型数据产品	风速、风向、垂直气流、PPI/RHI/GLIDE 风场分布图、跑道 纵风/侧风/切变、频谱数据、回波信噪比、回波谱强度等

图 1.4.9 给出了 FC-Ⅲ型三维激光测风雷达在部分场景中的工作情况。

新疆机场

西宁机场

西安观测站

印度洋科考

西太平洋科学考察

珠峰观测站

跳台滑雪赛场

技巧滑雪赛场

图 1.4.9　FC-Ⅲ型三维激光测风雷达部分场景图

第2章

探测模式和主要产品

　　激光测风雷达探测模式的设置与装备的用途和性能有关。激光测风雷达具有多种探测模式。气象业务工作中,通过对顶空的连续探测,利用水平风高度廓线随时间的演变特征来分析经过设备顶空的天气系统垂直结构和演变特征,这种探测模式就是风廓线扫描模式;可以通过以固定仰角的圆周扫描,利用准平面径向风在周边不同位置的分布,分析天气系统的范围、强度以及演变特征,这种探测模式就是 PPI 扫描模式;通过以固定方位角(朝某一方向)的俯仰扫描,分析天气系统沿该方位剖面得到的结构,这种探测模式就是 RHI 扫描模式;在航空器起飞降落和高山赛道速度滑雪保障等特殊需求下,采用沿目标物的运动轨迹的特殊扫描,分析在倾斜通道内空中风对运动物体产生的横风(左/右侧风)和纵风(顺/逆风)的强度、位置等,这种探测模式是下滑道扫描模式。这些基本探测模式可以单独使用,也可以组合使用,当组合使用时称为混合扫描模式。下面分别进行描述。

■ 2.1　激光雷达探测模式

　　激光测风雷达可以根据探测目的采用不同的扫描方式来获取空中风有效数据。风廓线波束摆去(Doppler Beam Swing,DBS)扫描方式可以获得雷达布放位置上空垂直高度层的水平风场信息和垂直气流信息;平面位置(Plan Position Indicator,PPI)显示器扫描可以大范围观测机场范围内风速情况;距离高度方式扫描(Range Height Indicator,RHI)可对飞机尾流进行测量;下滑道(Glide Path,GP)扫描策略可对飞机起飞着陆的通道进行测量。

2.1.1　风廓线探测模式

　　风廓线模式用来对监测设备顶空大气风场演变特征。风廓线扫描模式要求激光雷达以 70°仰角对顶空进行四波束扫描,得到径向风速,通过矢量计算处理,得出各高度层的水平风场信息和垂直气流。四波束扫描的方式如图 2.1.1 所示,激光发射天顶角为 ϕ,依次测量方位角为 0°、90°、180°和 270°的径向风场。

　　四个测量方向上的径向风速为:

$$\begin{cases} V_{rN} = V_y \sin\phi + V_z \cos\phi \\ V_{rE} = V_x \sin\phi + V_z \cos\phi \\ V_{rS} = -V_y \sin\phi + V_z \cos\phi \\ V_{rW} = -V_x \sin\phi + V_z \cos\phi \end{cases} \tag{2.1.1}$$

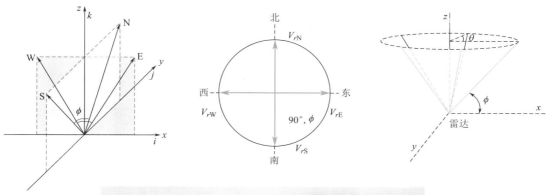

图 2.1.1　激光雷达风廓线(DBS,四波束)扫描示意图

(θ 为方位角,ϕ 为俯仰角)

则 V_x,V_y,V_z 为:

$$\begin{cases} V_x = (V_{rE} - V_{rW})/2\sin\phi \\ V_y = (V_{rN} - V_{rS})/2\sin\phi \\ V_z = (V_{rE} + V_{rW} + V_{rN} + V_{rS})/4\cos\phi \end{cases} \quad (2.1.2)$$

水平风速大小和方向分别为:

$$\begin{cases} V_h = \left[(V_{rE} - V_{rW})^2 + (V_{rN} - V_{rS})^2 \right]^{1/2}/(2\sin\phi) \\ \gamma = \arctan(V_x/V_y) + \pi\{1 - \mathrm{sign}\left[(V_y + |V_y|) \cdot V_x\right]\} \quad V_y \neq 0 \end{cases} \quad (2.1.3)$$

2.1.2　PPI 探测模式

为了监测设备周边区域空中流场分布特征,可以采用 PPI 探测模式。PPI 探测模式就是以固定仰角 ϕ,变换方位角 θ 做圆周的扫描。由于飞机降落的角度为 3°左右,起飞为 6°左右,所以用于机场监测跑道周边空中风场的激光雷达,采用的 PPI 扫描模式的仰角通常包括 3°或 6°,示意图见图 2.1.2。PPI 扫描数据扫描的空间范围较大,测量得到的水平距离根据雷达功率大小有差异。用于机场风场监测的雷达通常水平距离为 6 km 以上。通过 PPI 扫描得到的风场图像,使用者可以从这中监测机场区域内风向风速的变化。

若方位角变化只在一个扇区内进行,那就是特殊的 PPI 扫描——扇区扫描。这种扫描方式是有显著遮蔽(如山峰、高大建筑物等)或只需要监测局部区域内风场特征时采用。

图 2.1.2　PPI 扫描方式示意图

2.1.3　RHI 探测模式

为了监测某个方位上风场在不同高度上的特征,可以采用距离高度扫描(RHI 扫描)。RHI 扫描是采用方位角 θ 固定,仰角 ϕ 从低到高的扫描方式。

航空气象服务应用中通常采用以下方式确定 RHI 探测模式:用跑道方向为方位角 θ,仰角 $\phi(-90° \leqslant \phi \leqslant 90°)$ 形成沿跑道方位的剖面扫描。或用跑道垂线方向作为方位角 θ。仰角 $\phi(-90° \leqslant \phi \leqslant 90°)$ 形成沿跑道垂线方位的剖面扫描。显然,采用这样扫描方式,目的是希望通过 RHI 扫描后,形成机场的跑道和跑道垂线交叉的空中风场垂直剖面。

RHI 扫描示意图见图 2.1.3。

图 2.1.3　RHI 扫描方式示意图

2.1.4　下滑道扫描模式

监测飞机起降通道上的顺/逆风和左/右侧风是航空气象保障的重要内容。激光测风雷达需要设计专门的下滑道扫描(Glide Path)模式。图 2.1.4 给出了着陆引导雷达覆盖飞机下滑轨迹的范围和激光测风雷达下滑道扫描形成的监测通道。

使用下滑道模式扫描时,通常将激光测风雷达安装在跑道一端的"下滑台"附近。由于激光测风雷达具有针对下滑道方向进行测量的设计,所以扫描速度较快,可以快速地获取飞机下滑道径向数据,从而可以跟踪探测变化较快的风切变现象。图 2.1.5 为飞机起降通道通信点标和下滑台位置示意。

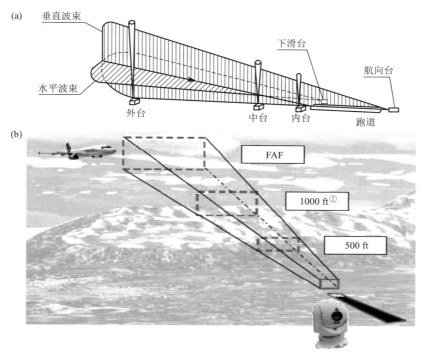

图 2.1.4　着陆引导雷达覆盖飞机下滑轨迹扫描示意图

((a)着陆引导雷达;(b)激光测风雷达)

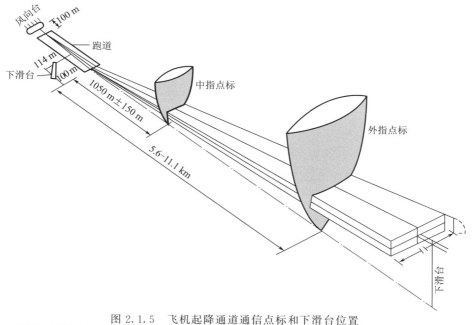

图 2.1.5　飞机起降通道通信点标和下滑台位置

---

① 1 ft = 0.3048 m。

　　根据雷达在机场布放位置(雷达和跑道的距离),下滑道模式可以采用两种方案。

　　(1)雷达位于跑道两端起降点处,且距离跑道比较近时,可以认为雷达沿着飞机降落下滑道平行线附近扫描得到的径向风即为飞机逆风。以该下滑道平行线为中心进行"田字"扫描,数据综合计算得到逆风。

　　(2)雷达位于跑道两端附近,距离跑道在 250 m 以上时,集中观测飞机起飞和着陆的下滑道区域内的风场情况。在扫描的过程中俯仰角和方向角同时变化使得激光束沿着下滑道进行扫描。对跑道上起飞区和着陆区进行扫描,按照下滑道扫描风切变探测运算程序将下滑道上飞机会遇到的逆风提取出来,从而得到飞机下滑道逆风廓线。在起飞和着陆的情况下,下滑道与水平面的夹角不同,进场下滑道的角度为 3°,起飞下滑道的角度为 6°。

　　香港机场最早将下滑道算法在 WindTracer 激光雷达上进行了业务化运行。由于雷达安装位置距离跑道较远,通过调整波束方位与俯仰角,对测到沿下滑道虚拟管道内的径向风进行重构,获得逆风风廓线,并通过斜坡检测算法,计算出风切变强度因子并发出预警。这种下滑道算法只能得到航道上的迎头风廓线,对飞机起降姿态至关重要的侧风波动无法探测。图 2.1.6 为激光雷达针对飞机降落通道风探测设计的下滑道扫描(斜坡扫描)示意图。

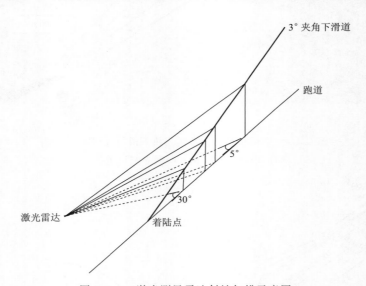

图 2.1.6　激光测风雷达斜坡扫描示意图

　　下滑道风反演算法中,不需要下滑道扫描方式扫描得到的所有数据,只需要下滑道附近若干个像素点上的风速来重组下滑道径向风廓线,因此需要根据扫描波束与下滑道的相对位置,将下滑道周围的风场分割提取出来。要提出有用信息就必须了解波束与下滑道的相对位置关系,建立下滑道的直线方程和回波数据的坐标的相对关系,判断数据点离下滑道的距离,从而判断数据是否可以用于下滑道逆风廓线的重组。关于扫描方式已经确定的参数有:激光雷达摆放位置、激光雷达扫描方位角、俯仰角角度范围以及扫描间隔角度确定、扫描层数确定。

　　根据下滑道扫描风速点仿真示意图见图 2.1.7。

　　风廓线模式扫描可以得到机场上空各层风速,有助于监测不同高度层间的风速风向变化;低仰角 PPI 扫描可以获取机场近地面各点水平风情况;RHI 扫描可以观察纵面风场信息;下滑道扫描可以最快速获得飞机下滑道逆风信息进行风切变探测。为了获取最全面的风场数据,通常采用多种扫描方式构成的混合扫描来实现。

雷达扫描方式控制也是通过软件实现,给出相应的扫描参数后实现雷达扫描自动化。雷达扫描控制软件的工作流程见图 2.1.8。

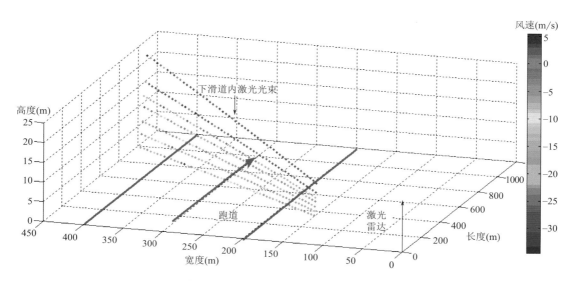

图 2.1.7　下滑道扫描风速点仿真示意图

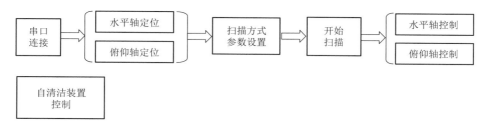

图 2.1.8　激光雷达扫描控制软件工作流程

2.1.5　混合扫描模式

单一一种扫描模式仅仅能得到一种风场数据,为了获得设备周边三维空间、相互支撑的空中流场数据,需要采用混合扫描模式。所谓混合扫描模式,就是将风廓线模式、PPI 模式、RHI 模式和下滑道模式进行组合后形成的混合扫描,得到的数据按混合模式数据格式进行存储、传输、处理和显示。

开展混合扫描需要综合考虑用户对风场监测的空中范围需求和数据刷新时间要求,既要考虑到风的瞬时性特征,也要考虑到获取的风场对实时天气系统的代表性。

径向风速数据是基础数据,有效的径向风数据体现了激光测风雷达的有效探测范围,这与大气状况和探测仰角有关。

风廓线数据为监测雷达上空各高度层水平风速风向,高度上限约为 3 km,刷新间隔小于 40 s;

PPI 数据为监测设备周边近地层风场情况,完成一次圆周扫描通常需要 2min,覆盖半径通常不小于 8～10 km。雷达工作状态大部分时间处于该状态。

RHI 数据在监测飞机尾流情况时,扫描面要垂直机场跑道;在监测跑道切面风场情况时,扫描面平行于机场跑道方向。

下滑道扫描可以监测下滑道通道中风切变及侧风状况,探测时间应涵盖飞机降落之前 3～5 min 至飞机接地。

此外 PPI 扫描数据显示下滑道风切变值接近告警阈值时,应自动切换到下滑道扫描模式对下滑道风切变进行重点监测。

2.1.6　自定义扫描

为了适应用户需求,三维激光测风雷达的操控软件中,提供了用户自定义扫描模式,供用户在不同需求下使用。所谓用户自定义扫描,就是允许利用基本模式进行扫描种类多种组合,以及单种模式中不同参数的扫描或循环扫描。

2.2　主要产品

风是由太阳辐射热引起的。太阳光照射在地球表面上,使地表温度升高,地表的空气受热膨胀变轻而往上升。热空气上升后,低温的冷空气横向流入,上升的空气因逐渐冷却变重而降落,由于地表温度较高又会加热空气使之上升,这种空气的流动就产生了风。自然界的风是三维矢量,可以被分解为水平运动分量和垂直运动分量。气象上风的定义如下:空气的水平流动称为风。风的来向为风向。如东风是指从东面吹来的风。按照风速的大小,风被分为不同级别。表 2.2.1 给出了风速等级和相关现象列表。图 2.2.1 给出了天气图上风的填绘方法和意义。

表 2.2.1　风速等级和相关现象

风级	名称	风速(m/s)	陆地现象	海面波浪	浪高(m)
0	无风	0.0～0.2	烟直上	平静	0.0
1	软风	0.3～1.5	烟示风向	微波峰无飞沫	0.1
2	轻风	1.6～3.3	感觉有风	小波峰未破碎	0.2
3	微风	3.4～5.4	旌旗展开	小波峰顶破裂	0.6
4	和风	5.5～7.9	吹起尘土	小浪白沫波峰	1.0
5	劲风	8.0～10.7	小树摇摆	中浪折沫峰群	2.0
6	强风	10.8～13.8	电线有声	大浪到个飞沫	3.0
7	疾风	13.9～17.1	步行困难	破峰白沫成条	4.0
8	大风	17.2～20.7	折毁树枝	浪长高有浪花	5.5
9	烈风	20.8～24.4	小损房屋	浪峰倒卷	7.0
10	狂风	24.5～28.4	拔起树木	海浪翻滚咆哮	9.0
11	暴风	28.5～32.6	损毁普遍	波峰全呈飞沫	11.5
12	台风/飓风	32.7～36.9	摧毁巨大	海浪滔天	14.0
13		37.0～41.4	—	—	—

风级	名称	风速(m/s)	陆地现象	海面波浪	浪高(m)
14	—	41.5～46.1			
15	—	46.2～50.9			
16	—	51.0～56.0			
17	—	56.1～61.2			
18	—	＞61.2			

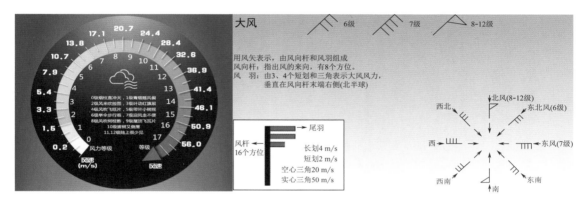

图 2.2.1　气象图上风的填绘方法和意义

气象上将空气的垂直运动称为对流,激光测风雷达采用"垂直速度"作为其产品名称,并通常用正速度表示上升运动,用负速度表示下沉运动。

廓线:描述风向、风速、温度、湿度等气象要素沿垂直高度分布的曲线,用于定性判断大气要素随高度变化的特征。

风速廓线:是指风速随高度的分布曲线,是风的重要特性之一。风速廓线受地形、层结稳定度、天气形势的影响,在铅直方向上呈不同的分布规律。

空中急流是指空中窄而强的风速带。低空急流通常是指 700 hPa(海拔 3000 m 左右)以下,中心平均风速(2 min)≥8 m/s 或瞬时风速≥12 m/s 的狭窄风速带。高空急流通常指 500 hPa(海拔 5500 m 左右),中心平均风速(2 min)≥30 m/s 或瞬时风速≥35 m/s 的狭窄风速带。

边界层急流是指大气边界层中,在风速垂直廓线上出现低空风速很大的狭窄风速带。边界层急流的特点是垂直切变强,但水平切变弱,而且具有明显日变化。

合成风:合成风是指根据风向量的分量相加求得的向量和。厚度合成风(亦称高度合成风)是指从地面到某一高度或某两个高度之间气层的矢量平均风。

风切变:是一种天气现象,风矢量(风向、风速)在空中水平和(或)垂直方向上的变化。风切变按风向可分为水平风的水平切变、水平风的垂直切变和垂直风的切变。

2.2.1　风廓线水平风

激光测风雷达采用风廓线雷模式探测时,一个探测周期得到的数据是一条从近地面到最大探测高度的垂直廓线。产品通常是以单一时刻的廓线,或者多个时刻时间—高度图表示,利用激光雷达风廓线模式实时探测的几秒钟一次的水平风数据绘制成时间—高度剖面图,可以用来检测、分析本站上空短时间内风的变化、中小尺度系统稳定度的变化等。需要注意的是,激光雷达风廓线模式的时间分辨率很小,对天气系统的监测分析需要进行 2 min 数据平均,甚至需要进行半小时或 1 h 的平均。长时间平均的风廓线数据绘制成时间—高度剖面图可以更好地监测和分析大尺度的天气系统的演变。图 2.2.2 给出的风廓线时间—高度剖面图就反映了 3500 m 以上的大风层和 20 时以前低空多变弱风层和 20 时以后低空急流以及 2000 m 左右的风转换层。

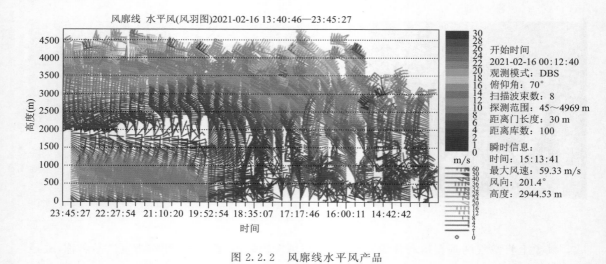

图 2.2.2　风廓线水平风产品

应用风廓线图开展分析时,应该让时间从右至左增加,即最新数据在左侧。这样才可以更清晰地看到空中系统的变化情况。另外,还需注意,图中看似向上或向下的风的方向,实际是水平偏南风或偏北风,不要误认为是向上或向下的垂直气流。

2.2.2　垂直气流

垂直气流(有时也称为大气对流)是气象学中的学术用语,指空气的垂直运动,向上运动的被称为上升运动,向下运动的被称为下沉气流,像水平风一样,垂直气流的单位也以米/秒(m/s)表示。空气的对流运动是气体内部各部分温度不同造成的上下运动。在气体中,较热的空气上升,较冷的空气下降,循环交替,互相混合,最后使得温度趋于均匀。对流分为热力对流和动力对流:热力作用下的大气对流主要是指在层结不稳定的大气中,一团空气的密度小于环境空气的密度,因而它所受的浮力大于重力,在浮力作用下形成的上升运动,在夏季经常见到的局部范围的、短时的、突发性的和由积雨云形成的降水,常是热力作用下的大气对流引起的;动力作用下大气对流主要是指在空气水平辐合或存在地形高度差的条件下所形成的上升运动,在大气中大范围的降水常是锋面及相伴的气流水平辐合抬升作用形成的,而在山脉附近特定区域产生降水常是地形强迫抬升所致。一些特殊的地形,如喇叭口状地形所形成的大气对流既有地形抬升的作用,也有地形使气流水平辐合的作用。

激光测风雷达采用风廓线扫描模式探测时,可以直接得到垂直气流产品。这里的垂直速度与天气分析中常用到的高度坐标下的垂直速度代表的意义是不同的,必须在使用中注意。

激光雷达风廓线模式探测到的垂直速度同时反映了空中垂直风和粒子降落速度的综合速度,因此可以通过探测的垂直速度判断空中是否存在降水粒子。

另外,激光雷达风廓线模式下探测到的垂直气流是局地性的,可能比天气尺度的垂直速度大。特别需要指出的是,在有降水时,这种垂直气流产品其实包含了空气运动的垂直速度和降水粒子的下沉运动,分析应用时需要引起注意。当然,在没有降水的条件下,激光雷达垂直气流产品主要是描述空气的垂直运动状态。图 2.2.3 为垂直速度产品图,图中正值表示远离雷达,即上升运动。

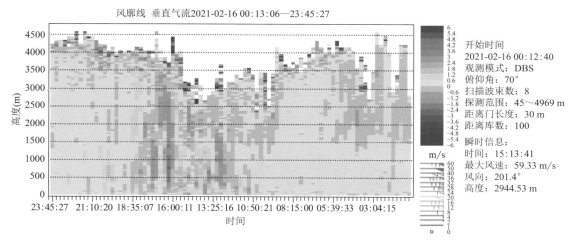

图 2.2.3　垂直速度产品图

2.2.3　信噪比

信噪比,英文名称叫作 SNR 或 S/N(Signal-Noise Ratio),又称为讯噪比,是指一个电子设备或者电子系统中信号与噪声的比例。这里面的信号指的是来自设备外部需要通过这台设备进行处理的电子信号。噪声是指经过该设备后产生的原信号中并不存在的无规则的额外信号(或信息),并且该种信号并不随原信号的变化而变化。信噪比的计量单位是 dB,其计算方法是 $10\lg(Ps/Pn)$,其中 Ps 和 Pn 分别代表信号和噪声的有效功率。激光雷达的信噪比是雷达接收到的有用的气象信号和噪声信号的功率的比值,受对降水持续时间和降水强度的影响比常规气象探测到的空气垂直速度更高,可以用来估算降水起止时间,监测空中含水量大值层所在高度等。利用 SNR 值还通过计算处理后可以得到云底高度。图 2.2.4 为信噪比产品图。

2.2.4　PPI 径向风

径向风指的是以雷达观测点为中心,风向为通过中心方向的风。径向风的方向分为来向和去向,其中来向用冷色表示,去向用暖色表示。径向风速的大小用冷色类或暖色类中不同颜色表示。PPI 径向风的图像见图 2.2.5。图中的径向风反演成水平风的方法与天气雷达速度场的分析完全相同,图 2.2.5 中呈现的风多为西南风,且空中有暖平流。

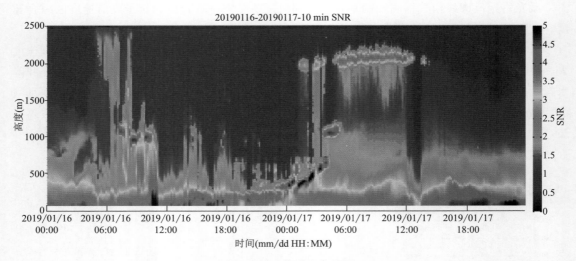

图 2.2.4 信噪比产品图

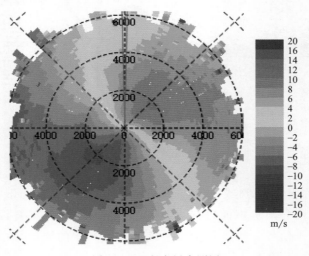

图 2.2.5 径向风实测图

2.2.5 PPI 反演风

反演风是通过一定的算法,将激光雷达测得的 PPI 径向风反演为水平风,反演后的水平风可以采用风矢和风箭头两种方式呈现出现。风羽采用气象规范中的风要素填写规范显示,即用不同方位风向杆表示风的来向,用风杆端点的线段表示风速,其中短划为 2 m/s、长划为 4 m/s,三角形为 20 m/s。风矢箭头表示是指用箭头的方向表示风的来向,用箭头的长度表示风速值的大小。图 2.2.6 给出了风羽和风矢的表示方法。

图 2.2.7 给出了 PPI 径向风(图 2.2.5)反演的水平风图像,其中左图为风羽表示,右图为风矢表示。显然采用图 2.2.7 分析空中流场要直观多了。

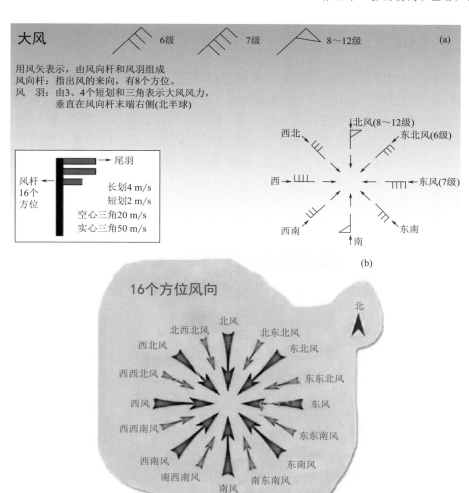

图 2.2.6　风的风羽(a)和风矢(b)表示方法

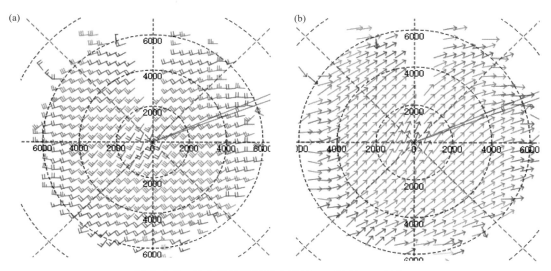

图 2.2.7　径向风反演得到水平风((a)风羽;(b)风矢)

2.2.6 RHI 径向风

RHI 径向风是指在雷达中心位置沿某指定方位进行距离高度扫描探测得到径向风。RHI 径向风常用在分析机场跑道方向、跑道垂线方向或天气系统主要出现方位等特殊方向的空中空气流场特征。这些特殊方向通常包括且不仅限于局部雷暴、对流云出现方向、陡峭山坡风来向、河流水库方向、高大建筑物方向等,因为这些方向上空的风向风速可能与周边其他方向的风有较大不同,需要特别关注。特别是机场,跑道方向是盛行风方向,进行沿跑道方向的 RHI 扫描得到的是沿跑道的径向风,显示的是飞机可能遭遇的是顺风和逆风。沿跑道垂线方向做 RHI 扫描得到径向风,显示的是飞机可能遭遇的左、右侧风。所以使用 RHI 径向风时应该依据扫描方位,通过"冷来暖去"的规则得到真实风向。

图 2.2.8 给出了径向风的探测实例,其中冷色表示朝向雷达的风,暖色表示远离雷达的风。由于本图显示的扫描方位是 107°,即图的右侧为 107°方位。从激光雷达风向色标的来向"冷来暖去"的规定,本图中冷色位于 287°方位,暖色位于 170°方位,即此图表示实际风向为287°(西北风)。

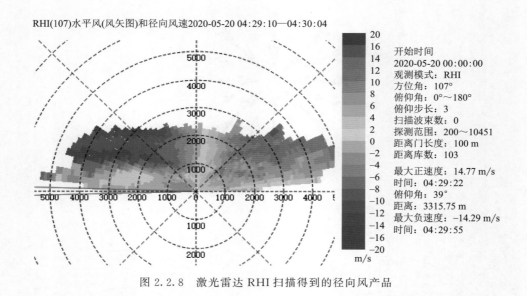

图 2.2.8 激光雷达 RHI 扫描得到的径向风产品

2.2.7 下滑道风

下滑道风(起降通道风)是指雷达沿飞机的起飞或降落轨迹进行扫描到的风分量。图 2.2.9 为实测的下滑道风。其中左图表示侧风,显示了飞机在不同高度将遭遇的来自左侧或来自右侧的风,可以看出:飞机落地时,在距离落地点 1800~3800 m 期间为右侧风,位于其他距离时为左侧风。图中右图表示迎头风,显示了飞机在不同高度将遭遇的顺风(升力减小)或逆风(升力增加),图中暖色表示远离雷达,即飞机在着落过程中将遭遇较强的逆风,即保持有较好的升力。

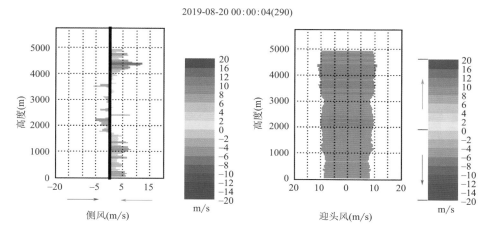

图 2.2.9　下滑道扫描得到的横风（左/右侧风）与纵风（顺/逆风）

　　需要注意的是，下滑道扫描事实上就是一种倾斜扫描。如果取与山坡倾角相近的角度开展下滑道扫描，可以获得沿山坡的表层风。这在实际应用中，可用于滑雪类体育赛事中滑道上运动员遭遇风的监测，即可以利用下滑道模式侧风和迎头风的分布与大小，得到滑雪运动员高速运动在陡峭赛道不同位置时身体遭遇的左右方向的侧风（横风）以及迎面遭遇的顺/逆风（纵风），不仅可以提高训练水平还可以很好地规避安全威胁。

第3章

产品意义和应用

由第 2 章得知,激光测风雷达具有的 4 种基本扫描模式,这 4 种模式分别是风廓线模式、PPI 模式、RHI 模式和下滑道模式。每一种扫描模式都具有特定探测意义。本章分别讨论 4 种模式下不同产品的作用。

■ 3.1 理想风场的速度特征

3.1.1 零速度线

多普勒雷达速度约定:远离雷达方向多普勒速度为正,朝向雷达方向多普勒速度为负。某点的径向速度为零,实际上包含着两种情况:一种是该点处的真实风向与该点相对于雷达的径线方向互相垂直;另一种情况是该点真实风速为零,或者该点风速很小处于图像中表示零速度色标的速度范围内。

一般情况下,大气处于运动状态,所以通过零速度点,应用风向与该点径向互相垂直特性,判断该点风向。如在 0°方位角(正北方)某点处的径向速度为零,如图 3.1.1 中正北点,则该处风向不是东风就是西风。若在该处左侧邻近点的多普勒速度为负(朝向雷达方向),右侧邻近点的速度为正(远离雷达方向),则可判断零速度点处风向为西风。由图 3.1.1 左图可见,左侧邻近点的径线正向(即远离方向)与西风矢量夹角大于 90°,西风在径向上的投影朝向雷达方向,所以径向速度为负;右侧邻近点处的径线正向与西风矢量方向夹角小于 90°,其投影为远离雷达方向,径向速度为正。可见,零速度点的风向应是由邻近负速度区,垂直该零点所在径线方向吹向正速度区。应该指出,这种判断风向的方法只适用于风向均匀或风向变化缓慢而连续情况,对诸如锋面、切变线等风的不连续面就不一定适用,因为在不连续面上风速较小,其多普勒速度值往往在零速度色标所包含范围内,所以显示出零速度色标是上述形成零速度的第二种情况。

速度图像中由零速度点相连而成的零速度带(线)形状,在风向二维均匀条件下,能估计风随高度变化情况。如图 3.1.1 右图中的零速度带,其西—西南侧的多普勒速度方向朝向雷达(负速度区),其东—东北侧多的普勒速度远离雷达方向(正速度区)。按照上述判断风向方法可知,当雷达天线指向零速度带上点 1 时,其径线方位是 360°,则该点风向可能有 360°±90°两个方向,由于邻近负速度区位于这径线正向(远离雷达的方向为正向)左侧,所以真实风向应为

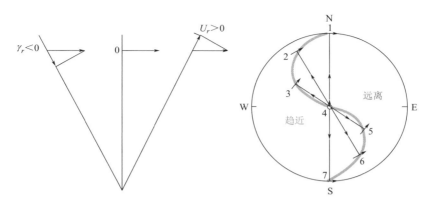

图 3.1.1　零速度点确定风向的原理和零速度带解释风向变化示意图

$360°-90°=270°$。与此类似,点 7 的径线方位是 $180°$,邻近负速度区在这径线正向的右侧,所以真实风向为 $180°+90°=270°$。点 2、点 3 所在径线方位分别为 $330°$、$300°$,邻近负速度区在这两条径线正向的左侧,这两点的真实风向分别为 $330°-90°=240°$、$300°-90°=210°$。带上点 5、点 6 所在径线分别 $120°$、$150°$,邻近负速度区在这两条径线正向的右侧,所向这两点真实风向分别为 $120°+90°=210°$、$150°+90°=240°$。点 4 表示地面雷达站为南风(风向 $180°$),从理论上讲点 4 不在零速度带上,所以图像中零速度带实际上有两条,为点 3、点 2、点 1(自近而远)的连线和点 5、点 6、点 7(向近而远)的连线,这两条连线无限逼近雷达中心,而雷达中心(即点 4)不是零速度。

3.1.2　风向不变时风速随高度变化

由于零多普勒速度所在处方位角与风向互相垂直,所以在风向不随高度变化情况下,所有零速度点的方位角也是不变的,因此图像中的零速度线(带)必然是通过雷达中心的一条平直线(带),图像的其他部分就反映了风速的垂直廓线。风向不变,风速随高度变化归纳起来有 3 种状态,即风速为非零固定值、风速随高度增大、风速随高度先增加后减小。图 3.1.2 给出了这些状态的理想图像。

图 3.1.2(a)是风向不变时风速是非零固定值的理想图像。当天线指向与风的方向一致时,多普勒速度即为风速,且是多普勒速度中最大值或最小值。多普勒速度极值由中心点(地面)伸向显示区边缘,所有其他速度值颜色也通过中心点。

图 3.1.2(b)是风向不变时风速随高度增加时的理想图像。因为风向不变,所以相应某一高度的距离圈上最大(最小)多普勒速度的方位角是恒定的。由于风速随高度增加,所以图像中的多普勒速度极大值(极小值)相应的颜色应分别位于下风向(上风向)方位的边缘部分。相应较大速度值的颜色向中心会聚但并不达到中心,小于等于地面风速值的多普勒速度的颜色则会聚在图像中心。当地面风速为零时,只有相应于零值速度的颜色穿过中心。

图 3.1.2(c)是风向不变时风速随高度先增加后减小的理想图像。此时在空中某一个高度上存在风速最大值时,在图像上就会出现一对"牛眼","牛眼"穿过雷达中心的径向线对称。这对与测站对称的"牛眼"通常表示测站上空有空中急流存在。

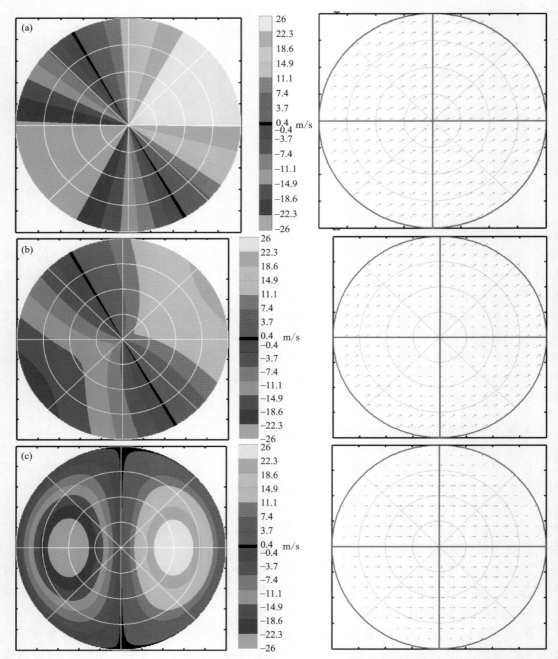

图 3.1.2 风向不变时风速随高度变化的典型多普勒速度图像
((a)风速非零固定值理想图;(b)风速随高度增加理想图;(c)风速随高度先增加后减小理想图)

3.1.3 风速不变时风向随高度变化

当风速随高度保持不变时,表示不同速度的颜色度带都收敛于测站中心。零速度带的曲率表明了风向随高度变化,归纳起来有 3 种状态,即风向随高度逆转、随高度顺转、随高度先顺转后逆转。图 3.1.3 给出了这些状态。

图 3.1.3(a)为风向随高度逆转的图像,从中可见零值带表现为一个反 S 型的带状,由热成风定理知道,表示存在冷平流。

图 3.1.3(b)为风向随高度顺转的图像,此时零值带表现为一个 S 型的带状,表示存在暖平流。

图 3.1.3(c)为当风向随高度先顺转后逆转时,零值 S 型带随离雷达距离增加(高度增加)而转变为反 S 带,表示此时空中低层有暖平流,高层有冷平流,大气层结将趋于不稳定。

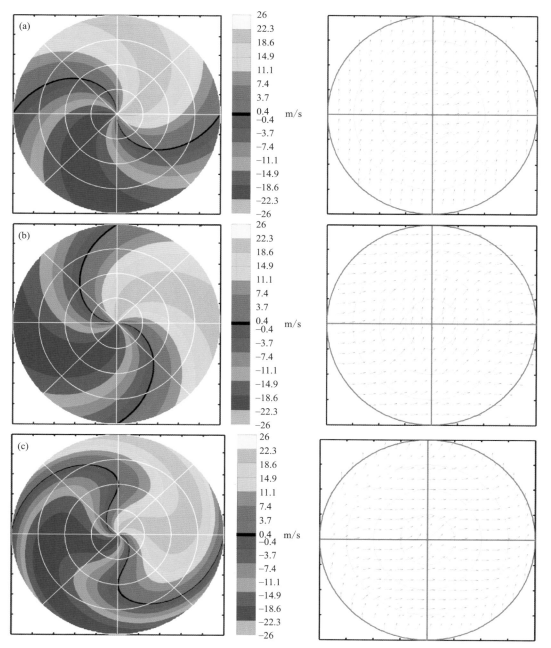

图 3.1.3　风速不变时风向随高度变化的典型多普勒速度图像
((a)风向随高度逆转;(b)风向随高度顺转;(c)风向随高度先顺转后逆转)

3.1.4 风速风向都随高度变化

当风向风速随高度变化时,有多种状态。图 3.1.4 给出了典型状态。

图 3.1.4(a)给出了风速随高度增加、风向随高度顺转、地面风速为零的状态。

图 3.1.4(b)给出了风速随高度增加、风向随高度顺转、地面风速不为零的状态。

图 3.1.4(c)给出了风速随高度先增加后减小、风向随高度顺转、地面风速不为零的状态。

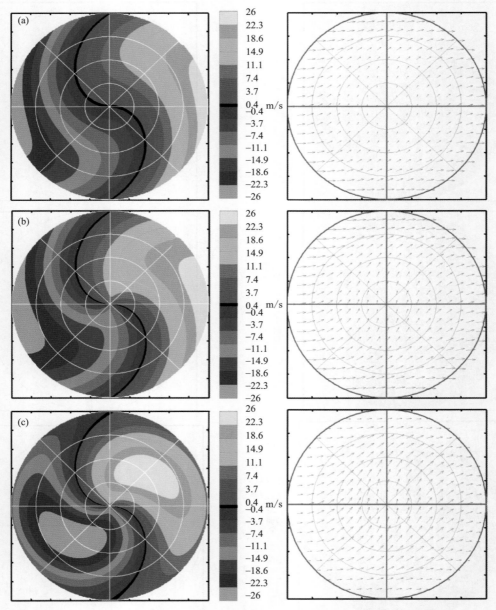

图 3.1.4 风速风向随高度都变化的典型多普勒速度图像

((a)风速随高度增加、风向随高度顺转、地面风速为零;(b)风速随高度增加、风向随高度顺转、
地面风速不为零;(c)风速随高度先增加后减小、风向随高度顺转、地面风速不为零)

3.1.5　辐合辐散风场

气象学上,辐合是指气流从四周向中心流动,辐散是指空气由中心向四周散开。空气的移动方向有时相同而速度快慢不同,有时速度相同而方向不同,也有方向与速度都不相同的,这样就可能引起空气在某些地方堆积起来或扩散开来。自然界中,因为地面加热作用,造成气层不稳定以及低涡、切变线等天气系统造成系统性的运动称为辐合上升运动,可能引起对流天气,甚至雷暴大风和强降水等。辐散通常在高气压时发生,因高空常有高气压出现,高空辐合导致气流下沉,常伴有晴朗干燥天气。辐合辐散风场的图像见图 3.1.5。

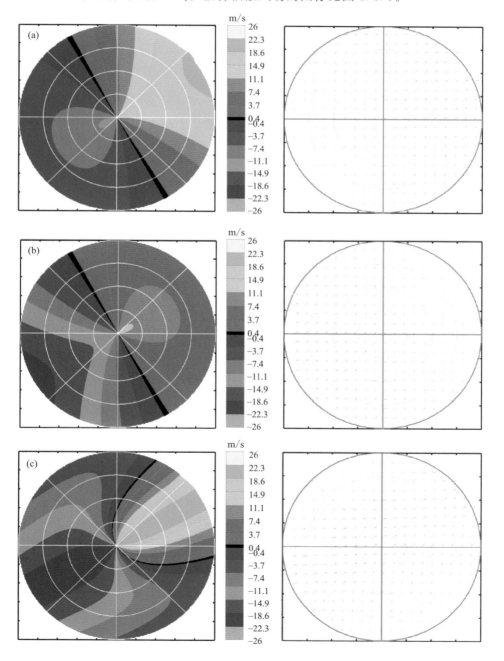

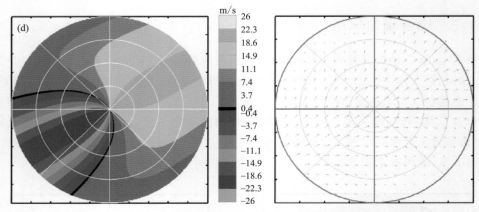

图 3.1.5　辐合辐散风场的典型多普勒速度图像
((a)风速辐散、风向不变;(b)风速辐合、风向不变;(c)风场辐合;(d)风场辐散)

图 3.1.5(a)给出了风速辐散、风向不变时的图像。此图的特征是,零速度线为均匀分割探测场为相等两部分的直线(表示风向不变),负速度区中的颜色比正速度区的颜色浅(表示来向风速小于去向风速)。

图 3.1.5(b)给出了风速辐合、风向不变时的图像。此图的特征是,零速度线为均匀分割探测场为相等两部分的直线(表示风向不变),负速度区中的颜色比正速度区的颜色深(表示来向风速大于去向风速)。

图 3.1.5(c)给出了风场辐合时的图像。此图的特征是,对负速度区而言,零速度线的夹角＞180°,此时负速度面积＞正速度面积,在风速不变的情况,对探测区域来讲,流入的气流质量＞流出的气流质量,也就是存在气流辐合。

图 3.1.5(d)给出了风场辐散时的图像。此图的特征是,对负速度区而言,零速度线的夹角＜180°,此时负速度面积＜正速度面积,在风速不变的情况,对探测区域来讲,流入的气流质量＜流出的气流质量,也就是存在气流辐散。

3.1.6　高低空急流

空中急流是指空中有强而窄的风速带,是大气环流的一个重要特征。急流出现的高度不同,一般可分为高空急流和低空急流。急流在速度图的特征是存在一对与测站对称的正负速度中心,也被称为存在“牛眼”。由于在雷达探测中,PPI图像上不同的距离表示不同的高度,所以,靠近测站的“牛眼”表示高度较低的急流,远离测站的“牛眼”表示高度较高的急流。图3.1.6给出了在不同高度上都存在急流的风场图像。

图 3.1.6(a)为相差 90°的高低急流的多普勒速度图像。

图 3.1.6(b)为相差 180°的高低急流的多普勒速度图像。

3.1.7　锋面切变线流场

在实际流场探测中,经常探测到强冷空气移动中遭遇不同方向气流阻挡,形成锋面切变线的情形,图3.1.7给出了西北气流向东移动中遭遇偏南气流位于不同位置时的状态。

图 3.1.7(a)为西北气流位于测站西北方向,测站当前受西南气流控制的图像,从中可见,

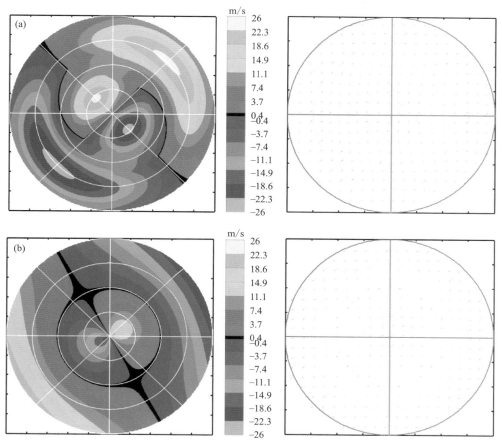

图 3.1.6　高低空急流的典型多普勒速度图像

((a)相差 90°的高低急流;(b)相差 180°的高低急流)

零速度线在图像上呈现折线状态,其折线的东北方向(前方)存在正速度区,折线的(后方)西北方向和西南方向分别存在负速度区。其风切变线就是在零速度线西北位置的折线。也就是说在这个折线的两侧,风向风速是有显著差异的。

图 3.1.7(b)为西北气流位于测站上的图像,从中可见,呈折线状态的零速度线的转折点位于测站上。其折线的前方(东北方向)存在正速度区,折线的后方(西北方向和西南方向)分别存在负速度区。其风切变线就是在零速度线呈折线的北端,也就是说在这个折线的两侧,风向风速是有显著差异的。

图 3.1.7(c)为西北气流越过测站后的图像,从中可见,零速度线被分成了三段相连的直线,一段与西北气流的方向呈垂线状态,一段与西北气流与西南气流的相交线重叠,第三段与西南气流的方向呈垂线方向。显然,其风切变线就是在零速度线上呈与西北气流与西南气流的相交线段,也就是说在这个折线的两侧,风向风速是有显著差异的。

3.1.8　中尺度旋转流场

在雷达气象学中将中小尺度旋转流场分为逆时针旋转(中气旋)和顺时针旋转(中反气旋)。在雷达气象里,中气旋可用理想垂直轴对称气旋环流的蓝金(Rankine)模式来模拟。蓝

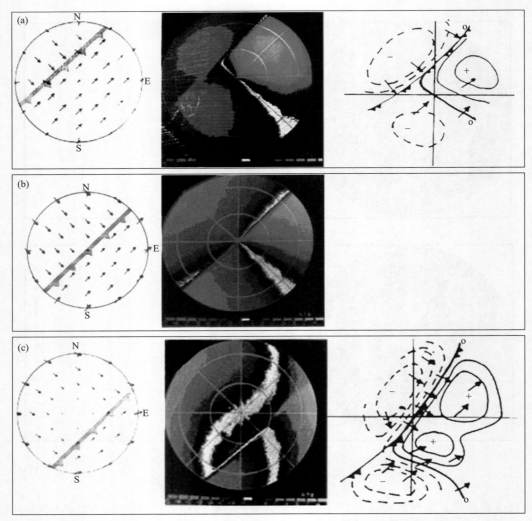

图 3.1.7　西北气流东移过程中锋面、切变线位置的多普勒速度图像
((a)西北气流位于测站西北方向;(b)西北气流位于测站上;(c)西北气流越过测站后)

金模式示意图见图 3.1.8。

图 3.1.8 中 r 表示离气旋核心的距离,V 表示点的速度,R 为该气旋的核半径,V_{max} 表示气旋核半径处的速度,在核半径位置,气旋速度达到峰值。

在旋转区内,速度分布可以近似看作为一个垂直固体圆柱(具有圆形水平剖面)的旋转。这个模式对描述大气中从大尺度台风中心附近区域到中尺度气旋及至龙卷风都是很好的一级近似。

中气旋是指与对流风暴上升气流密切相关联的小尺度涡旋。用模拟为一个蓝金组合涡旋来说明,即在中气旋核以内,切向速度与涡旋半径成正

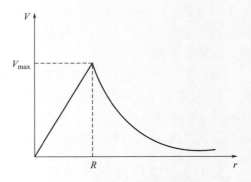

图 3.1.8　蓝金模式示意图

比;在中气旋核以外,切向速度与涡旋半径成反比。根据美国俄克拉何马州中气旋探测资料统

计结果表明,凡满足下列判据的小尺度涡旋即为中气旋:

(1)该区直径(最大流入速度 V_{in} 与最大流出速度 V_{out} 间的距离)≤10 km,旋转速度(即最大入流速度和最大出流速度绝对值之和的二分之一,即 $V_r = (|V_{in}| + |V_{out}|)/2$)≥所定的阈值。

(2)垂直伸展厚度≥3 km。

(3)上述两类指标都满足的持续时间至少为两个体扫描。

综上所述,切变、持续性和垂直范围是识别中气旋核的有效判据。

图 3.1.9 为小尺度旋转流场和相应的多普勒速度图像示意图,其中雷达中心位于图像的正下方。

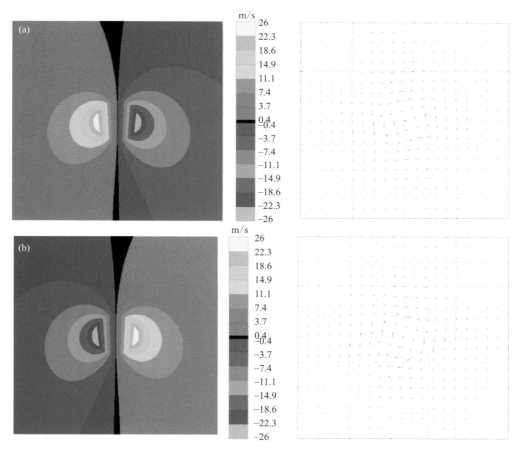

图 3.1.9　小尺度气旋流场和反气旋流场和相应速度图像示意图
((a)小尺度气旋流场;(b)小尺度气旋反流场)

图 3.1.9(a)为小尺度气旋流场,其中正负中心构成的速度对到雷达中心的距离相等,零速度带与径向线重合,负速度中心在右侧,正速度中心在左侧,另外正负速度区也分别分布在正负中心的同一边。根据多普勒速度"来冷去暖"的方向规定。左边的负最大多普勒速度值代表了朝向雷达的切向速度极小值,右边的正最大多普勒速度值代表了离开雷达的切向速度极大值,气流以速度对为中心,呈气旋式旋转。

图 3.1.9(b)为小尺度反气旋流场,其中正负中心构成的速度对到雷达中心的距离相等,零速度带与径向线重合,负速度中心在左侧,正速度中心在右侧,另外正负速度区也分别分布

在正负中心的同一边。根据多普勒径向速度方向"来冷去暖"的规定。右边的负最大多普勒速度值代表了朝向雷达的切向速度极小值,左边的正最大多普勒速度值代表了离开雷达的切向速度极大值,气流以速度对为中心,呈反气旋式旋转。

需要注意的是,与"通常中气旋会带来恶劣天气,而中反气旋会带来晴好天气"的天气学认识不同,由于在中小尺度环境下不一定满足地转平衡条件,中气旋和中反气旋常常都带来恶劣天气。而且对天气雷达而言,龙卷就出现在强而低的中气旋中,中反气旋常常与暴雨相伴。由于激光测风雷达的探测距离有限,在激光测风雷达中的 PPI 风场图上出现旋转的影响范围通常只有几千米,为非降水条件下的小尺度现象。所以,激光测风雷达图像上出现小气旋或小反气旋应该是考虑出现局部地面大风的征兆。

当局部流场中存在较强的环境风时,小尺度旋转气流团会受其影响,其正负速度对中的正中心值和区域或负中心值和区域会受变小。图 3.1.10 给出了环境风为南风的小尺度气旋(a)和小尺度反气旋(b)的多普勒速度特征示意图。当中尺度气旋和反气旋处在有一定风速的环境风场时,其多普勒速度图像特征稍有变化。

若环境风为南风,这时小尺度气旋的左半圆由于风向和环境风向相反,使旋转速度减小,而在右半圆的风向和环境风向相同使速度增加,其流场如图 3.1.10(a)所示。这时相应的多普勒速度图像特征基本不变,正负中心仍呈方位对称,但负中心的速度值显然小于正中心的值。

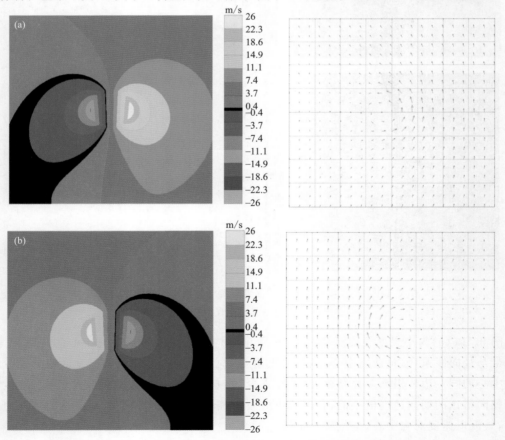

图 3.1.10　有环境南风的小尺度旋转流场和相应速度图像示意图
((a)气旋;(b)反气旋)

若环境风为南风,这时小尺度反气旋的右半圆由于风向和环境风向相反,使旋转速度减小,而在左半圆的风向和环境风向相同使速度增加,其流场如图 3.1.10(b)所示。这时相应的多普勒速度图像特征基本不变,正负中心仍呈方位对称,但负中心的速度值显然小于正中心的值。

3.1.9　中小尺度辐合和辐散流场

图 3.1.11 是一个模拟辐合辐散气流图像,其中(a)为辐合图像,(b)为辐散图像。图 3.1.11(a)的特征是:存在位于径向线上的正负速度对("小牛眼"),且正速度中心靠近雷达一侧,负速度中心位于远离雷达一侧。也可以根据距离圈进行判断:存在位于距离圈两侧的正负速度("小牛眼"),而且正速度中心位于内侧,负速度中心位于外侧。图 3.1.11(b)类似于辐合图像(a),只是颜色和气流方向正好相反。需要注意的是下击暴流就是强的辐散流场。在飞行气象服务中,飞机起降期间需要特别监测起降通道上、起降点周边是否出现下击暴流现象或由此引发强烈的低空风切变。

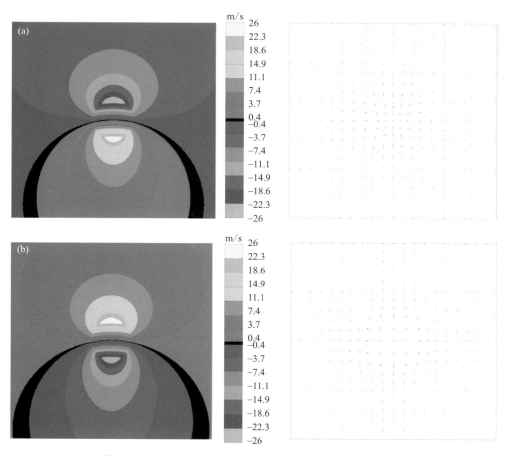

图 3.1.11　小尺度辐合和辐散流场和相应速度图像示意图
((a)小尺度辐合;(b)小尺度辐散)

当一个环境风为南风附加到模拟辐合和辐散风场上时,辐合和辐散气流图像就发生了明显变化。图 3.1.12(a)为环境风南风附加到辐散风场上的多普勒速度图像,流场的辐散中心南移,多普勒速度图像也出现了显著变化,负值区只有很小一块。图 3.1.12(b)是环境风为南风附加到辐合风场上的多普勒速度图像示意图。

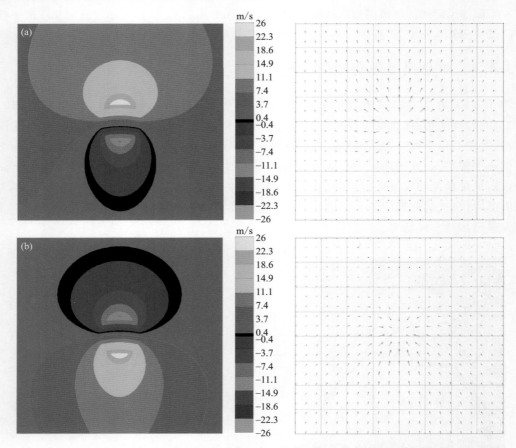

图 3.1.12　有环境南风的小尺度辐合和辐散流场和相应速度图像示意图
((a)小尺度辐合;(b)小尺度辐散)

3.1.10　混合型小尺度流场

前面提到在激光测风雷达探测到小尺度现象有旋转和辐合辐散这两类,在客观天气探测中,常出现混合状态,即在以旋转为主的现象中混合有辐合辐散现象,或在以在辐合辐散为主的流场中混合了旋转现象。由于小尺度现象在速度图上表现为一对相距很近的正负速度大值对。其旋转的图像特征是在径向线两侧的正负速度对,其辐合辐散的图像特征为在距离圈两侧的正负速度对。所谓的混合型,就是指正负速度对既与径向线对称,也与距离圈对称的现象。图 3.1.13 给出了辐合型气旋流场(a)和辐散型反气旋流场(b)。当然,还有辐散型气旋流场和辐合型反气旋流场等混合型流场存在,其图像读者可以自行推出。

3.1.11　小尺度现象的分析预报步骤

在天气雷达分析中,中小尺度天气系统会带来局部恶劣天气,由于尺度下,生命期短,造成的天气恶劣,影响很大,所以应该高度重视。在激光测风雷达产品分析时,也应该格外关注。当然,由于激光测风雷达探测距离有限,且产品是无降水条件下有效,所以出现小尺度特征带

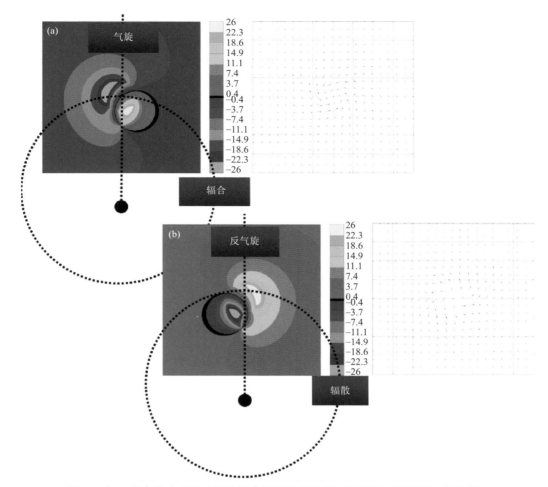

图 3.1.13　混合型小尺度流场和辐合型气旋辐散型反气旋和相应速度图像示意图
((a)辐合型气旋;(b)辐散型反气旋)

来的天气现象主要是大风类天气。

分析步骤如下:

(1)确定激光雷达中心位置。

(2)确定探测范围内有无近距离的正负速度对(正负中心通常不小于 10 m/s)。

(3)分析正负速度对("小牛眼")的性质。

根据该"小牛眼"与径向线(或距离圈)的位置,确定是"小尺度气旋/小尺度反气旋"或"小尺度辐合/小尺度辐散"或"辐合性小尺度气旋""辐合性小尺度反气旋""辐散性小尺度气旋""辐散性小尺度反气旋"。

(4)分析中尺度系统发展趋势。

若存在低层为"辐合性小尺度气旋",高层为"辐散性小尺度反气旋",则该中尺度系统将发展,强度会增强,速度会减慢,造成的危害比前期大。反之,系统将减弱,其强度会减小,速度会增加,造成的危害比前期小。

(5)综合地形、日变化等因素,做出后期监测与预警。

考虑中尺度系统前进方向上有无河流、山脉、高大建筑物引发的爬升下坡、扰流等因素,结合当时太阳高度角、空中云对太阳辐射的影响等,在(4)的基础上做出预测和预警。

■ 3.2 风廓线产品意义和应用

激光雷达的风廓线产品是激光雷达采用对天顶的扫描方法获取的,弥补了常规多普勒天气雷达在晴空条件下风场观测能力的不足和风廓线雷达对低层高精度风场观测能力的不足。利用它可以连续测得测站上空每几秒钟间隔、几十米层距的高分辨率的垂直风廓线资料。使用激光测风雷达探测数据可以有效地提高对低空风切变、大风、强侧风和低能见度等天气的预警和预报能力,为精细天气预报,如飞机在起降过程中提供更准确的保障。

风廓线产品分析应用中需要注意:

(1)激光雷达风廓线模式的时间分辨率为秒级,对天气系统的监测分析至少需要进行2 min 数据平均,甚至需要进行半小时或 1 h 的平均。长时间平均的风廓线数据绘制成时间一高度剖面图可以更好地监测和分析大尺度的天气系统的演变。

(2)风廓线图像显示时应该让时间从右至左增加,即最新数据在左侧。这样才可以更清晰地看到空中系统的变化情况。

(3)风廓线图中看似向上或向下的风的方向,实际是不同高度上的水平风方向不同,不要误认为是向上或向下的垂直气流。

3.2.1 温度平流判定

大气温度和湿度在垂直方向上的分布称为大气层结。许多天气现象的发生,都和大气稳定度有密切的关系,大气稳定度是表征大气层稳定程度的物理量。它表示在大气层中的某个空气团是否稳定在原来所在的位置,是否易于发生对流。当空气团受到垂直方向扰动后,大气层结使它具有返回或远离原来平衡位置的趋势和程度,叫大气稳定度。

热成风就是地转风在坐标系中的垂直变化率,通常称作热成风关系。所谓热成风是指地转风在两个气压面之间的差别。

温度平流是指较暖空气向较冷空气方向或较冷空气向较暖空气方向输送。前者称为暖平流,后者称为冷平流。在实际工作中进行天气分析时,根据本站热成风的情况作温度平流的分析,当风向随高度做逆时针方向旋转时,可判断这个气层间有冷平流,当风向随高度作顺时针旋转时,则有暖平流。若呈现低层有暖平流、高层有冷平流态势时,表示大气层结为不稳定层结,容易出现对流性天气。反之为稳定性层结,此时天空为晴天、少云或稳定性层状云天气。当风向风速随高度不变或变化很小时,意味着大气层结维持前期状态。

图 3.2.1 给出了激光雷达风廓线产品图。从图 3.2.1(a)中可见,风向风速在相同时刻,从地面到 2500 m 高度区间内基本一致,即风向风速随高度保持不变。按照热成风关系可知,在地面到 2500 m 高度的气层间,温度平流很弱,大气层结维持前期状态。

从图 3.2.1(b)中可见,1200 m 以上,风向随高度顺时针旋转,表示从 1200 m 以上,存在暖平流。

从图 3.2.1(c)中可见,1200 m 以上,风向随高度逆时针旋转,表示从 1200 m 以上,存在冷平流。

从图 3.2.1(d)中可见,从地面到 1350 m 间风向随高度为顺转,从 1350 m 以上到 3600 m

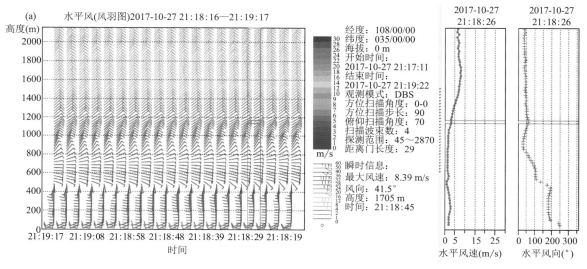

(a)　水平风(风羽图)2017-10-27 21∶18∶16—21∶19∶17

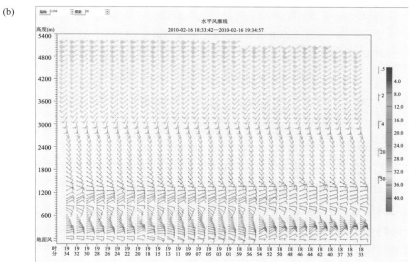

(b)

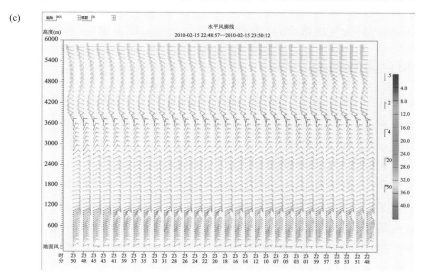

(c)

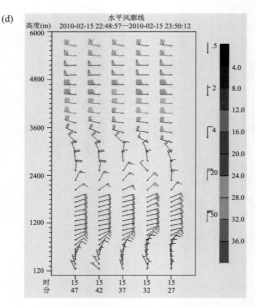

图 3.2.1　温度平流判定

((a)弱温度平流;(b)1200 m 以上存在暖平流;(c)1200 m 以上存在冷平流;
(d)低层为暖平流,中层为过渡层,高层为冷平流)

风向为逆转。这表示测站上空低层为暖平流,其上为冷平流。从 3600 m 以上,风向维持 270°左右,表示这些层间平流较弱。

应用中需要注意以下几点:

(1)风向随高度不变不一定表示大气层结是稳定的。只是说明该气层没有平流,大气层结稳定度与前期相同。即前期稳定,现在也稳定,前期不稳定,现在也不稳定。

(2)冷暖平流的厚度可以通过风向转换的开始高度起到转换结束的高度止。

(3)冷暖平流的强度可以通过风向转换角度除以厚度(风向转换梯度)大致推知,即在单位高度内,变化的角度越大,平流越强。

(4)由于激光雷达数据刷新率很高(秒级),而由冷暖平流引发的天气变化需要一定的能量积累,所以一定区域内对天气的影响时,需要考虑较长时间温度平流的作用累积。

3.2.2　辐合辐散判别

辐合辐散是天气图分析中的重要概念。辐合指的是气流从四周向中心流动,如果气流从中心向四周流动叫辐散,二者的运动方式是不同的。当大气对流层某区域的下层有水平辐合、上层有水平辐散时,该区域会引起空气上升运动,上升的空气会出现凝结,甚至出现云层,出现雷暴和其他强对流天气。反之,则会出现空气下沉运动,造成晴天。

为了说明流场结构,常常需要说明不同空间尺度的涡流对整个流场中的作用,又需要许多测站在同一时刻沿某一方向同时测量而得到。流场的观测与研究上有两种方法,即对一段空间点进行同时观测的欧拉方法和固定空间点进行连续观测的拉格朗日方法。需要强调的是,天气图是由同一时间、不同地点的气象要素构成,属于描述空间气象要素场特征的欧拉方法,而激光雷达的风廓线图是同一地点、不同高度风向风速随时间的演变,属于质点随时间变化特征的拉格朗日方法。流场中涡流的测量通常是在空间的某固定点进行一段时间的测量,因而用时间平均和时间相关比较方便。泰勒的冰冻流场假设指出:当流体运动的形式变化比较慢时,可以将流体当作是冰冻的一样,即变化形式固定,并以定常的平均速度向前移动,某点涨落的时间变化是冰冻流体依次通过该点引起的,这样从时间上的连续观测和从空间上的同时测量,两者结果存在简单的关系。

根据时空转换原理,风廓线产品上辐合/辐散的判别标准如下:在水平风产品图同高度上,按照风向和时间,若测站上空某处气流堆积,称该处为水平辐合,若某处气流疏散,称该处为水平辐散。在风廓线垂直速度产品图上,同一时刻上,上升运动与下沉运动相遇处为垂直辐合,上升运动和下沉运动相互分离处为垂直辐散见图 3.2.2。

3.2.3　大气边界层和湍流

气象学上,大气边界层是指大气最底层,靠近地球表面、受地面摩擦阻力影响的大气层区域。通常,大气边界层分为三层:底层、近地层和摩擦上层(即埃克曼层)。图 3.2.3 给出了大气边界层示意图和激光测风雷达实测的大气边界层图。

由图 3.2.3(a)可知,大气边界层中底层为数米厚;近地层的厚度为 100 m 左右,该层内湍流黏性力为主导力,风速与高度同增;摩擦上层(埃克曼层),100 m 以上为埃克曼层,地球自转形成的科里奥利力在该层中起重要作用。

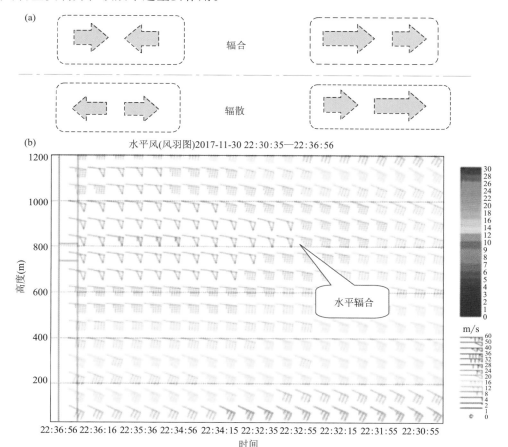

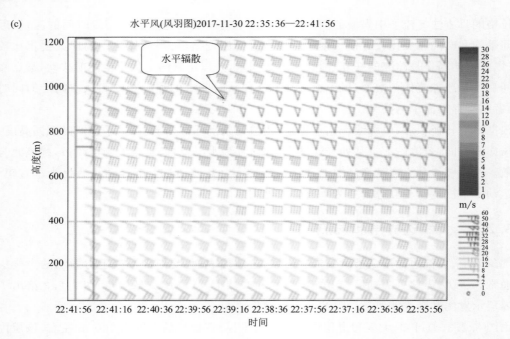

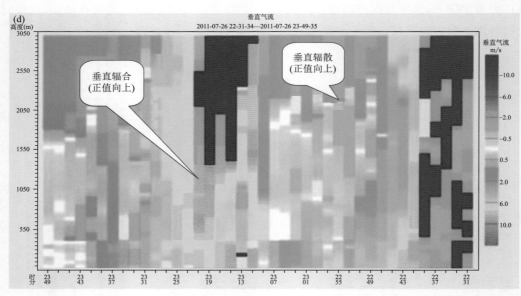

图 3.2.2 气流辐合辐散判定

((a)示意图;(b)水平辐合;(c)水平辐散;(d)垂直辐合/辐散)

由图 3.2.3(b)可见,自由大气层中风场为西风,与地球自转方向相同。而边界层顶在不同时间段的高度不同,但都在 500～1000 m。近地面层的风向与边界层中的其他层明显不同。

大气边界层是与人类生活及各生态圈构成的主要气层,其高度一般距离地面 1～2 km,是地球表面与自由大气之间进行物质、水汽、能量和热量等交换的重要气层。大气边界层内运动的主要特点是其湍流性,流体几乎总是处于湍流状态,雷诺系数相当大,湍流度大,一般可达20%左右。边界层中绝大多数物理过程都是通过湍流输送来实现的。

(a)

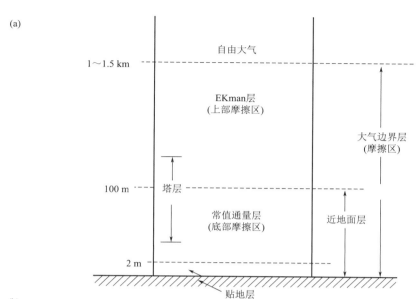

(b)

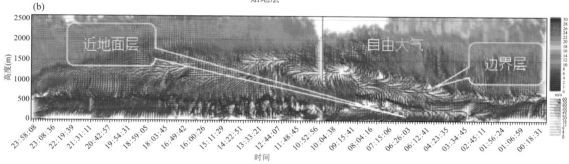

图 3.2.3　大气边界层示意图(a)和实测图(b)(宁夏银川,2020 年 2 月 4 日 00—24 时)

边界层具有以下特征:

(1)风速随高度增加而逐渐增大

风速在地表面为零,在边界层外缘同地转风速度相等。

(2)湍流结构

在大气边界层中,大气流动具有很大的随机性,基本上是湍流流动,其结构可用湍流度、雷诺应力、相关函数和频谱(见湍流理论)等表示,气流湍流度可达 20%。

(3)风向偏转

在北半球,由于地球自转产生的科里奥利力的作用,顺着地面附近风的方向看,风向随高度的增加逐渐向右偏转,而在大气边界层外缘,与地转风的风向相合,风向偏转角度因时因地而异,一般可达几十度。

(4)温度层结

大气温度随高度变化情况复杂多变,其变化率直接影响大气的稳定程度。

(5)气溶胶浓度高

地面是产生气溶胶的主要源地,该层紧邻地面,气溶胶(如尘埃、烟、雾等)在该层浓度高。

一般认为,影响边界层高度的因素通常有动力因素、热力因素和能量因素。动力因素是风速或风向达到地转风时所在高度,或风速达到一个最值时所在高度作为边界层高度;热力因素是温度梯度最小值所在高度,或温度梯度明显不连续所在高度,或温度日变化非常小,接近消失的高度作为边界层高度;能量因素是将湍流能量或湍流应力接近消失的高度作为边界层高度。

湍流是流体的一种流动状态(时间和空间上强烈变化并且不规则的、多尺度的复杂非线性流体运动状态)。当流速很小时,流体分层流动,互不混合,称为层流(稳流或片流);逐渐增加流速,流体的流线开始出现波浪状的摆动,摆动的频率及振幅随流速的增加而增加,此种流况称为过渡流;当流速增加到很大时,流线不再清楚可辨,流场中有许多小漩涡,层流被破坏,相邻流层间不但有滑动,还有混合,形成湍流(乱流、扰流或紊流)。

自然界中,我们常遇到流体作湍流,如江河急流、空气流动、烟囱排烟等都是湍流。湍流基本特征是流体微团运动的随机性。湍流中最重要的现象是由这种随机运动引起的动量、热量和质量的传递,其传递速率比层流高好几个数量级。图 3.2.4 给出了湍流示意图(a)和实测图(b)。

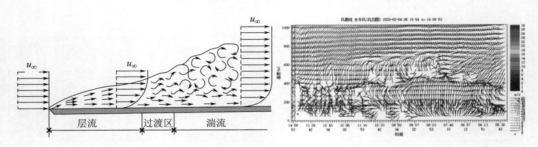

图 3.2.4 湍流示意图(a)和实测图(b)(银川,2020 年 2 月 6 日)

从图 3.2.4 可见,银川机场从早上 08 时起,低层保持风速为 4 m/s 的稳定西南风,从 12 时开始,地面湍流活动增强,现象是近地层的风向开始紊乱,风速仍然为微弱(0~2 m/s)。这种现象随时间逐步向空中拓展,到 14:40 左右拓展最高处 400 m 高度,随后缓慢降低,到 16:28 以后,风向逐步稳定为东北风,风速为 4 m/s,这意味着湍流减弱消失。

3.2.4 急流和急流团

空中急流是指空中有强而窄的风速带,是大气环流中的一个重要特征。急流出现的高度不同,一般可分为高空急流和低空急流。将 600 hPa 以下出现的强而窄的气流称为低空急流,出现在对流层上部或平流层中强而窄的气流称为高空急流。急流的中心轴是准水平的,具有强烈的水平切变和垂直切变。急流中心的气流速度在低空急流中通常不小于 8 m/s,高空急流中的通常不小于 30 m/s。由于急流同大气热量和角动量的输送有关,是全球大气环流的重要环节。低空急流与高空急流都有强烈的非地转特征,急流两侧产生气旋性和反气旋涡度,因此对天气系统发展有重要作用。

天气学研究表明:低空急流与中尺度天气系统密切相关,高空急流区大多与对流层上层水平温度梯度很大的锋区相对应,因而也和天气系统的发生、发展有密切关系。

在强对流和强雷暴的预报理论和实践中,高低空急流的作用十分重要,具体说来,高空急流有高空辐散作用,主要是抽气作用和通风作用。

低空急流有 3 方面作用。

(1)通过低层暖湿平流输送产生位势不稳定层结。

(2)在急流最大风速中心的前方有明显的水汽辐合和质量辐合或强上升运动,这对强对流活动的连续发展是有利的。

(3)在急流轴的左前方是正切变涡度区,有利于对流活动发展。

图 3.2.5 为激光侧风雷达获得的西宁机场不同高度空中急流实测图。其中(a)为 2021 年 1 月 24 日 03:14—11:14 在 2000~2500 m 高度出现的空中急流,(b)为 2017 年 11 月 30 日 20:31—20:35 在 100~1200 m 高度上的低空急流,(c)为 2017 年 12 月 1 日 00:00—00:30 在低空急流消散阶段出现的急流团。

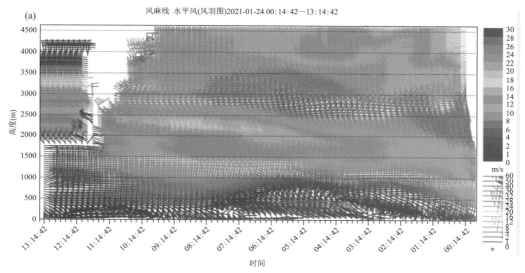

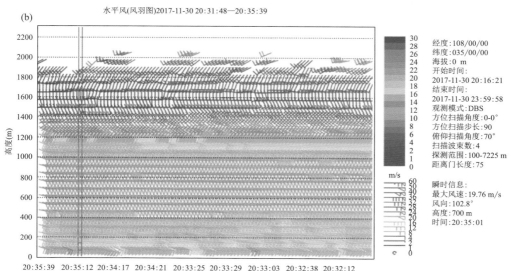

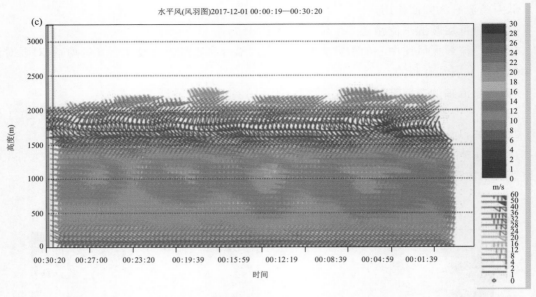

图 3.2.5 低空急流实测图

((a)2~2.5 km;(b)0.1~1.2 km;(c)急流团)

3.2.5 锋面和槽线与切变线

锋面就是温度、湿度等物理性质不同的冷暖气团的交界面。锋面与地面的交线,称为锋线,也简称为锋。

槽线是指低压槽中等压(高)线气旋性曲率最大而具有最低气压(或位势高度)各点的连线。槽线是低压槽内气流水平辐合最强的地区。通常在槽线附近的天气变化比较明显,这种特征使它在天气预报中占据着非常重要的位置。

切变线是风场中具有较大气旋式切变点的连线。其两侧的风向、风速存在较大的气旋性曲率。

由于冷锋面上方为暖气团,下方为冷气团,所以在激光雷达风廓线水平风产品图上,空中锋区呈现低层为偏北风,中高层上为偏南风的特征。由于槽线前为偏南风,槽后为偏北风,所以在激光测风雷达风廓线水平风产品图上,槽线的特征是同一高度上前面时刻为偏南风,后一时刻为偏北风,而且随时间增加,偏南风转偏北风的高度逐步抬高。由于切变线为风场中具有气旋式切变的不连续线,所以在激光测风雷达风廓线水平风产品图上,切变线的特征为同一时刻,上下高度上风向有气旋式偏转。图 3.2.6 给出了槽线、锋区和切变线的示意图。

冷锋天气   暖锋天气

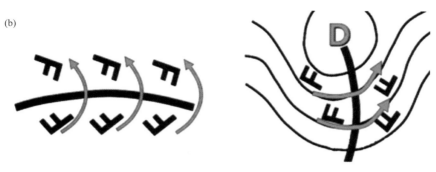

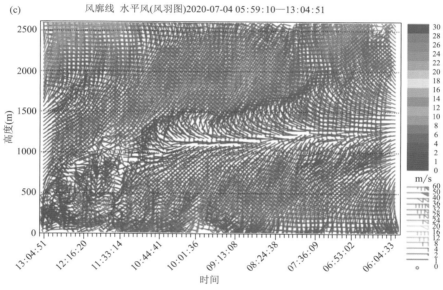

图 3.2.6 锋区、槽线和切变线示意图
((a)锋区;(b)槽线;(c)切变线)

3.2.6 涡旋

气旋是指北(南)半球,大气中水平气流呈逆(顺)时针旋转的大型涡旋。气旋通常按气旋形成和活动的主要地区或热力结构进行分类。大气中存在着各种大小不一的涡旋,有类似江河里的涡旋运动,它们有的逆时针旋转,有的顺时针旋转,其中水平尺度在几百至上千千米的大型水平涡旋,分别称为气旋和反气旋,即低压和高压。根据地转风原则,形成涡旋风的风向呈现逆时针旋转式,称为气旋,呈现为顺时针旋转式为反气旋。当水平尺度在 200 km 以下时,被称为"中尺度涡旋"。由于激光测风雷达的时空分辨率很高,需要使用风的 2 min 平均,并调整数据刷新率到数分钟以上,才能显示出天气学意义上的中尺度气旋/反气旋,刷新率为半小时甚至 1 h 以上时,才能显示出气旋/反气旋。事实上,按照激光雷达测风数据的分钟级刷新率,也能分析出小涡旋,这些小涡旋在局部范围内,能产生较短时间的风切变,甚至会引发短时的局部降水、尘卷风等天气,特别是当这类涡旋连续地出现在低空时,需要警惕地面出现恶劣天气的可能性会大幅增加。图 3.2.7(a)给出 2019 年 8 月 21 日采用风廓线探测模式,并进行了风的 2 min 平均,数据刷新率为 10 min 时得到的水平风廓线图,从中可见,在 04:30—

08:20 期间,在 500 m 高度左右有一个小低涡通过了测站,06:07 显示了该小涡旋中心位置位于侧站 500 m 高度。

图 3.2.7(b)给出 2020 年 7 月 14 日采用风廓线探测模式,并进行了风的 2 min 平均,数据刷新率为 10 min 时得到的水平风廓线图,从中可见,在 20:43 左右,在 1400 m 高度左右有一个小低涡存在测站上空。

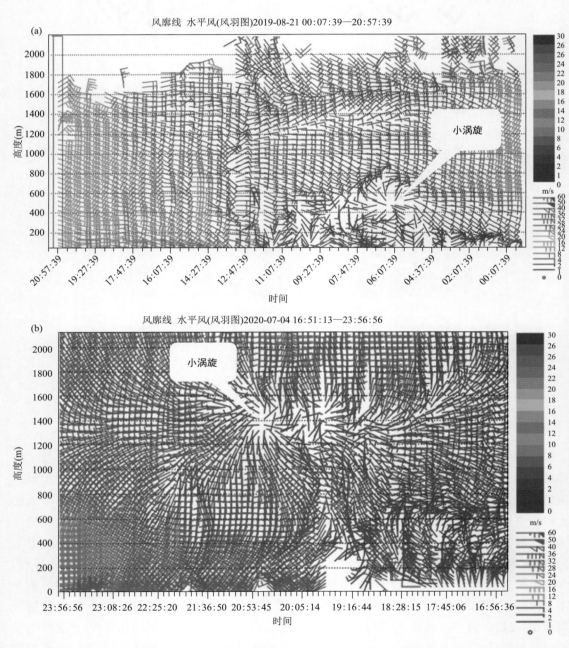

图 3.2.7 小涡旋实测图

3.3　PPI 产品意义和应用

3.3.1　流场特征

激光测风雷达进行 PPI 扫描,目的是得到在其周围环境中空中流场特征,扫描得到的基本产品是径向速度图。通过反演算法,可以得到用风羽或风矢表示的风场特征。图 3.3.1 给出了激光测风雷达 PPI 扫描径向速度产品(a)和反演的风羽(b)和风矢(c)产品示意图。径向风图中用冷色表示朝向雷达的风,暖色表示远离雷达的风,其风速的大小则利用同色类中不同颜色的色块来标识(见右侧色标柱的上部分)。反演出来的风羽图中,采用气象专业规范规定的标注符号标注,即用风杆的方位表示风的来向(风向),用风杆前面的垂线表达风速,其中短划为 2 m/s,长划为 4 m/s,三角形为 20 m/s(见右侧色标柱的下部分)。反演出来的风矢图中,采用箭头符号表示风的来向,用不同的长度表示不同的风速值。从图 3.3.1 中可以知道,激光测风雷达的径向速度图与多普勒天气雷达速度图形态完全相同,可以采用相同的分析方法进行空中流场分析。从气象监测和预报应用便利的意义上看,显然反演后的风羽图和风矢图要方便的多。利用风羽图和风矢图,气象人员可以迅速清晰地了解空中气流的分布状态,如不同高度不同位置的风向风速、是否存在辐合辐散区域、切变线、涡旋、下击暴流等中小尺度天气系统的流场特征。利用相同仰角、前后时刻或不同仰角连续扫描产品,可以分析流场演变特征,达到高时空密度的监测预警目的。需要注意的是受反演方法的约束,反演图上的小系统特征的中心位置略有偏差。当径向速度数据中出现异常数据时,也会引起反演的风羽、风矢出现异常,尽管在激光雷达进行扫描探测的同时进行了数据质量控制,但业务应用中发现,在扫描的中心、或者扫描的远端,有时还是存在个别异常数据点,在开展气象业务分析应用中需要注意,好在这些异常数据点绝大多数都能显著地被识别出来。

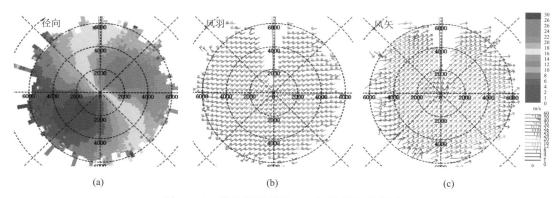

图 3.3.1　激光测风雷达 PPI 扫描径向速度图
((a)径向速度图;(b)反演风羽图;(c)风矢图)

3.3.2　均匀风场风的确定

若某高度平面上风向、风速均匀,则雷达以某固定仰角作 360°扫描时,与这个高度相应的等距离圈上,其径向速度随方位角分布为典型正弦(余弦)曲线。当天线指向与风向互相垂直的方位时,这个方位上的多普勒速度为零。天线指向风的下风方向时,由于风向和这个方位上的径线一致,没有切向分量,所以多普勒速度值就是风速,而且是远离雷达方向的,多普勒速度应为正的最大值。

图 3.3.2(a)为均匀西风时在相应高度上多普勒速度随方位角的分布线,图中横坐标为方位角,纵坐标为多普勒速度,15 m/s 间隔为最大不模糊速度范围。

图 3.3.2(b)给出在实测均匀风场图像上分析指定高度上的风向风速的方法。步骤如下:

(1)确定风向

a. 在图像中心点向外移动,到达指定高度时,做圆环(黑虚线),显然在该圆环上任意一点具有相同高度。

b. 从图像中心沿径向线到圆环与零速度线的交点处。

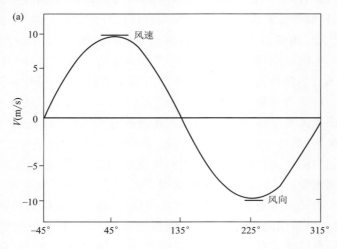

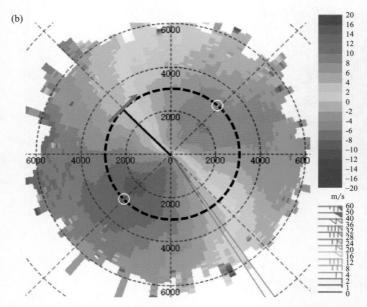

图 3.3.2　激光测风雷达速度图上确定均匀风场风向风速的示意图

((a)均匀西风的速度随方位角分布示意;(b)实测图像上确定风向风速的方法示意)

c. 在该点处做径向线的垂线。

d. 从负速度区指向正速度区,为垂线标上方向,该方向就是此高度上的风向。图上为西南风。

(2)确定风速

a. 沿指定高度的圆环上,找到正负速度的极值(图上白色小圈处的速度值)。

b. 对正负极值取绝对值的平均值,即是该高度上的平均风速(图中得到平均值为 10 m/s)。

按照上述方法可推断出,3000 m 高度上的风向为西南风,风速为 10 m/s 左右。

3.3.3　逆风区

在多普勒雷达径向速度回波中,大面积同向速度区中出现一块相反方向的速度区,即径向速度正值区中包含小块径向速度负值区,或径向速度负值区中包含小块径向速度正值区,被包围的速度区称之为"逆风区"。

图 3.3.3(a)是逆风区的示意图,(b)是 2008 年 7 月 25 日 14:52 成都多普勒天气雷达测站实测的逆风区回波速度图。图 3.3.3 的逆风区示意图中,雷达测站位于图像右下角,用"✈"标出,黑色箭头表示径向速度方向,"+"表示径向速度为正值,"−"表示径向速度为负值。由此可知,圆圈内为径向速度负值区,圈外方框内为径向速度正值区,经分析得出圆圈西北侧为辐散,东南侧为辐合,西南侧为反气旋,东北侧为气旋。因此,逆风区是辐散、辐合、气旋和反气旋的结合体。实测逆风区图(图 3.3.3(b))为负速度区包含正速度区(圆圈处所示),且结构较密实。

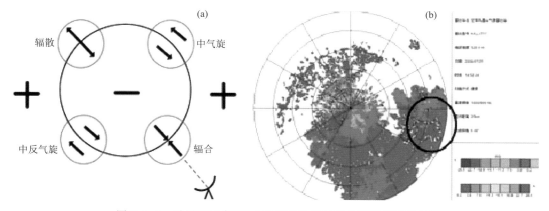

图 3.3.3　逆风区示意图(a)和多普勒天气雷达实测速度图(b)

上述定义在以下两个条件下成立:

(1)所观察到的速度区必须在雷达测站原点同一侧,即风区不能穿越雷达测站原点。

(2)正负速度区间必须有零速度线分隔,这样可以区别于正负速度相交、速度模糊等非逆风区现象。

在识别逆风区时,最容易与速度模糊相混淆(见图 3.3.4)。对实际使用的雷达来说,波长是固定的,当选定了脉冲重复频率后,就会存在一个最大不模糊速度,当目标的径向速度大于这个速度时,就会产生混淆。模糊数据区一般为由正、负最大不模糊速度包围的孤立区域,即径向速度由正(负)的最大值或次大值突变为负(正)的最大值或次大值,这种突变的边界就是速度模糊区边界。根据风速连续性原理,计算出雷达测定径向速度的最大不模糊速度范围,寻找零速度区,可采用主观识别和消除速度模糊、改变脉冲重复频率或交替使用双重复频率、软件消除等方法去除掉速度模糊。

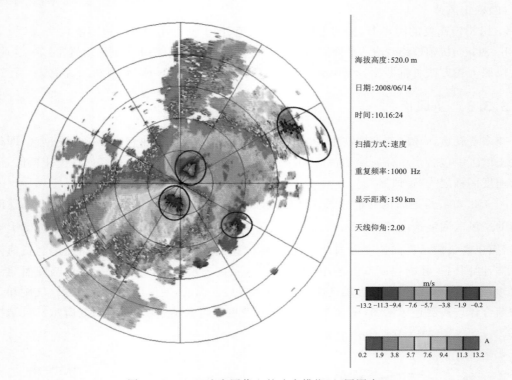

海拔高度:520.0 m

日期:2008/06/14

时间:10.16:24

扫描方式:速度

重复频率:1000 Hz

显示距离:150 km

天线仰角:2.00

图 3.3.4　PPI 速度图像上的速度模糊区(圆圈内)

图 3.3.5 给出了逆风区的水平结构。气象预报业务中,逆风区周围需要考虑强风切变等。

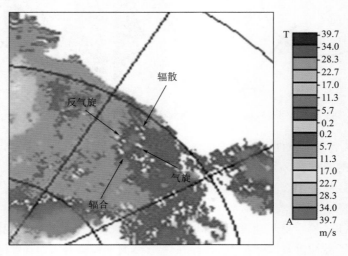

图 3.3.5　逆风区的水平结构

3.3.4　大风

阵性大风具有突发性、局地性等特点,是灾害性天气之一。通常来讲,阵性大风具有雷暴外流区前缘特征,它和雷暴冷堆强度有一定的相关性。实践证明,阵性大风通常是同雷暴相联系的,如下击暴流、外流边界(窄带回波)和飑线等。

3.3.4.1　下击暴流

1976 年,Fujita 等把在地面上或地面附近形成大于 18 m/s 灾害性风的向外暴发的强下冲气流称为下击暴流,其示意图见图 3.3.6。下击暴流具有如下特征:

(1)下击暴流是雷暴强烈发展的产物。

(2)下击暴流在地面的风是直线风。

(3)下击暴流生命期很短,一般只有 10～15 min,其中微下击暴流更短,有的只有几分钟。

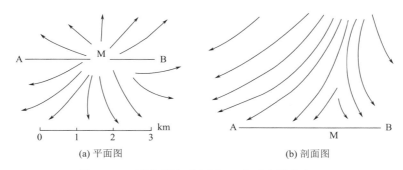

| (a) 平面图 | (b) 剖面图 |

图 3.3.6　下击暴流示意图(M 为下击暴流中心)

下击暴流按尺度可分为两种:

(1)微下击暴流

水平辐散尺度小于 4 km、持续时间 2～10 min,由于微下击暴流尺度小,低层可出现相当大的水平切变,因而这类下击暴流对飞行安全危害极大。

(2)宏下击暴流

水平辐散尺度大于等于 4 km,持续时间 5～20 min,简称下击暴流,可在地面引起像龙卷一样的破坏程度。

下击暴流是超级单体强对流风暴的产物,当对流风暴发展到成熟阶段后,雷暴云中下降冷性气流达到相当大的强度,到达地面形成外流,产生局地性大风。下击暴流在地面附近所造成的辐散性阵风,有时风速很大,可以造成类似龙卷那样的严重灾害;有时虽然风速不大,但由于这种辐散性气流的尺度小,可产生很强的水平风切变,若这种情况发生在机场附近,则可能对飞机起飞、降落影响极大,有时会造成严重的灾难性后果。在雷达回波强度图像上,强对流单体合并加强形成弓状回波,在回波反射率因子梯度最大处往往会发生下击暴流。

图 3.3.7 是下击暴流实景(a)和 2002 年 7 月 16 日 16:50 湖北荆州天气雷达低层 PPI 速度回波图像上探测到的下击暴流(b)。从图 3.3.7(b)可见,下击暴流发生在雷达测站西南方向,距离测站约 28 km 处,有一对强"牛眼"出现,且在"牛眼"强中心处出现速度模糊,径向速度正值中心远离雷达测站,径向负值中心靠近雷达测站,构成了一个较强的辐散区。

图 3.3.8 是下击暴流示意图(a)、青海玉树机场下击暴流照片(b)和 2018 年 4 月 26 日

图 3.3.7　下击暴流照片(a)和实测下击暴流速度回波图像(b,湖北荆州,200207161650)

13:30 青海西宁曹家堡机场激光测风雷达探测到的下击暴流图像(c)。

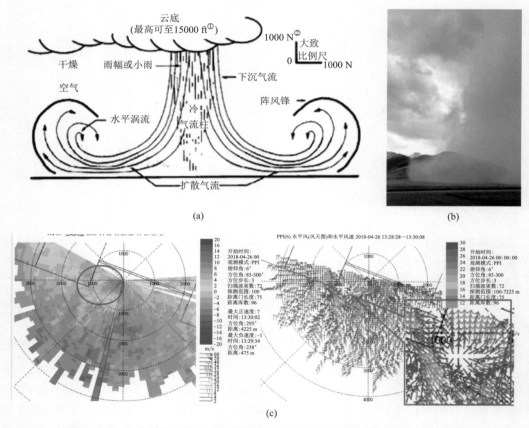

图 3.3.8　下击暴流示意图(a)和实际照片(b)(青海玉树,2021 年 3 月 25 日)
以及激光雷达实际探测图像(c)(青海西宁,2018 年 4 月 26 日 13:30)

图 3.3.8(a)为下击暴流产生的示意图,从图中可见,强烈的下沉气流从云底冲出,以很大的速度由上而下地向地面冲去,并在地面上形成呈由中心向外扩散的辐散气流,风速达到或超

① 1 ft=0.3048 cm。

② 1 N=1 kg(m/s)。

66

过 17 m/s,随后风的前缘分别向外垂直推出,造成阵风锋态势。

图 3.3.8(b)为 2021 年 3 月 25 日午后出现在青海玉树机场气象台实拍的下击暴流的照片,从中可见,下击暴流从机场跑道上空云团直冲向下,并在跑道地面上形成一堵风墙向外推去,其风墙的前缘清晰可见。

图 3.3.8(c)的左侧为激光雷达探测得到的径向速度图,右侧为反演的 PPI 水平风图像。从左图可见,下击暴流发生在雷达测站正西方向,距离测站约 0.9 km,呈现为一对"牛眼",负速度中心靠近雷达一侧,正速度中心位于远离雷达一侧。从右图可见,在相同位置出现了由中心向外的辐散气流,在其西南方向上风速达到了 18 m/s(黄色)。右图中用红框框出了下击暴流的辐散流场放大图。根据当天西宁机场提供的航空器报告显示,此时川航 8821 航班 13:28 在跑道入口 50 英尺(约 15.24 m)高度触发风切变告警。

需要注意的是,在激光雷达风场图像上,位于径向线上的这对"小牛眼"的范围很小,其核半径只有 1 km 左右。由于激光波束受雨水衰减是很大的,但对本次径向探测范围影响不大,意味着本次下击暴流中伴随的降水不大,主要是强风的辐散。

3.3.4.2　阵风锋

当多普勒天气雷达进行 PPI 模式探测时,有时在强度回波图上会发现一条细长的带状回波,当这种回波经过雷达测站时,虽无降水,但却有明显的降温和伴有强烈的阵性大风,习惯上把这种回波称为窄带回波。在天气学上这种窄带回波就是强雷暴云团发展到成熟期之后,出现冲向地面的强烈下冲气流的前沿,亦称为阵风锋(见图 3.3.9)。由于阵风锋绝大多数与雷暴降水的蒸发、雷暴的下沉气流与前侧的入流等因素相关,有些文献又将阵风锋称为窄带回波。

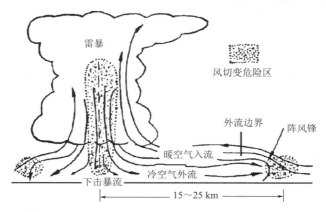

图 3.3.9　阵风锋概念模式示意图

在雷达回波反射率因子图像上,阵风锋表现为一条浅而窄的回波带;在雷达回波速度图像上,外流边界表现为一个低层辐合区。由于它经常会触发新的风暴发展,并带来强烈的突发性地面阵风,严重时甚至产生灾害性天气,雷达图像上识别阵风锋显得尤为重要。

2009 年 6 月 3 日,河南商丘一次飑线天气过程中出现了阵风锋。2009 年 6 月 3 日 21:57,多普勒天气雷达回波 PPI 强度图像(图 3.3.10(a))上可以发现飑线已经移过雷达测站,且雷达测站前方有一条窄窄的带状回波,这种回波经过雷达测站时,虽无降水,但却有明显的降温和伴有强烈的阵性大风,这就是阵风锋。图 3.3.10(b)是与(a)相对应的回波 PPI 速度图像,天线仰角为 0.5°,阵风锋在回波速度图像上表现低层为辐合区。阵风锋前方为暖空气,可提供暖湿气流,会引起新雷暴单体的发生发展。

据阵风锋和飑线演变过程分析,阵风锋在飑线前 10 km 左右地方出现,并和飑线一起向前移动。阵风锋相对于主体回波的距离与强对流天气有关:二者距离若较远时,强风持续时间就短,造成的对流降水就较弱;二者距离若较近时,会导致产生大风、强降水等灾害性天气。

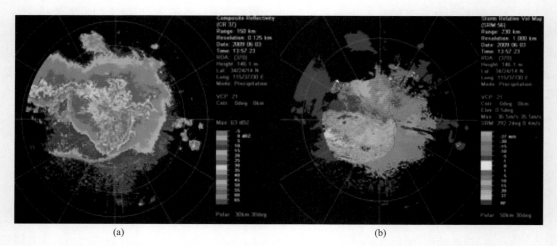

图 3.3.10 2009 年 6 月 3 日 13:57 河南商丘地区一次实测阵风锋回波 PPI 图像
((a)强度;(b)速度)

图 3.3.11 为 2007 年 7 月 31 日 15 时安徽合肥 3 cm 多普勒天气雷达采用仰角 0.5°实测的一次阵风锋回波 PPI 强度、速度图像。

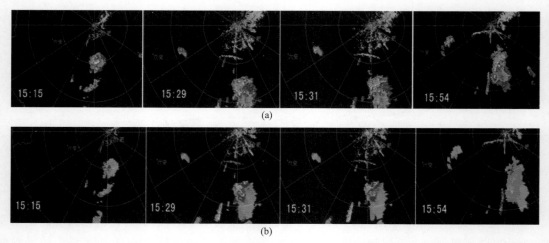

图 3.3.11 2007 年 7 月 31 日安徽合肥一次阵风锋的回波 PPI 演变图像
((a)强度;(b)速度;仰角:0.5°)

从图 3.3.11(a)分析可知:15:15,量程为 150 km 回波 PPI 强度图像上,雷达测站南部 30 km 附近强回波块的北部还没有出现阵风锋;15:29,量程为 75 km 回波 PPI 强度图像上,强回波块已移至距离测站 20 km 左右,位于雷达测站 13 km 左右的弧状窄带回波已经很清晰,而且位置与回波块的北部强区遥相呼应;15:31,回波块北部强区域继续维持,随着回波向北移动,弧状窄带回波也向北移动;15:54,强回波区域面积增大,出现在回波块北方的弧状窄带回波已经靠近雷达测站,由于产生弧状窄带回波块北部强区强度值和范围变化不大,所以窄带回波与强回波区之间的距离基本保持在 10 km 左右。

图 3.3.11(b)是与(a)同时刻的回波 PPI 速度图像。从图中分析可知,在各个时刻,产生外流的强回波块速度分布均为负径向速度(表示气流朝向测站),而且在 15:29、15:31 回波 PPI 速度图像上,东南—西北方向有风速的辐散(东南部风速小、西北部风速最大)。当多普勒天气雷达仰角抬高至 3°时(图略),窄带回波就不存在了,这说明阵风锋只在低层出现。

多普勒天气雷达探测资料多次证实,当外流边界经过雷达测站时,地面阵风骤起,一般可达 20 m/s 左右;气温急降,几分钟内可下降 4~6 ℃;湿度迅速增大,但不产生降水;窄带经过后,气象要素又恢复到原状。由此可见,阵风锋确实反映了大气中温、压、湿、风的不连续面。总之,出现在雷雨移动前方的阵风锋在很大程度上是由于雷雨云消散时强烈的下沉气流把空中的冷空气带到地面,并向四周辐射,于是在冷空气和环境的暖湿空气之间形成温、压、湿、风的不连续面,这就造成了折射指数突变,导致了对电磁波的散射或反射。

阵风锋出现在雷雨云移动方向的前方,这与雷雨云的气流结构有关。一般来说,在雷雨云前进方向上有倾斜上升向云体较温湿的辐合气流;在雷雨云后方,则有伴随降水的下沉气流,温度较低,并向四周辐散。这样一来,雷雨云强烈的下沉气流和四周空气之间造成的不连续面,显然在雷雨云前进方向上较强,所以阵风锋经常出现在这个位置上。

图 3.3.12 为沿图 3.3.11 的阵风锋垂线作的 RHI 扫描得到的图像。从图 3.3.12(a)可见,15:25,在 185°方向上有两块强对流回波,一块靠近测站,距离雷达测站约 40 km 左右,顶高为 16 km,但强中心位于回波中低层(6 km 左右),表明该对流团块已发展到后期;另一块距离测站 80 km 左右,强度很强,50 dBz 以上的强中心伸展至 16 km 高度上,其顶端出现了旁瓣回波,需要指出的是距离在测站 15 km 处,有高度 6~700 m,强度 5 dBz 左右的弱回波,显然这就是阵风锋回波。由右图分析可见,15 km 处阵风锋回波的风速值为 -7~-4 m/s,表示有较强的朝向雷达的风速,其后第一块顶高达到 16 km 高度的雷暴母体中垂直方向上,正负速度相间,在 5~12 km 高度上呈现被负速度包裹住的正速度柱,正速度柱的值也超过 7 m/s。第二块顶高超过 16 km 的回波速度场中,正负速度混合密切,表示气团内部风湍流很强。

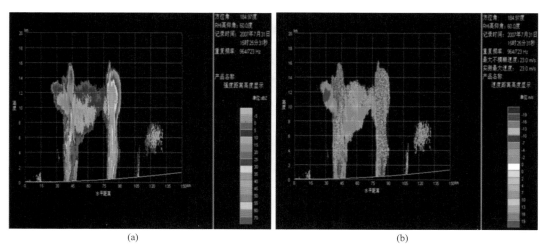

(a)　　　　　　　　　　　　　　　　　(b)

图 3.3.12　2007 年 7 月 31 日 15:25 合肥阵风锋回波的 RHI 图像

((a)强度;(b)速度;方位角 185°)

需要注意的是:激光测风雷达径向速度图上,阵风锋位于下冲气流中心向外的出流形成强正负速度区中的零速度线。在这条线的附近,存在强烈的辐散气流,即强水平风。

3.3.5 锋面

从数学的观点上看,连续的函数就是当输入值的变化足够小的时候,输出的变化也会随之足够小的函数。如果输入值的某种微小的变化会产生输出值的一个突然的跳跃甚至无法定义,则这个函数被称为是不连续的函数。气象学上,温度、湿度、气压和风等气象要素的变化通常都是渐变的,这种现象被称为连续的。当在某时刻气象要素出现剧烈变化或突然变化,就被称为不连续的。气象上锋面、切变线是空中流场不连续的典型现象。

图 3.3.13 清楚地显示出锋面逼近、经过和经过后的空中流场特征。其中图 3.3.13(a)为锋面位于西北方向逐步向雷达站逼近;图 3.3.13(b)为锋面正好位于雷达站;图 3.3.13(c)显示了锋面经过雷达站后,已经移动到测站东南方。这三个图表明了一个锋面逼近、经过和离开测站时空中流场特征。

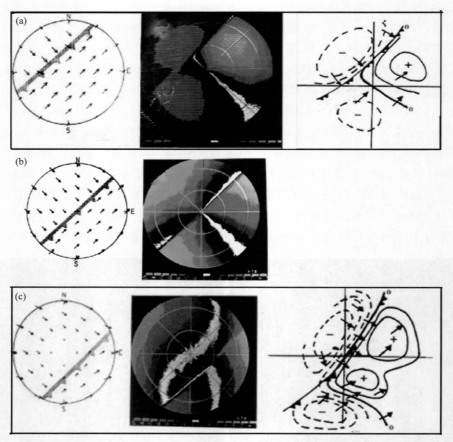

图 3.3.13 天气雷达上锋面回波的速度图像
((a)锋面位于西北方向雷达站逼近;(b)锋面位于雷达站;(c)锋面经过雷达站)

图 3.3.13(a)中,锋面正从西北方向移近时风场(图 3.3.13(a)左)、相应的多普勒速度图像(图 3.3.13(a)中)和风速等值线(图 3.3.13(a)右)。从中可见,锋后西北风,锋前西南风,它

们风向都不变化,但在可测高度中间(即相应可测距离中间)锋两边的风速最大(即风速均是先增后减,在中间高度速度最大)。由图中分析得知,锋前西南风的零速度为东南—西北走向的平直带,直到锋面前沿为止,而后零速度带突然转向,沿着锋面向东北方向伸展,但在沿锋面的西南方向,零速度带却不明显。这主要是由于沿锋面的东北侧,锋后任何径向速度均为负值,而锋前任何径向速度均为正值,所以作为正负径向速度交界面的锋面上,零速度带很明显;但在其西南侧,锋前后的任何径向速度均为负值,也就是都是朝向雷达方向的径向速度,没有正负速度过渡区,所以只有真实风速为零或很小的地方才显示出零速度存在,因此它的零速度带也就很不明显了。基于上述情况,在分析锋面的多普勒速度图像时,往往在突然转向处,沿着突然转的零速度带向另一侧顺延一段距离,但顺延多长,则必须按经验大致估计。

图 3.3.13(b)为锋面位于雷达站时径向速度分布示意图,其风速分布和图 3.3.13(a)不同,风速不是先增后减,而是随高度单调地增加,而风向分布和图 3.3.13(a)相同,锋前西南风,锋后西北风。单从图 3.3.13(b)的右图看,会给人们确定锋面位置带来困难,但按气象学理论,锋前为偏南风,所以折向东北方向的零速度带是由锋面所致。和前面讨论相同,确定锋面时,需沿零速度带很不明显的方向顺延一段距离。

图 3.3.13(c)为锋面过境后继续向东南方移动的风场分布和相应的多普勒速度分布示意图。由风场结构图(图 3.3.13(c)中的左图)可知,风速随距离(即随高度)增加,显示中心(即地面)风速为零,锋前风向随高度顺转,锋后风向随高度逆转。根据上面分析知识,这种风场的多普勒速度图像是锋后的零速度带以雷达所在处的显示中心开始,由近及远地逆转,并且零速度带穿过中心,逆转的零速度带直到锋面为止,而后零速度带沿锋面延展,直到锋面两侧的多普勒速度均为正值区为止,最后又开始随距离增加而顺转至显示区边缘。由于风速随高度而增加,在锋前正负速度中心,和锋后负速度中心均在距离较远的边缘,表示锋面的零速度带两侧的多普勒速度带较密集的特征仍清晰可见。当然,确定锋面时,需沿表示锋面的零速度带向没有零速度带或零速度带很不明显的方向顺延一段距离,或者借助谱宽资料识别没有零速度线特征的另一侧锋面位置,因为锋面上风切变最为明显,那里谱宽应该比其他地方更大,所以速度资料当中锋面在零速度线不明显的那一段可以向谱宽大值带方向去伸展。

图 3.3.14 是成都雷达站冷锋过境前的径向速度图。由图 3.3.14(a)可见,锋前带有顺转性质的西南风的零速度带到锋面为止,沿着正负速度的交界线伸展,这个交界线的位置即为锋面位置,并可以看到锋面两侧非零速度等值线十分密集。

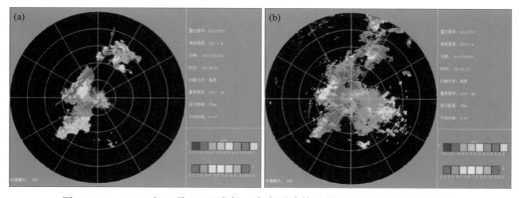

图 3.3.14　2003 年 8 月 28 日成都一次实测冷锋过境时的回波 PPI 速度图像

((a)15:28,仰角 6.0°;(b)15:34,仰角 2.0°)

3.3.6　切变线

图3.3.15给出了位于测站西北方向,由东北风向西南风形成的切变线的流场示意图,其中棕色线为切变线,其北侧为均匀的东北风(蓝色箭头),南侧为均匀的西南风(紫色箭头)。下面给出示意图的形成步骤:

(1)按探测范围,绘出测站(黑点),北侧的东北风(蓝色箭头)和南侧的西南风(紫色箭头),见图3.3.15(a)。

(2)按照多普勒速度正负划分规定:朝向雷达站时为负速度,离开雷达站时为正速度,则图中西南风区域中,作西南风过雷达中心的垂线,用细紫色线表示,显然,细紫色线将雷达探测区域分为西南和东北两部分,见图3.3.15(b)。

(3)在细紫色线的西南侧部分,由于西南风是朝向雷达运动,所以该区域内的风为负值,用"－"表示,在细紫色线的东北部分,由于西南径向风是远离雷达运动,所以该区域内的风为正值,用"＋"号表示。同理,画出细蓝色线两部分的"＋"和"－"区,见图3.3.15(c)。

(4)在"－"区域内填上冷色类的绿色,在"＋"区域内填上暖色类的黄棕色。图中绿色和黄棕色形成了两条零速度线。一条由"来负去正"原则造成的东北风和西南风的零速度线,另外一条是由东北—西南的风切变线形成的零速度线,见图3.3.15(d)。

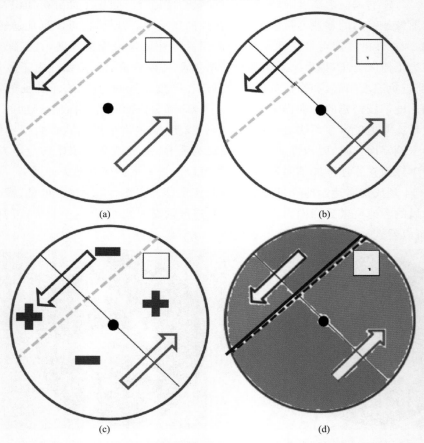

(a)　　　　　　　　　　(b)

(c)　　　　　　　　　　(d)

图3.3.15　测站西北方向的东北风和西南风形成的切变线示意图

　　从示意图得知,多普勒雷达能探测到这类切变线的整体位置。同样要强调指出,东北—西南的风切变线造成的零速度线除了该切变线过境时外,一定不通过雷达中心。而切变线两侧东北和西南风造成的零线一定无限逼近雷达中心,这种本质差同与上述锋面的本质差别完全相同。

　　图 3.3.16 为一次东北—西南风的切变线实测的多普勒回波 PPI 速度图像,其切变线刚好过境,所以通过了雷达中心。不过北侧的零速度线和东南侧的零速度线都带有一些顺转,由此可确定,这两条零速度线是由二维均匀的东北风和西南风造成的,其间东北—西南向的零速度线是由东北风和西南风的切变线所造成的。

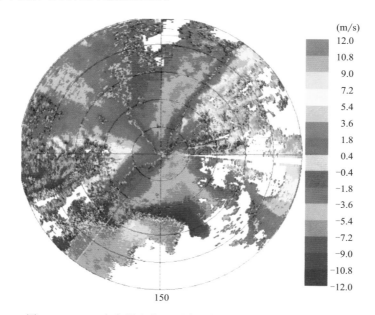

图 3.3.16　一次实测东北—西南风切变线的回波 PPI 速度图像

　　图 3.3.17 为位于测站北部,由东北风与东南风的切变线模拟图,其中四幅图说明如下:

　　图 3.3.17(a)为切变示意图,测站位于切变线正下方。以测站为中心,取包含切变线的雷达扫描圆。

　　以沿测站径向作直线(图 3.3.17(b)的蓝色细线),与东北风风向垂直,该线将雷达扫描圆内、切变线以北的东北风分为两部分,一部分为朝向测站,按多普勒速度概念为"-"速度。另一部分为离开测站,为"+"速度。同样,再以沿测站径向作直线(图 3.3.17(b)中的红色细线),与东南风风向垂直,该线将雷达扫描圆内、切变线以南的东南风分为两部分,一部分为朝向测站,按多普勒速度概念为"-"速度;另一部分为离开测站,为"+"速度图 3.3.17(b)。

　　从图 3.3.17(b)中可见,两条垂线和切变线将雷达探测圆分为七个部分,按照多普勒速度概念,每一块都有"+"或"-"的标记。按照正值和负值由零值过渡概念,画出零速度线(图 3.3.17(c)中的黑线)。

　　在图 3.3.17(d)中,黑色的零速度线将雷达探测圆分割为暖色区("+"值)和冷色区("-"值),此时图像就是当测站正北方向有东北风和东南风切变时的图像。根据此图像,零速度线呈折角形态,切变线应该确定在不同风向的交汇处(零速度线),而不是同一风向是否过本站呈现的零速度线上,真实的切变线为棕色线位置。

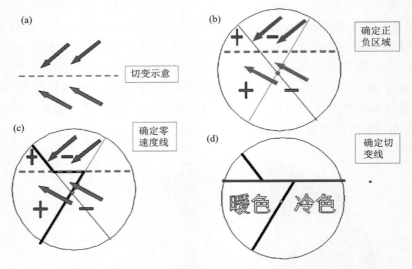

图 3.3.17　东北风与东南风形成的切变线模拟图

3.4　RHI 产品意义和应用

RHI 扫描是采用方位角 θ 固定,仰角 ϕ 从低到高的扫描策略,得到沿某方位流场的空间剖面,利用 RHI 产品可以分析空间气流垂直分布和演变特征。

3.4.1　层流

图 3.4.1 给出了西宁机场 2021 年 1 月 24 日 00:34,从方位 110°开始,过顶空到 290°方位的空间流场剖面图,从中得知由地面到空中,流场分为二层,下层风向与上层风向是相反的,表示空中流场在垂直高度上分为上下两层,呈现相向的层流状态。

RHI(110) 水平风(风矢图)和径向风速 2021-01-24 00:34:14—00:35:51

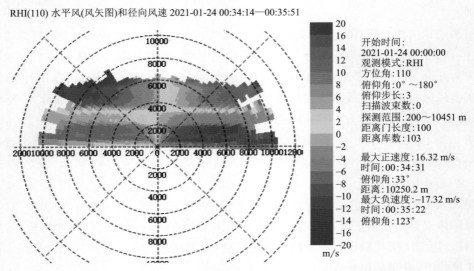

图 3.4.1　2021 年 1 月 24 日,西宁曹家堡机场空中层流实测图

从地面到 3800 m 左右,测站右侧为冷色,左侧为暖色,依据探测方位角 110°的标记,得知风由 110°方向吹向 290°方向,也就是风向为偏东风。根据图中径向风的颜色深浅,依照色标中颜色深浅与风速大小的对应标准得知,风速随高度从低向高分为三个层次,即从地面到 400 m 高度,风速为 4~6 m/s,400~2000 m 高度,风速 12~14 m/s。2000~3800 m 高度,风速为 4~6 m/s。高度 3800~6200 m,测站右侧为暖色,左侧为冷色,据探测方位角 110°的标记,得知风由 290°方向吹向 110°方向,也就是风向为偏西风。根据图中径向风的颜色深浅,依照色标中颜色深浅与风速大小的对应标准得知,风速为 6~8 m/s。

按照 RHI 探测结果,飞机起降时,从地面到高度 3.8 km 期间,将遭遇三次风速切变。高度 3.8~6 km 时将遭遇一次风向切变。

图 3.4.2 给出了银川机场 2020 年 9 月 2 日 00:16,从方位 32°开始过顶空到 212°方位的流场剖面,从中得知由地面到空中,风向均为 32°,但有五层不同风速变化。

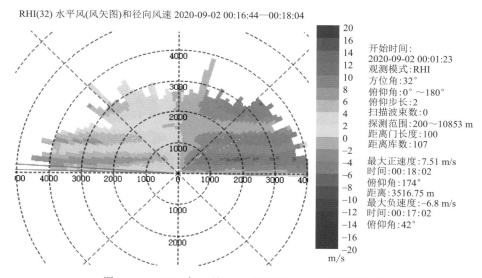

图 3.4.2　2020 年 9 月 2 日,银川机场空中层流实测图

从地面到高度 3000 m 左右,测站右侧为冷色,左侧为暖色,依据探测方位角 32°的标记,得知风由 32°方向吹向 210°方向,也就是风向为偏东风。根据图中径向风的颜色深浅,依照色标中颜色深浅与风速大小的对应标准得知,风速随高度从低向高分为五个层次,即从地面到 800 m 高度,风速为 8~12 m/s;800~1000 m 高度,风速 2~4 m/s;1000~1500 m 高度,风速 2~4 m/s;1500~2000 m 高度,风速 0~2 m/s;2000~3000 m 高度,风速 6~8 m/s;也就是说,按照 RHI 探测飞机起降时,从地面到高度 3000 m 期间,将遭遇五次风速切变。

图 3.4.3 为银川机场 2020 年 9 月 12 日夜间层流探测图,从中可见,从地面到 2800 m 高度上,风向保持不变,风速为低层大,高层小。

3.4.2　湍流

湍流是流体的一种流动状态,它在时间和空间上强烈变化并且是不规则的、多尺度的复杂非线性流体运动状态。

当流速很小时,流体分层流动,互不混合,称为层流;逐渐增加流速,流体的流线开始出现

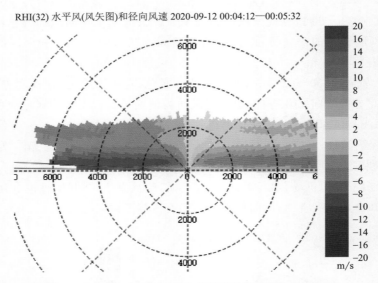

图 3.4.3　2020 年 9 月 12 日夜间宁夏银川机场稳定层流

波浪状的摆动,摆动的频率及振幅随流速的增加而增加,此种流况称为过渡流;当流速增加到很大时,流线不再清楚可辨,流场中有许多小漩涡,层流被破坏,相邻流层间不但有滑动,还有混合,形成湍流(乱流、扰流或紊流)。

　　自然界中,我们常遇到流体作湍流,如江河急流、空气流动、烟囱排烟等都是湍流。湍流基本特征是流体微团运动的随机性。湍流中最重要的现象是由这种随机运动引起的动量、热量和质量的传递,其传递速率比层流高好几个数量级。

　　图 3.4.4 为激光雷达采用 RHI 扫描得到的云南丽江机场傍晚空中流场,从中可见,从地面到 3.8 km 垂直高度上,设备顶空上部空中低风速的冷暖色交织,表示此时为风向混乱的小风速风场,体现了近地层比较强烈的湍流活动。

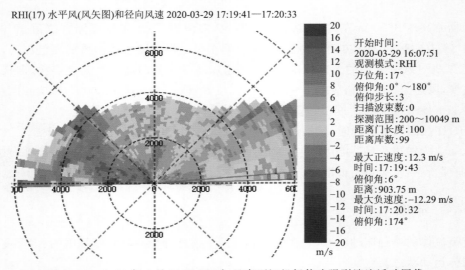

图 3.4.4　2020 年 3 月 29 日 17 时,云南丽江机场傍晚强烈湍流活动图像

3.5　下滑道产品意义和应用

在气象业务服务工作中,经常需要提供沿倾斜方向的横风和纵风,在航空活动中,需要监测飞机起降通道上的顺/逆风和左/右侧风。图 3.5.1 给出了覆盖着陆引导雷达指示的飞机下滑轨迹范围获得的下滑道产品。

图 3.5.1 为 2020 年 3 月 12 日 16:48 在云南丽江机场采用下滑道扫描模式得到的大侧风和大逆风图像。图 3.5.1(a)为实测的右侧风图像,其中最大右侧风风速超过 15 m/s。3.5.1(b)为实测的大逆风图像,其中最大的逆风风速为 8 m/s。

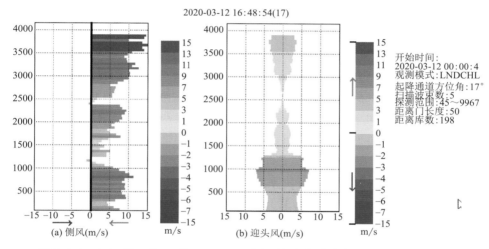

图 3.5.1　2020 年 3 月 12 日 16:48:54,云南丽江机场大右侧风和大逆风实测图像

图 3.5.2 为 2018 年 4 月 3 日 15:19 在四川攀枝花机场采用下滑道扫描模式得到的大侧风和大逆风图像。图 3.5.2(a)为实测的侧风图像,从中可见,飞机降落过程中从时大时小强左侧风中穿插了较强的右侧风,特别是距离落地点距离 1 km 内,由 12 m/s 的左侧风迅速变到 8 m/s 的右侧风,这表示飞机在降落过程中将会左右摇摆。从图 3.5.2(b)迎头风图像看出,飞机在下落过程中,除在距离 2000 m 处遭遇顺风外,其他位置将遭遇强逆风,在距离着陆点 1500 m 以内,将遭遇时大时小的逆风。这表示飞机将出现不同的俯仰姿态。与丽江相比较,飞机在攀枝花机场起降时,需要有较高的操控技巧。

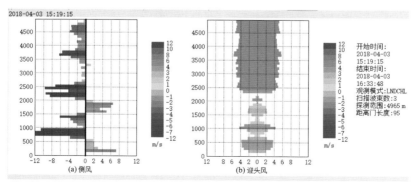

图 3.5.2　2018 年 4 月 3 日 15:19:15,四川攀枝花机场大侧风和大逆风实测图像

第4章

不同天气测风产品的图像特征

■ 4.1 天气状态分类

多普勒激光测风雷达受激光性能的限制,工作时受降水类天气现象的影响大。激光一般在晴朗的天气里衰减较小,传播距离较远。而在大雨、浓烟、浓雾等天气里,衰减急剧加大,传播距离大受影响。如工作波长为 $10.6~\mu m$ 的激光,是所有激光中大气传输性能较好的,在坏天气的衰减是晴天的 6 倍。地面或低空使用的该激光雷达的作用距离,晴天为 $10\sim20~km$,而坏天气则降至 1 km 以内。而且,大气风流场还会使激光光束发生畸变、抖动,直接影响激光雷达的测量精度。

为掌握激光测风雷达在不同天气类型下的图像特征,按照多普勒激光雷达在不同天气类型下的被影响程度,依据机场气象观测月总簿记录的每日逐时天气实况对天气进行分类,将天气条件分为:晴天、阴天、雾霾天、弱降水天(无雷暴)和雷暴降水这 5 类进行分析。

■ 4.2 晴天特征

图 4.2.1 给出了 2018 年 12 月 6 日 02 时地面天气图,从中可见昆明北侧为高压中心边缘等压线密集,昆明在高压控制下,无低值系统影响昆明地区,天气形势良好,此时为晴天。

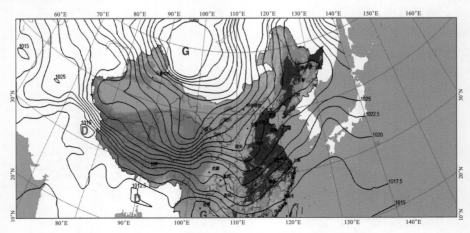

图 4.2.1　2018 年 12 月 6 日 02 时地面天气图

图 4.2.2 给出了 2018 年 12 月 6 日后半夜时段激光雷达空中风探测图,图中可见,空中风以西南风为主,风速在 8～12 m/s。昆明机场地处低洼地,西南和东南两侧为高地,东北侧为一缺口,因此无天气系统时,机场地区在地形影响下以西南风为主,且两侧风速稍大。00:00—00:03 时段,雷达探测范围内,空中风为西南风,风速稳定在 10～12 m/s。05:14—05:17 时段,风场仍以西南风为主,两侧风速减小到 8～10 m/s 左右。

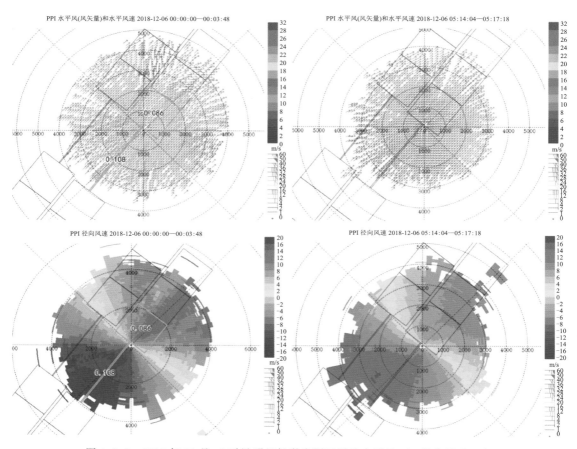

图 4.2.2   2018 年 12 月 06 时昆明机场激光测风雷达水平风(上)径向风速(下)

4.3 阴天特征

图 4.3.1 给出了 2018 年 12 月 6 日 08 时天气图,从中可见,我国西南地区高空 500 hPa 为一致偏西风,风速较大,形势稳定。昆明地面受到我国东南沿岸的准静止锋影响,地面形势较差,此时昆明地区为阴天。

图 4.3.2 给出了 08 时昆明站的探空图,从中可见昆明测站近地 810 hPa 以下湿度较大,720 hPa 以上均较干燥,沙氏指数为 12.6,高低空为一致偏西风,风速很大,大气层结稳定。

图 4.3.3 给出了 2018 年 12 月 6 日上午激光雷达探测图像,从中得知,从 08:22—08:25,机场西部的气流仍以西南气流为主,雷达西东南侧探测边缘处风速再次增大,最大达 16 m/s。日出后,10:58—11:00,测站周边多处出现风的辐合辐散以及多处大风速团,形成若干弱的切

变线,反映了大气湍流从西南向东北的不断运动,大风速团风速在 16~24 m/s。在风速风向变化影响下,22 号跑道及其南北延长线上均出现风切变,最大强度达 0.091。

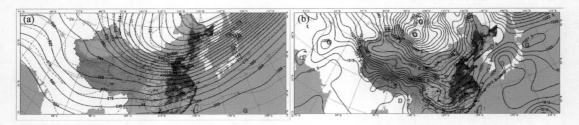

图 4.3.1　2018 年 12 月 6 日 08 时 500 hPa(a)和地面天气形势(b)

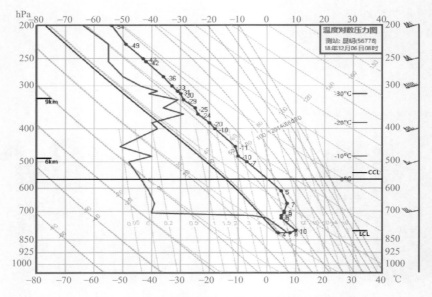

图 4.3.2　2018 年 12 月 6 日 08 时昆明探空图

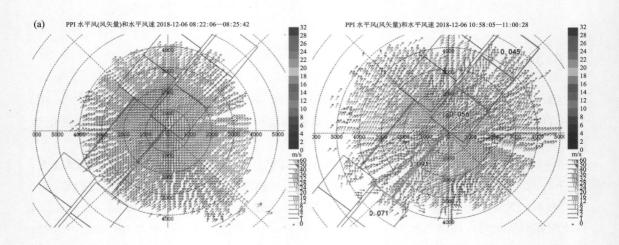

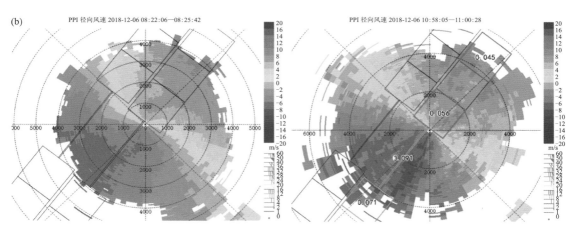

图 4.3.3　2018 年 12 月 6 日昆明机场激光测风雷达 3°水平风(a)和径向风速(PPI)(b)

在正午热力作用下,正午时段水平风场乱流较多,分布没有明显的规律(见图 4.3.4);雷达西北侧、东南侧多大风速团,风速为 12~16 m/s。机场跑道上,存在风速风向的辐合区,影响跑道及其延长线上多风切变出现,在 12:56—12:58,22 号跑道上出现中等强度风切变,强度为 0.13,此时为航班较为集中的时段,飞机起飞、降经此处会遭遇明显颠簸。

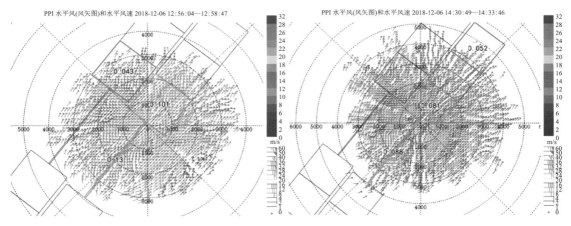

图 4.3.4　2018 年 12 月 6 日正午时段昆明机场激光测风雷达 3°水平风(PPI)

图 4.3.5 给出了 2018 年 12 月 6 日下午时段天气图。从中可见 14 时,昆明仍在准静止锋影响下,地面持续为阴天。

15 时后,水平风场的乱流减少,但雷达西北、东南两侧的大风速团逐渐汇集成带状大风区,风速为 12~16 m/s。跑道方向上存在风向辐合辐散,22 号跑道上仍识别到风切变(见图 4.3.6)。

图 4.3.7 给出了 2018 年 12 月 6 日天气图,从中可见,20 时我国高空 500 hPa 以偏西、西南气流为主,昆明上空吹西南风,风速较大。地面准静止锋逐渐移出昆明地区,昆明受到西北侧低压中心影响,此时为阴天。

图 4.3.8 给出了昆明测站 20 时探空图,从中可见,中层 510~479 hPa 湿度较大,上下层较干燥,沙氏指数为 8,高低层为一致偏西风,大气层结很稳定。

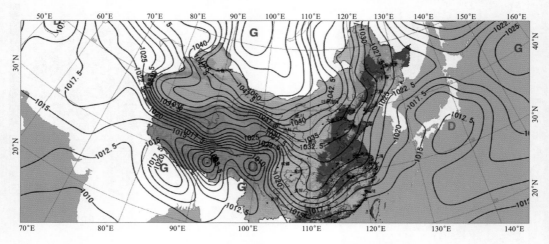

图 4.3.5　2018 年 12 月 6 日 14 时地面形势

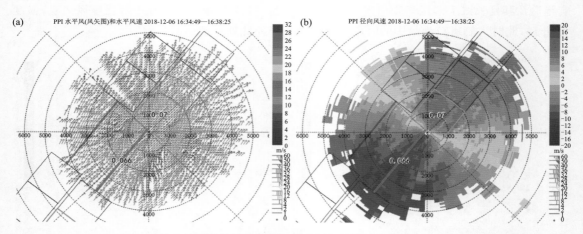

图 4.3.6　2018 年 12 月 6 日昆明机场激光测风雷达下午时段 3°水平风(a)和径向风速(b)(PPI)

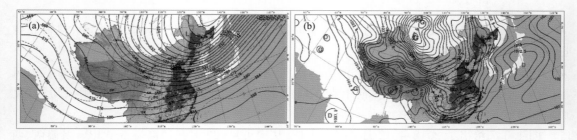

图 4.3.7　2018 年 12 月 6 日 20 时 500 hPa(a)和地面天气形势(b)

　　图 4.3.9 给出了前半夜时段激光雷达探测图,从 21:46—21:50 得知,水平、径向风场均为稳定的西南风,东南方向有一大风区。23:36—23:39,雷达探测边缘风速增大,东南侧的大风区范围扩大,风速增大到 16～20 m/s;西北侧出现大风速带,风速为 12～16 m/s。南部 4～

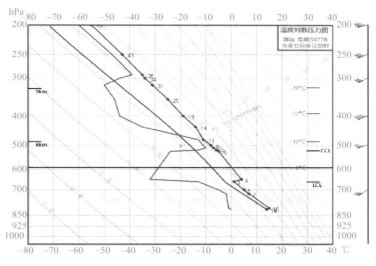

图 4.3.8　2018 年 12 月 6 日 20 时昆明探空图

6 km 高度处存在西南风和东南风的辐合区。

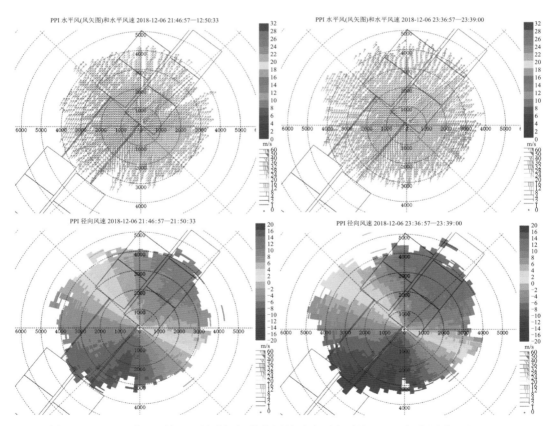

图 4.3.9　2018 年 12 月 6 日昆明机场激光测风雷达 3°水平风（上）和径向风速（下）（PPI）

4.4 雾-霾天特征

图 4.4.1 给出了 2018 年 10 月 10—11 日地面天气图,从中可见,10 日 20 时,昆明位于冷锋之后,地面在高压中心的控制下,西侧等值线较为密集,风速较大,此时地面形势较好。11日 02 时,昆明地面仍在高压控制下。

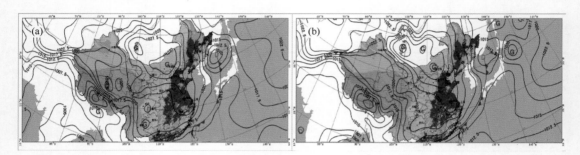

图 4.4.1　2018 年 10 月 10 日 20 时(a)和 11 日 02 时(b)地面天气形势

图 4.4.2 为 10 日 20 时探空图,昆明地面到 700 hPa 温度露点差较小,湿度较大,反映了低层空气饱和度较高,且 500 hPa 以下风速较小,有利于雾的形成和维持。高低层为一致的偏西风,500 hPa 以上风速较大,存在高空西风急流。CAPE 为 0,沙氏指数为正,大气层结稳定。

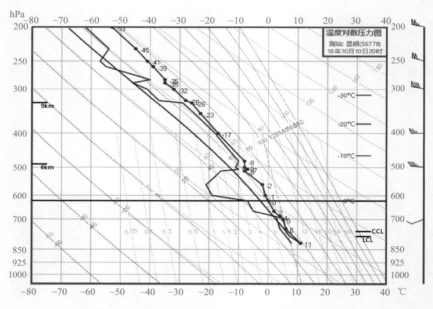

图 4.4.2　2018 年 10 月 10 日 20 时昆明探空图

受到轻雾的影响,11 日凌晨起,激光雷达探测范围在 4000 m 左右。径向风场西侧边缘处有风向辐合区,南北两侧正负风速中心值较大。水平风场以偏北风为主,风速在 1~4 m/s,雷达探测范围边缘多乱流,风向风速变化大,跑道的南北延长线上均监测到强度不一的风切变。随着轻雾的持续,雷达探测范围进一步减小,03:10 最远探测距离在 2600 m 左右。此时水平风场转为偏东风,21 号跑道延长线上监测到强度为 0.188 的风切变。由此可见,持续性轻雾对激光雷达的探测范围有衰减作用,但在可探测范围内仍能识别到乱流和风切变。激光雷达探测图像见图 4.4.3。

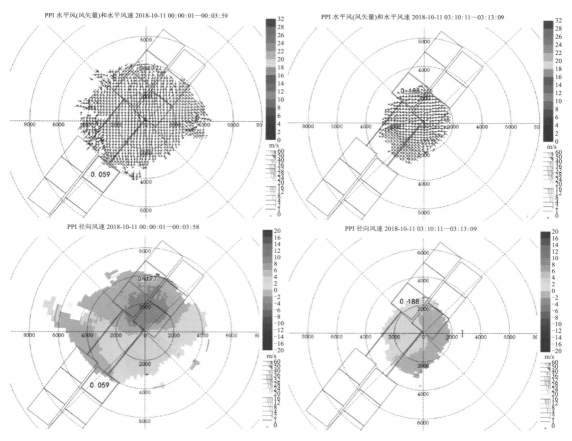

图 4.4.3　2018 年 10 月 11 日昆明机场激光测风雷达 3°水平风(上)和径向风速(下)(PPI)

4.5　连续降水特征

由于激光在降水时有显著衰减,即降水强度增大时,探测水平距离和高度显著减小。所以可以利用激光测风雷达的探测距离的变化和垂直速度产品中的变化判断降水对气象服务的影响。下面以银川机场 2020 年 8 月 29 日的降水过程来分析降水条件时段激光测风雷达产品特征。表 4.5.1 给出了 29 日 01—24 时机场上空出现的云记录,表中云的高度单位为 100 m,云量 8 为满天。表 4.5.2 为 29 日机场上空天气现象和日降水量记录。表 4.5.3 为 29 日 01—24 时机场主导能见度记录。

表 4.5.1　2020 年 8 月 29 日银川机场云记录(北京时)

时间	01	02	03	04	05	06	07	08	09	10	11	12
	1Sc15	1Sc15	1Sc15	1Sc15	1Sc15	1Sc15	2Sc15	2Sc15	2Sc15	4Sc15	3Sc15	3Sc15

		7Ac36	7Ac36	8As36	8As36	8As36	8As36	8As36	1Ac36	3Ac36	3Ac36
7Ci60	7Ci60								3Ci60	2Ci60	2Ci60
13	14	15	16	17	18	19	20	21	22	23	24
2Sc10	2Sc10	1Fn3.9	2Fn2.7	3Fn5	1Fn5	1Fn3	2Fn3	2Fn3	0Fn3	5Sc12	5Sc12
		3Fn6	3Fn6	4Sc10	5Sc10	5Sc10	5Sc10	5Sc10	5Sc12		
		2Sc10	2Sc10								
2Ac33	2Ac33	8As36	8As36	8As36	8As36	8As36	8As36	8As36	8As36	8As36	8As36
8As36	8As36										

表 4.5.2　2018 年 8 月 29 日银川机场天气现象和日降水量记录

现象	时间记录(北京时)
轻雾 BR	0905-1727,1837-2400
降水 BR	-1305,1633-1718,1837-1949,-2058-2147,24-
降水量	25.2mm

表 4.5.3　2018 年 8 月 29 日银川机场主导能见度记录(北京时,单位:m)

时间	01	02	03	04	05	06	07	08	09	10	11	12
能见度	10000	10000	10000	10000	10000	10000	10000	10000	10000	8000	8000	8000
时间	13	14	15	16	17	18	19	20	21	22	23	24
能见度	8000	8000	7000	6000	6000	10000	8000	6000	6000	8000	9000	8000

　　图 4.5.1 为 2020 年 8 月 29 日降水过程中采用风廓线模式得到的探测产品,其中上图为水平风廓线,下图为垂直速度廓线。

　　结合云记录和降水时段记录,银川机场清晨到 13 时,天空主要为低云和中云。云状为层积云和高积云或高层云。受非雷暴性连续降水的影响,机场及周边水汽逐步增大,形成雾蒙蒙的天气,使得能见度从 10 km 慢慢降到 8 km。由于没有小时降水记录,从能见度值大小变化分析,15—17 时,20—21 日降水强度应该比较大。

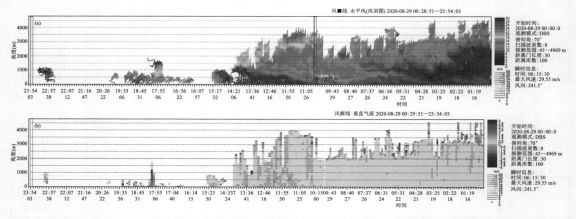

图 4.5.1　2020 年 8 月 29 日银川降水过程中的风廓线产品((a)水平风;(b)垂直速度)

根据图 4.5.1(a)水平风图可以得知,从午夜到清晨,垂直高度 4000 m 以下,风速都在 4～6 m/s,风向基本为南风或偏南风。清晨到中午期间,也保持为南风或偏南风,只是从 07:40以后,在 500 m 高度开始出现低空急流,随时间增加逐步抬高到 1000 m 左右,厚度增加,同时在 3000 m 高度以上开始出现大风层,风速最大接近 30 m/s。到 14:30 左右,探测高度迅速降到 1000 m 及以下。按表 4.5.3 得知,15—17 时,20—21 时能见度在 8 km 以下,应该是降水强度增强导致激光波束强烈衰减,其探测距离接近 0 m。17:55 后降水强度减弱,短时探测高度短时恢复到 1500 m 高度,19—24 时,随着降水强度再次增强,激光测风雷达探测高度均在500 m 以下,部分时段探测高度为 0,这说明降水强度与激光波束的衰减值是正相关的。

根据图 4.5.1(b)垂直气流图可以得知,在 10:15 以前,垂直速度在中低层基本保持 2 m/s以下的正速度(小速度的上升运动)。在 10:15 以后到 14:30 期间,中低层垂直速度出现显著的正负交替变化现象,其正负速度的数值保持在 2 m/s 以内。随后除 17:55 前后出现值超过−3 m/s 的短时较强负速度外,其余时间均没有得到探测数据(数据格式中规定:垂直气流向上为正,向下为负)。

为了了解降水过程中激光测风雷达周边区域空中流场的特征,下面分析 2020 年 8 月 29日不同时刻 PPI 扫描得到的径向风和水平风。图 4.5.2 和图 4.5.3 分别给出了 29 日不同时刻激光测风雷达周边空中流场的径向风特征和水平风特征。

从径向速度产品的图 4.5.2 得知,从清晨到上午((a)～(c)),测站周边主要为南风,在距离测站 2～4 km 处对应高度上有沿距离圈的零速度线存在,正速度区位于距离圈外侧表示有气流远离雷达中心,负速度区位于距离圈内侧表示有气流朝向雷达中心,这种现象说明在这个高度上有气流的辐散线存在。从径向速度产品的冷暖颜色深浅分布来看,径向风速在低层为 4～6 m/s,随高度增加风速增大,最高处风速约为 22～24 m/s。13—15 时((d)～(e)),测站开始出现降水,特征是探测范围从 10 km 缩短到 2～4 km。13 时图上,0 速度线基本上呈南北向,负速度区位于测站西侧,正速度区位于东侧,表示当前风向为西风,且东南到西南方向的探测范围小于其他方向,表示该方向激光波束已经受到较强衰减,也就是这个方向的降水强度要强或开始有明显降水。15 时图上,零速度线呈西北—东南向,负速度区位于东北方向,表示当前已经转为东北风了,从颜色深浅来分析,风速约为 4～6 m/s,探测距离降低到 4～6 km,这说明当前降水强度比前期强。16—23 时各图中得知,探测距离基本为 0 m,表示这些时段内降水强度是比较大的。

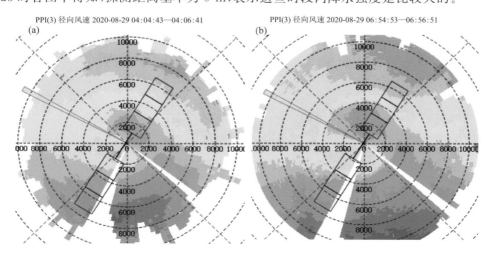

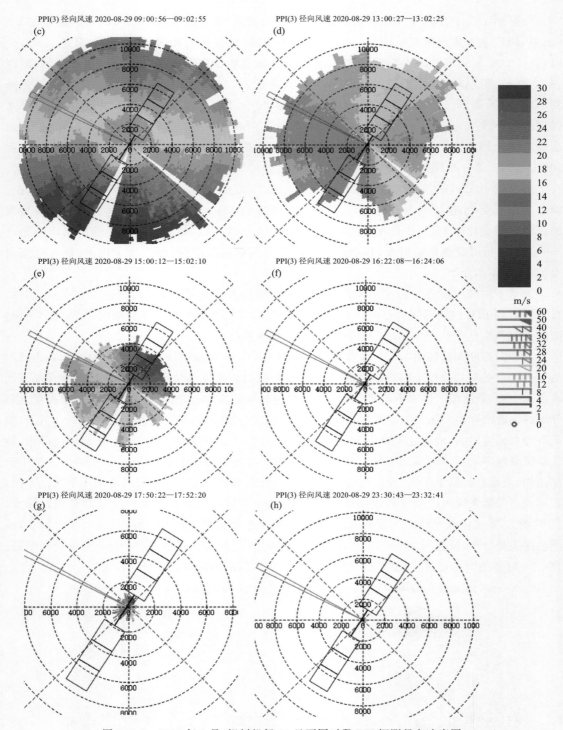

图 4.5.2　2020 年 8 月,银川机场 29 日不同时段 PPI 探测径向速度图

从水平风产品的图 4.5.3 得知,从清晨到上午((a)～(b)),测站周边为南风,在距测站中心 2～3 km 处距离圈上存在风速为 4 m/s,风向为东北风和东南风的显著辐合线。测站正北方向 3.5 km 左右,还有显著小尺度辐散区,在距离圈 6 km 以外,基本上均为南风,风速为 10～

12 m/s,到 09 时图上,高层风速增加到 16～18 m/s。13—15 时((d)～(e)),测站开始出现降水,特征是探测范围从 10 km 缩短到 2～4 km。13 时图上,测站从低层到高层基本都转为西风,探测距离缩小到 4～6 km,原来围绕 3 km 距离圈的辐合线消失,但在西南方向,2～8 km 距离段内出现南风和西风的一条辐合线。15 时图上,探测距离再次缩小,东北方向只有 3 km,西南方向还有 6 km。东北方向已经全部转为 10～12 m/s 的东北风,西到西南方向转为东风,风速约为 4～6 m/s。从 16—23 时各图中得知,探测距离基本为 500 m 以内,风向均为 12～14 m/s 的东北风,显然这些时段内降水强度是比较大的。

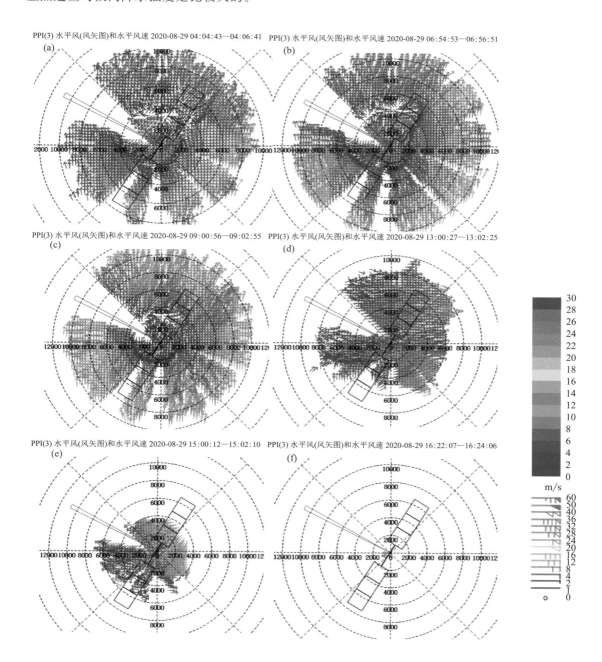

PPI(3) 水平风(风矢图)和水平风速 2020-08-29 17：50：22—17：52：20　　PPI(3) 水平风(风羽图)和水平风速 2020-08-29 23：30：43—23：32：41

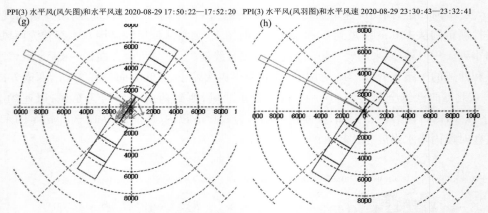

图 4.5.3　2020 年 8 月 29 日银川机场不同时段 PPI 探测水平风图

　　从实测径向风与反演的水平风对比来看,径向风通过冷暖色调中不同深浅颜色表示空中流场,分析方法与常规多普勒天气雷达速度图的分析方法相同,需要注意的是探测范围只有 10 km 左右,其空中急流对应的"牛眼",以及与中气旋、下击暴流等中尺度系统对应的"小牛眼"表示的尺度要小的多。对辐合、辐散区域的分析需要依赖正、负速度区域的面积大小和相对位置进行分析,其直观性要差一些。利用反演风场图,可以清晰地看出空中不同区域的风向风速、辐合线、辐散线、中气旋、微小击暴流等小尺度特征,需要注意的是,激光测风雷达 PPI 扫描是瞬时风,反演得到的水平流场也是瞬时流场和局部小尺度现象,这些微系统的位置和强度与反演方法密切相关,有时有固定的位置小偏移,对位置精度要求比较高的场合,需要重视。

　　下面选取以短时降水个例进行分析。2020 年 5 月 25 日云南丽江机场 11：33—16：48 出现小雨天气,特别在 15：30—16：20 期间降水加大,受降水影响主导能见度最低降至 3000 m。由图 4.5.4 可以看到,在此期间雷达垂直探测距离显著降低,最低时探测距离为 0 m,PPI 模式水平探测距离最低时仅为 300 m 左右,下滑道模式水平探测距离最低时为 0 m。探测距离和高度会随降水强度有所波动,降水结束后显著增大。通过测风雷达探测距离和高度的变化情况,可以反映出降水强度的变化。

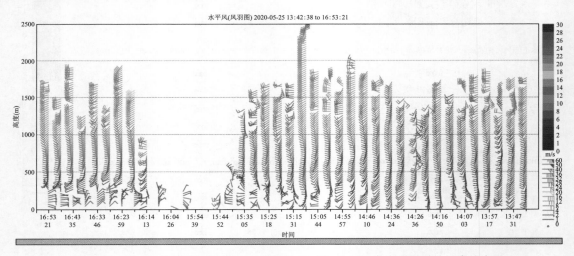

图 4.5.4　云南丽江机场 2020 年 5 月 25 日 13：37—16：53 激光测风雷达风廓线产品

在降水停止后,该雷达探测距离有短时间的显著增加。如图 4.5.5 所示,降水停止后 20 min 内,各模式探测距离恢复到无降水状态。PPI 模式水平风产品图中北侧水平探测距离接近 10000 m,南侧接近 8000 m。RHI 模式径向速度产品图,垂直探测距离为 2000 m,明显小于无降水状态的探测高度。但在水平方向上与无降水状态的探测距离差别不大,这说明降水的面积并不大,降水主要出现在设备上空和附近区域。

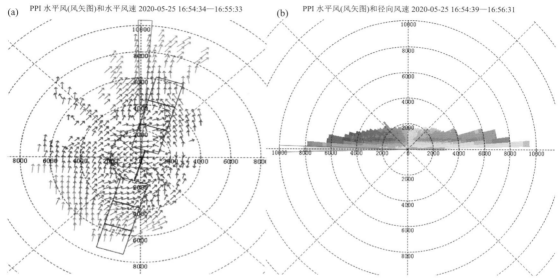

图 4.5.5 2020 年 5 月 25 日强降水期间,激光测风雷达不同探测模式产品
((a)PPI 水平风产品;(b)RHI 径向风产品)

4.6 雷暴降水特征

为了考察降水中出现雷暴对激光测风雷达产品的影响,下面以 2018 年 8 月 20 日下午昆明机场出现飑线系统带来的短时强雷雨过程为例进行分析。

图 4.6.1 给出了 2018 年 8 月 20 日 14 时天气图,昆明地面以西有高压中心东移,昆明地区受到高压前方的飑线系统影响。

图 4.6.2 给出了飑线过境期间激光测风雷达探测产品图,图中红线表示飑线后部气流走向,绿线表示飑线前方气流走向。由于降水会对激光波束造成严重衰减,故从激光探测范围的减小,可以判断降水前沿的位置。

从图 4.6.2 右图可以看出,机场西北首先出现两处超过 20 m/s 的大风区,其中位于正北,距离 4~6 km 处为西风大风区。位于西北方向,距离 4~6 km 处的为东北大风区,并与从测站西南方向的南风构成气流辐合线(见红线走向)。西北方向两个大风区和中间区域的偏北、西北风一起构成飑线前沿,由西北向东南推进。飑线前方区域的风向为南风和西南风(见绿线走向)。仔细分析还可以看出,在测站正北方向,距离 2 km 以内存在由东南风和西南风组成的辐散区域。在测站东北方向,2~4 km 区间内,存在南风和西风的小辐散区。在正东方向 3 km 处由北风和南风形成的辐合区。

从图 4.6.2 左图可见,测站东北到正西区域出现了北和西北大风,飑线前沿位于 60°到

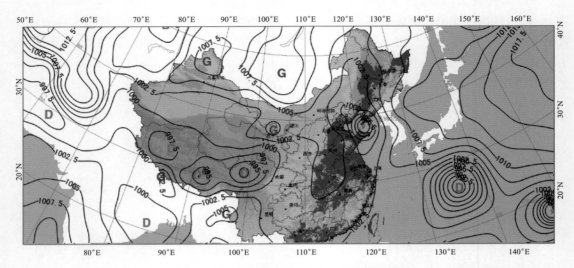

图 4.6.1　2018 年 8 月 20 日 14 时地面形势

270°方向。飑线前方为西南风。在测站正东 4 km 外,气流南风与北风混合,意味着飑线前后不同性质气流已经渗透到该区域。探测范围在西北方向缩减到 4 km,意味着降水前沿距离测站中心只有 4 km 了。

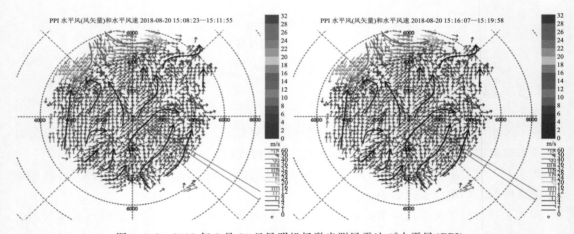

图 4.6.2　2018 年 8 月 20 日昆明机场激光测风雷达 3°水平风(PPI)

从图 4.6.3 可见,测站西北方向为飑线后部西北大风区。除受建筑物(候机楼)的影响,部分气流转为南风外,机场其他区域已经转为西风。值得注意的是在测站西北方向 4～6 km 处,存在一处气旋性旋转区。在东部沿 90°线,存在西北风和西南风的气流辐合线。在 230°方向存在西北风和南风的气流辐合线。测站西北方向的探测距离已经降到 3 km,根据激光雷达受降水衰减的事实,这就是强降水前沿位置。到 15:29 时,探测距离降到 1 km 内,风速维持 18～22 m/s。此时强降水已经覆盖机场。

图 4.6.4 给出了 2018 年 8 月 19 日傍晚时段激光雷达探测图,从图 4.6.4 右图可以看出,北风控制了机场北部,来自东南方向东南风的一支与来自北方的西北风相交于 45°线附近,即

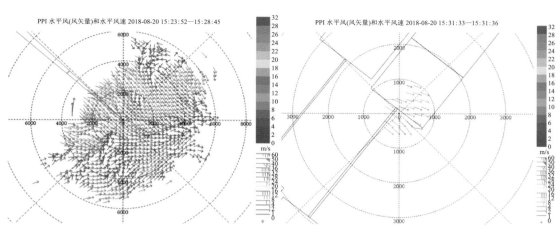

图 4.6.3　2018 年 8 月 20 日昆明机场激光测风雷达水平风(PPI,3°仰角)

测站 45°方向存在气流辐合线。来自东南方向东南风的另一支方向变为东北风,经过测站南部向东部拓展。沿 4 km 距离圈外,气流以 250°为界形成辐散区域。从图 4.6.4 左图的水平风图可见,测站基本转为南风。测站南部为稳定的 8～10 m/s 的南风。测站以北在 2 km 距离圈内形成右侧逆时针,左侧顺时针的两股弱气流向外拓展,到 6 km 左右汇合成西南风。傍晚期间机场及周边区域的气流经历了由北风转南风的过程。

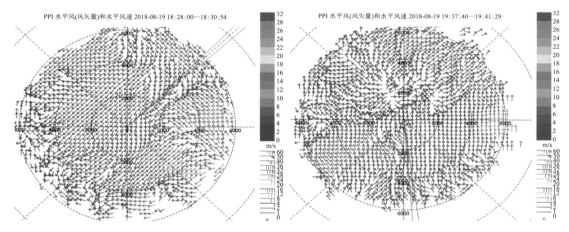

图 4.6.4　2018 年 8 月 19 日昆明机场激光测风雷达水平风(PPI,3°仰角)

第5章

静稳风场日变化特征

　　静稳天气是指当地不受低涡、高压、锋面等天气系统的直接影响,处于比较均匀的气压场中。在静稳天气状态下,本地天气演变主要随着受太阳对地面辐射强弱影响而变化,空中为碧蓝的天空或飘着几朵小小的白云,也有空中盖着一层具有均匀纹理、一定厚度的稳定云层,气象上定义表现为晴空或稳定的阴天。利用静稳天气日变化风场特征不仅可以掌握当地风场随昼夜间温度变化发生变化的特征,还可以通过对比相同时刻风场特征,推测分析非静稳不同天气系统的性质、强度和变化特征,提高对非静稳天气系统的预报能力。

　　为了准确分析气象动力因子和热力因子作用,了解在静稳天气或微弱天气系统影响下,仅依受太阳辐射变化(日变化)影响的空中风场特征,下面以青海西宁曹家堡机场2019年3月31日进行静稳天气风场日变化特征分析,图5.1.1给出了西宁曹家堡机场及周边地理环境。

　　根据西宁地区的日出、日落时间,将这一天分成后半夜(00—05时)、拂晓(06—07时)、上午(08—11时)、中午(12—14时)、下午(15—17时)、傍晚(18—20时)、前半夜(21—23时)七个时段进行空中风场特征分析。

图 5.1.1 青海西宁曹家堡机场及周边地理环境((a)周边;(b)机场)

■ 5.1 后半夜

5.1.1 晴天风场

2019 年 3 月 30 日后半夜时段为晴天。地面水平风场以东风、偏东风为主,风速在 4～12 m/s。西宁机场位于青藏高原的东北部,大峡和小峡之间的狭长区域,形成狭管效应,四周环山;而机场跑道呈东西偏北走向,西高东低,因此无明显天气系统时,机场地区风场受地形影响较大,以偏东风为主,跑道区间风速小,两侧风速大。图 5.1.2 给出了实测 PPI 水平风场,从中可见,图 5.1.2(a)雷达水平探测距离达 7000 m 以上,水平风场无明显辐合辐散,分布较均匀;图 5.1.2(b)水平风场减小到 2～4 m/s,风场较乱。跑道南侧出现一条弱辐合带,跑道附近也存在小尺度辐合区和乱流,但由于风速较小,对飞机起降没有什么影响。

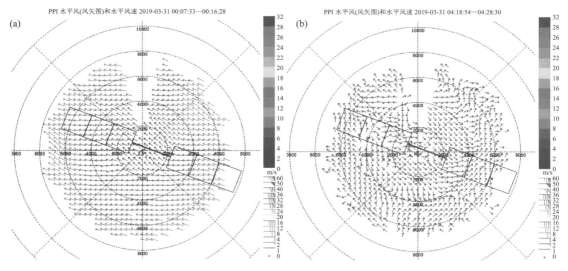

图 5.1.2 2019 年 3 月 31 日 PPI 水平风((a)00:07—00:16;(b)04:18—04:28)

5.1.2 阴天风场

2019年8月11日为阴天,后半夜时段,当日水平风北侧探测范围存在衰减,风场以偏东风、东南风为主,风速在2~12 m/s。图5.1.3a跑道东南部的水平风速大于西北部,跑道以北有小范围的风向辐合,风速在2~4 m/s。图5.1.3b水平风场已转为西北风为主,风速在跑道西北侧、东南侧较大,为8~12 m/s,跑道附近风速较小,为2~4 m/s。跑道及跑道东侧的延长线上,出现明显风向风速的辐合线,探测边缘处有小尺度乱流。

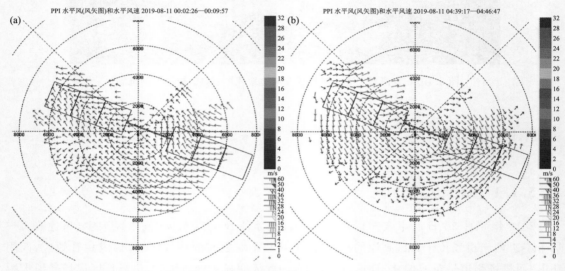

图5.1.3 2019年8月11日PPI水平风((a)00:02—00:09;(b)04:39—04:46)

垂直分布显示如图5.1.4,从中表明,在后半夜时段较稳定,00:40—00:52,1000 m以下为偏东风,风速较大,为8~12 m/s。1000 m向上,风向顺时针旋转,在1000~2000 m形成显著暖平流,2000 m以上为西北风,风速减小到4~8 m/s。04:51—05:04,低层风场变乱,500 m处出现显著风向切变,1000~2000 m的暖平流仍维持,但高低层风速有所减小。

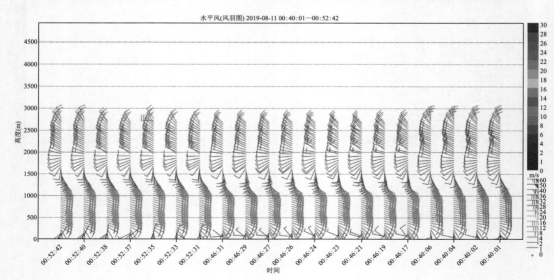

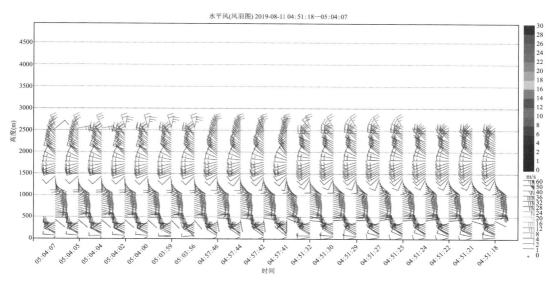

图 5.1.4　2019 年 8 月 11 日风廓线水平风场图

5.2　拂晓

5.2.1　晴天风场

2019 年 3 月 31 日为晴天,拂晓时段,水平风场(PPI、风廓线模式)较稳定,水平风 PPI 模式上,风转为西北风为主,风速为 4～12 m/s。机场西侧探测边缘处有小尺度乱流,风向变化较大,但风速仅 2～4 m/s。风廓线模式中,1500 m 以下,水平风为偏西风,1500 m 上空风向存在转变,高层为西北风,此时高低层风场较稳定。详见图 5.2.1 和图 5.2.2。

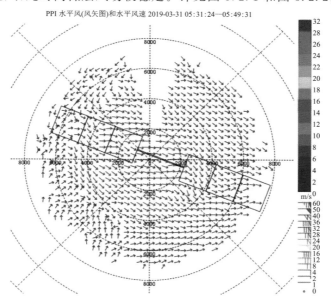

图 5.2.1　2019 年 3 月 31 日 05:31—05:49PPI 水平风(风矢)

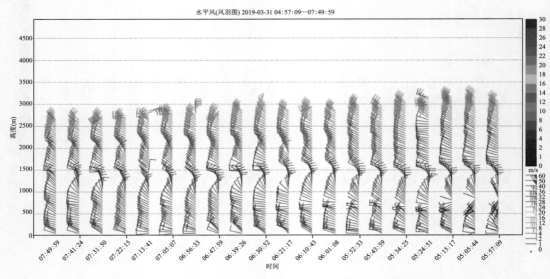

图 5.2.2 2019 年 3 月 31 日 04:57—07:49 风廓线水平风场图

5.2.2 阴天风场

2019 年 8 月 11 日为阴天。从图 5.2.3 中可见,拂晓时段,风廓线模式中,500 m 处的风向切变和 1000 m 以上的暖平流仍维持,2500 m 以上水平风转为西北风,风向存在偏转,且风速逐渐增强,最大风速达 16 m/s。

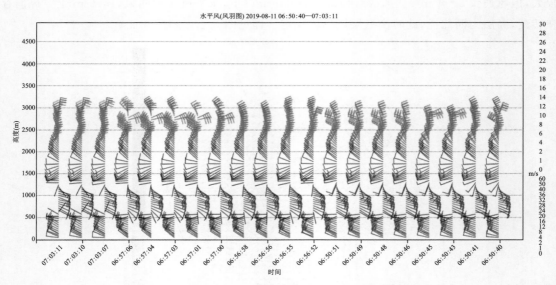

图 5.2.3 2019 年 8 月 11 日 06:50 风廓线水平风场图

5.3　上午

5.3.1　晴天风场

2019 年 3 月 31 日为晴天,上午时段,机场上空气流仍以西北气流为主,最大风速一般不超过 12 m/s,西侧边缘风场稍乱。08—11 时,水平探测距离略有减小到 7 km 左右,风速 8~10 m/s,风场稳定(图 5.3.1)。垂直方向以稳定偏西风为主,10:30 后,500~1000 m 风向有小角度向北偏转,表示该区间有微弱暖平流出现(图 5.3.2)。由于强度小和时间短,几乎对当地天气没有影响。

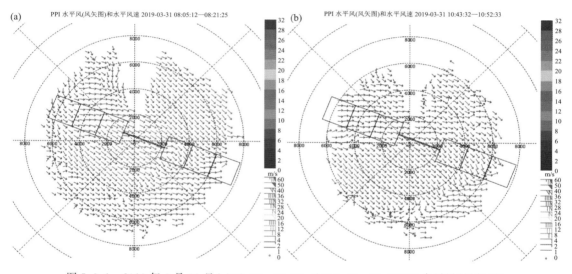

图 5.3.1　2019 年 3 月 31 日(a)08:05—08:21;(b)10:43—10:52 PPI 水平风(风矢图)

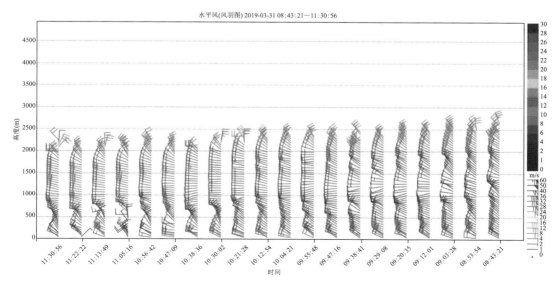

图 5.3.2　2019 年 3 月 31 日 08:43—11:30 风廓线水平风场图

5.3.2 阴天风场

2019年8月11日为阴天,上午时段,机场上空气流仍以西北气流为主。08时,跑道两侧风速大于跑道上方风速。跑道西侧延长线上存在风向和风速的辐散,东侧延长线出现风向顺时针小幅度偏转,跑道南侧边缘水平风速在2～4 m/s左右,且风向变化较大。11:33—11:41,跑道两侧风速减小,水平探测距离也略有减小到6 km左右,小尺度乱流增多,详情见图5.3.3。

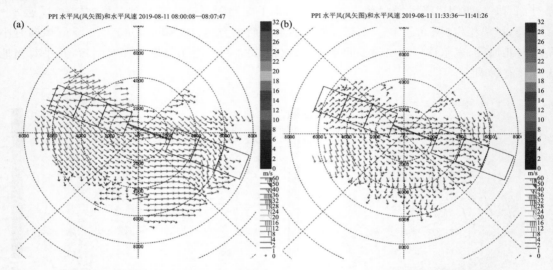

图5.3.3　2019年8月11日(a)08:00—08:07;(b)11:33—11:41PPI水平风(风矢图)

从图5.3.4a上可见,08时在垂直方向上,1000～1500 m出现东风,与上下高度的西风形成显著差异。使得在500 m和1500 m出有风的切变。从1500 m向上,风向逐步由正西转到北风,风速由4 m/s增大到20 m/s,最大风速达24 m/s。到了11时,近地层在热力作用下乱流加强,500～1500 m高度的东风带逐步消失,垂直方向上风场基本维持偏西风,高层风速已经减小到8～16 m/s,但仍存在风向向北的小偏转。

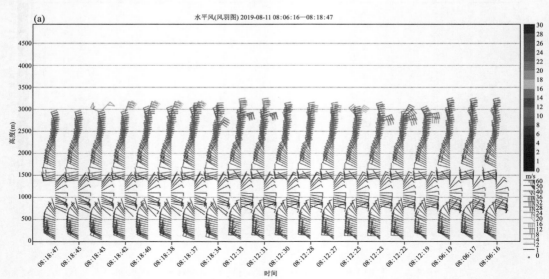

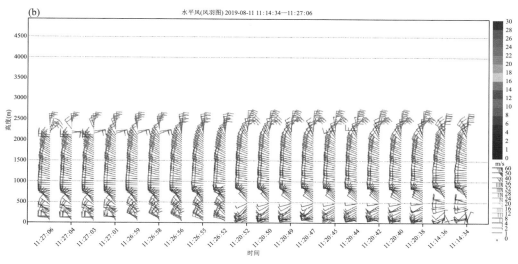

图 5.3.4　2019 年 8 月 11 日(a)08：06—08：18；(b)11：14—11：27 风廓线水平风场图

5.4　中午

5.4.1　晴天风场

2019 年 3 月 31 日为晴天,中午时段,水平风场探测范围在 6000 m 以内,仍以偏西气流为主。在中午热力作用下 12—14 时,水平风场上的中小尺度乱流逐渐增多,分布没有明显的规律,从图 5.4.1 中可见,机场西南方向和东部均为西北风。从图 5.4.1b 可见 11 号跑道外 3 海里①处有 18～20 m/s 的南风与 12～14 m/s 的东北风交汇,机场及周边风向混乱,风速从 4～12 m/s 变化,表示热力湍流较强。

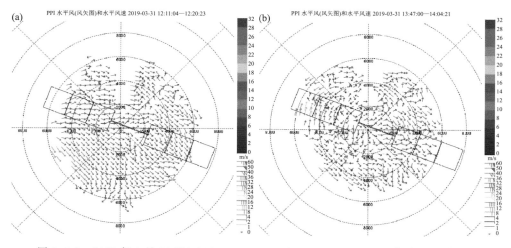

图 5.4.1　2019 年 3 月 31 日(a)12：11—12：20；(b)13：47—14：04PPI 水平风(风矢图)

---

①　1 海里＝1852 m,下同。

从风廓线图(图5.4.2)上水平风的垂直分布来看,12:00后,风场开始变乱,风向随高度没有明显的分布规律,低层在热力作用的影响下风向变化较快,分别在12:40和14:26的近地面出现风切变警告。13:40后,3500 m以上风速增大,最大风速达24 m/s。

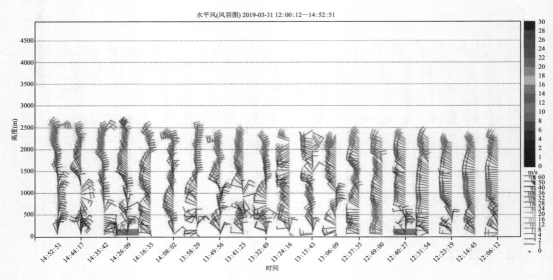

图5.4.2　2019年3月31日12:00—14:52风廓线水平风场图

5.4.2 阴天风场

2019年8月11日为阴天,中午时段,水平风场探测范围减小到6000 m以内,仍以西北气流为主,整体风速较小。在中午热力作用下,水平风场的中小尺度乱流和大风速团较多,分布没有明显的规律。12—14时,水平风的探测范围有所减小,到了14:47,水平探测范围已减小到4000 m左右,见图5.4.3。

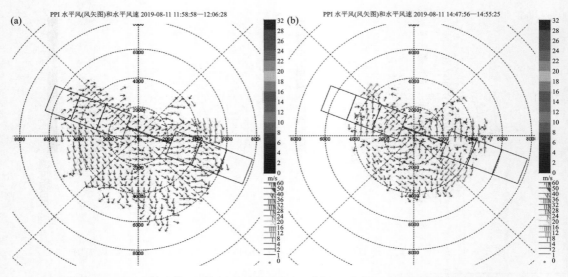

图5.4.3　2019年8月11日(a)11:58—12:06;(b)14:47—14:55PPI水平风(风矢图)

从同时刻水平风的垂直分布来看(图5.4.4),12时,低层500 m以下在热力作用的影响下风向由西北风变为东北风;500~1000 m,风向呈逆时针小偏转,表示有弱冷平流。到1000~2000 m高度上风场较稳定,呈稳定偏西风。14时后,水平风向的垂直分布变化大,即风向变化快且无明显的分布规律,但风速小,在2~4 m/s。到2000 m高度以上,东北风的风速为6~8 m/s。

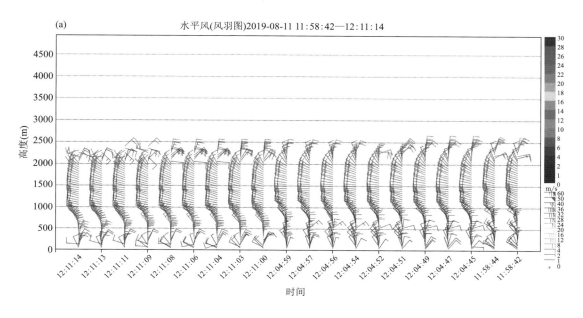

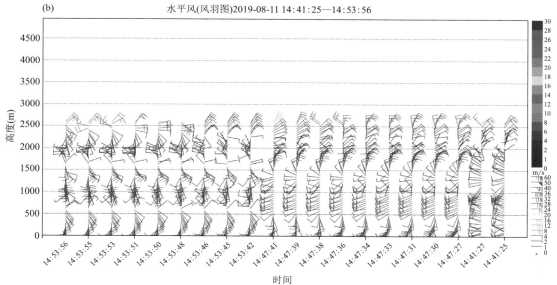

图 5.4.4　2019 年 8 月 11 日(a)11:58—12:11;(b)14:41—14:53 风廓线水平风场

5.5 下午

5.5.1 晴天风场

2019 年 3 月 31 日为晴天,图 5.5.1 表明,15—17 时,水平风速图上风向分布杂乱,多小尺度乱流和辐合辐散区,跑道附近有时会出现大风速团,风速大于 16 m/s。

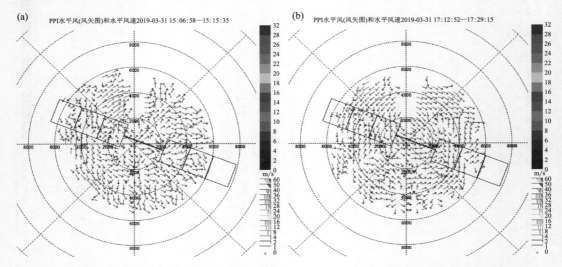

图 5.5.1　2019 年 3 月 31 日(a)15:06—15:15;(b)17:12—17:29PPI 水平风(风矢图)

水平风风向和风速的垂直分布变化较大,常有风向切变出现,风廓线模式中时常出现风切变警告,如图 5.5.2 中 16:50,1500～2000 m 处。

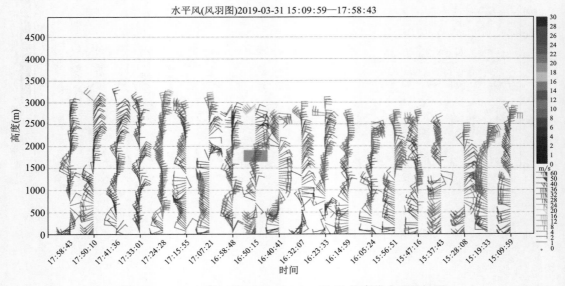

图 5.5.2　2019 年 3 月 31 日 15:09—17:58 风廓线水平风场图

5.5.2　阴天风场

2019 年 8 月 11 日为阴天,从图 5.5.3 中可见,下午时段,14:54—15:01,水平风探测范围缩小为到 4000 m 以内,水平风速图风向分布杂乱,多小尺度乱流和辐合辐散区,但风速较小,在 4～8 m/s。17:24—17:31,水平风场转为以东南风和东风,风速增大到 10～20 m/s,探测范围边缘处的风速较大,风场较稳定,且水平探测范围从 4 km 逐渐增大到 6 km。

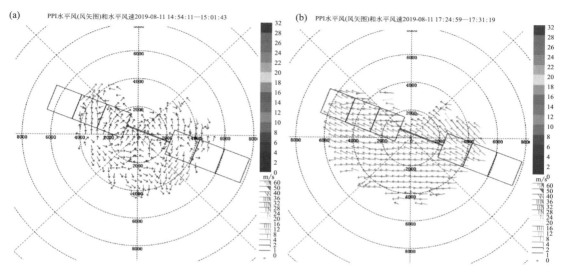

图 5.5.3　2019 年 8 月 11 日(a)14:54—15:01;(b)17:24—17:31PPI 水平风(风矢图)

15 时左右,从风廓线图(图 5.5.4)水平风的垂直分布仍较乱,15:06,低层 800 m 以下为西风,风速为 8～10 m/s,从 1500～2000 m 为弱北或西北风。到了 2250 m 以上,风向变为东风、东北风,风速也增大到 12～14 m/s。到了 17:40 以后,风场的垂直分布变得稳定了,地面至 1500 m 为稳定东南风,风速增大到 8～10 m/s,最大风速为 16 m/s。2250 m 以上为东北风,

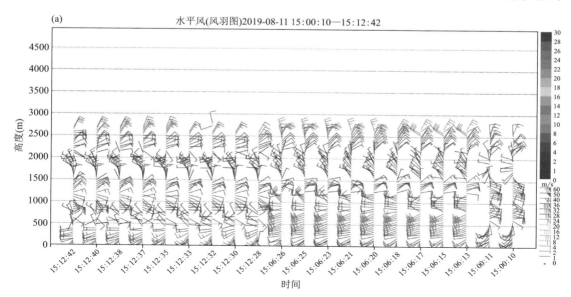

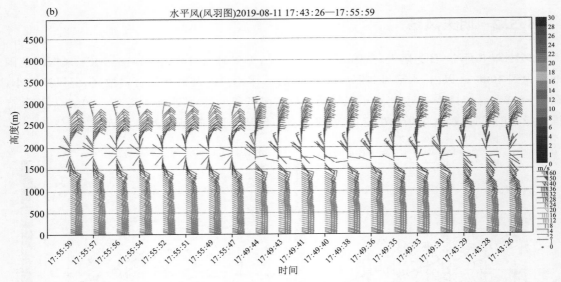

图 5.5.4　2019 年 8 月 11 日(a)15:00—15:12;(b)17:43—17:55 风廓线水平风场图

风速在 6~8 m/s。1500~2250 m,风向由东南风顺时针迅速转为东北风。值得注意的是,这个时段风向会迅速变化,由偏西风转为偏东风。

5.6　傍晚

5.6.1　晴天风场

2019 年 3 月 31 日为晴天,到了傍晚(图 5.6.1),18:05—18:21 可见,水平风场上风向变化较大,风速整体较小,基本在 6~8 m/s 左右。到了 20 时左右,水平风场转为稳定东风和东南风,风速增大到 12~14 m/s。

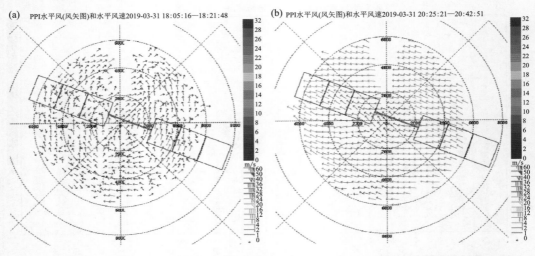

图 5.6.1　2019 年 3 月 31 日(a)18:05—18:21;(b)20:25—20:42PPI 水平风(风矢图)

从水平风垂直分布(图 5.6.2)来看,20 时后,1500 m 以下,风场逐渐转为稳定偏东风。
1500 m 以上风场较乱,风速风向变化大,最大风速达 22 m/s。

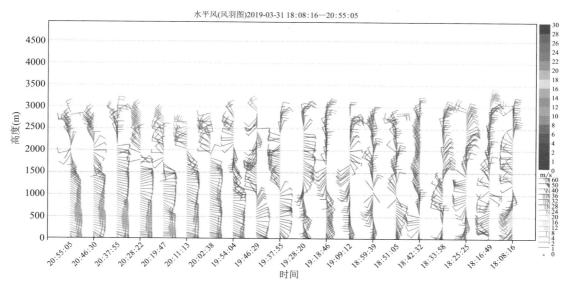

图 5.6.2　2019 年 3 月 31 日 18:08—20:55 风廓线水平风场图

5.6.2　阴天风场

2019 年 8 月 11 日为阴天,在图 5.6.3 上 17:56—18:03,水平风仍以偏东风为主,风速在
12~20 m/s,探测边缘处常出现大风速区,跑道西侧延长线上有大风速区。20:46—20:53,整
体风速有所减小,但最大风速仍在 10 m/s 以上,11 号跑道延长线上,有风向辐合趋势。

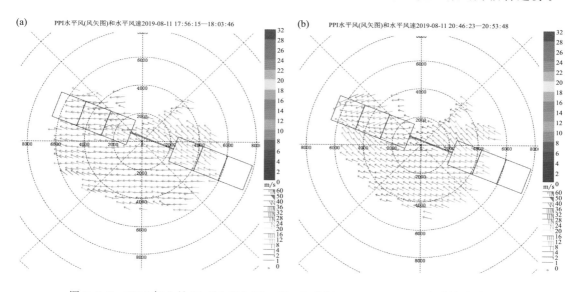

图 5.6.3　2019 年 8 月 11 日(a)17:56—18:03;(b)20:46—20:53PPI 水平风(风矢图)

从水平风垂直分布(图5.6.4)来看,傍晚时段1500 m以下的风场较稳定,高层风向变化较大。18:02—18:14,大风速区在0～500 m,风速中心达16～20 m/s,1500 m以上为风向逆时针旋转,但风速低于4 m/s,2500 m以上为偏东、东北风。20:39—20:52,大风速中心上升到1000 m左右,最大风速为16～20 m/s。2000 m以上风向变化较快,无明显变化规律。

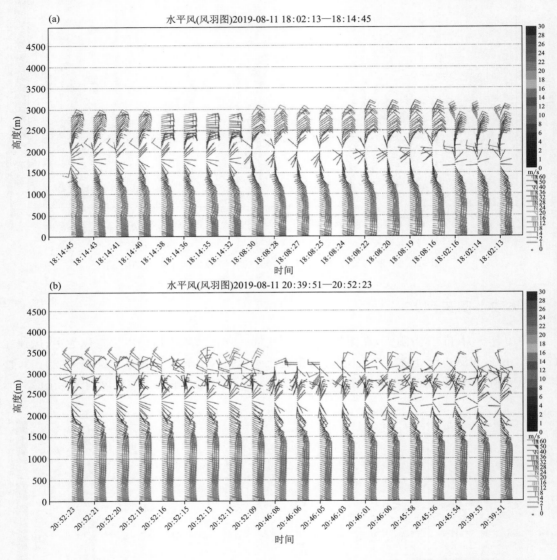

图5.6.4　2019年8月11日(a)18:02—18:14;(b)20:39—20:52风廓线水平风场图

5.7　上半夜

5.7.1　晴天风场

2019年3月31日为晴天前半夜时段(图5.7.1),水平风场较稳定,以东南气流为主,风速较大,在 10~14 m/s,机场东北山区和西南部存在 18~20 m/s 左右的大风速区,水平探测范围超过 6 km。到 23 时以后,风向基本保持东到东南风,风速为 8~10 m/s。

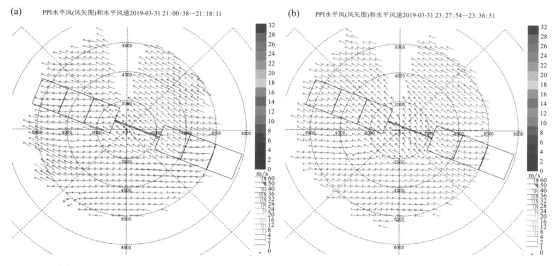

图 5.7.1　2019 年 3 月 31 日(a)21:00—21:18;(b)23:27—23:36PPI 水平风(风矢图)

在上半夜风廓线水平风场图(图 5.7.2)上看,1000 m 高度以下的低层,水平风垂直分布较稳定,以偏东风为主,风速 12~14 m/s。1000 m 以上,风向顺时针旋转到西风,但风速小,为 2~4 m/s,表示该高度上有暖平流。

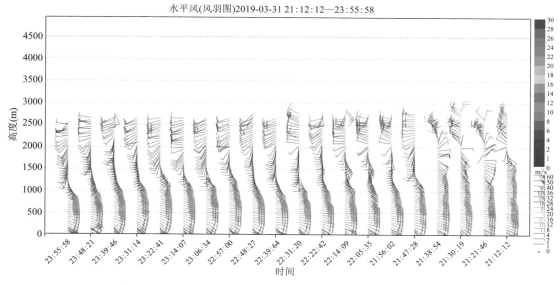

图 5.7.2　2019 年 3 月 31 日 21:12—23:55 风廓线水平风场图

5.7.2　阴天风场

2019 年 8 月 11 日为阴天,图 5.7.3 可见,前半夜时段,水平风场已经较为稳定,以东南气

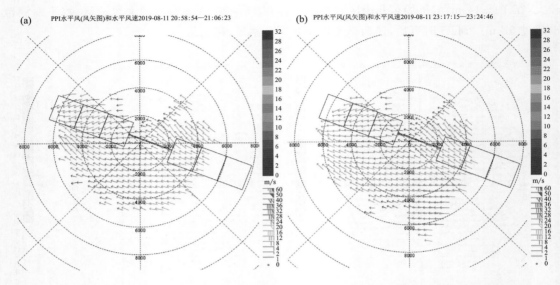

(a) PPI水平风(风矢图)和水平风速2019-08-11 20:58:54—21:06:23

(b) PPI水平风(风矢图)和水平风速2019-08-11 23:17:15—23:24:46

图 5.7.3 2019 年 8 月 11 日(a)20:58—21:06;(b)23:17—23:24PPI 水平风(风矢图)

流为主,风速逐渐增大,20:58—21:06,风速在 8~16 m/s,跑道西侧的延长线上,有风向的辐合区。23:17 时,跑道南侧出现大风速区,最大风速中心为 16 m/s 以上。

图 5.7.4 给出了激光雷达风廓线模式探测的上半夜风场。从中得知,水平风垂直分布在前半夜时段 2000 m 以下风场稳定,风速为 12~14 m/s,并且在 1000 m 高度左右,时常有湍流团出现,最大风速中心为 20 m/s 左右,一个湍流团维持时间约 15 s。从 2000~2500 m 高度,风向迅速由东风转为西风。然后随着高度升高,再转变为北风,风速为 4~6 m/s。

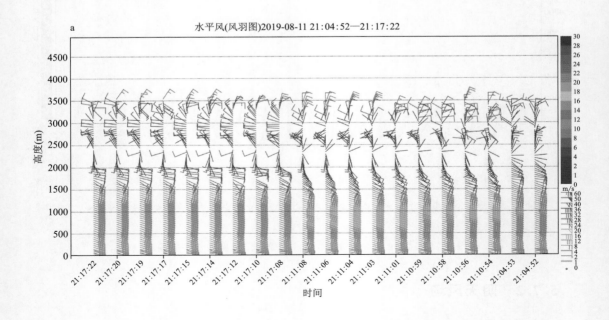

a 水平风(风羽图)2019-08-11 21:04:52—21:17:22

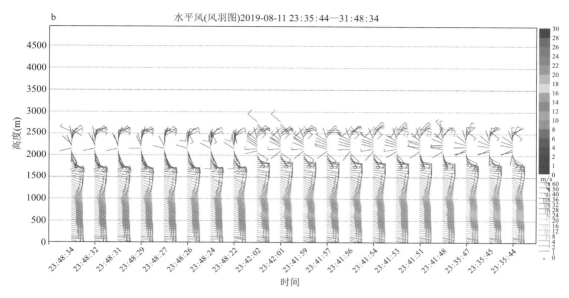

图 5.7.4　2019 年 8 月 11 日 (a)21:04—21:17;(b)23:35—31:48 风廓线水平风场图

5.8　日变化特征的应用

通过 PPI 模式的水平风场和风廓线模式的垂直水平风场可以得出以下结论:

静稳天气,即无明显天气系统影响时,低层风场以偏西气流为主,西宁机场傍晚前后盛行东北气流,风速不大,基本维持在 12 m/s 以下,雷达探测边缘处常有小范围大风区移过。

00—05 时后半夜时段,水平风场以东风、偏东风为主,风速在 4~12 m/s,风场总体较稳定,04:18—04:28,水平风场减小到 2~4 m/s,风场较乱。跑道南侧出现一条辐合带,跑道附近也存在小尺度辐合区和乱流,但由于风速较小,对飞机起降影响较小。

拂晓时段,水平风场较稳定,水平风 PPI 模式上,风转为西北风为主,风速为 4~12 m/s。机场西侧探测边缘处有小尺度乱流,风向变化较大,但风速仅 2~4 m/s。风廓线模式中,1500 m 以下,水平风为偏西风,1500 m 上空风向存在转变,高层为西北风,此时高低层风场较稳定。

上午时段,机场上空气流仍以西北气流为主,最大风速一般不超过 12 m/s,西侧边缘风场稍乱。08—11 时,水平探测距离略有减小到 7000 m 左右,风速 8~10 m/s,风场稳定

中午时段,水平风场探测范围在 6000 m 以内,仍以偏西气流为主。在中午热力作用下,12—14 时,水平风场上的中小尺度乱流逐渐增多,分布没有明显的规律,机场西南方向和东部均为西北风。从图中还可见,13:47—14:04,11 号跑道外 3 海里处有 18~20 m/s 的南风与12~14 m/s 的东北风交汇,机场及周边风向混乱,风速在 4~12 m/s 变化,表示热力湍流较强。

下午时段,14:54—15:01,水平风探测范围缩小为到 4000 m 以内,水平风速图风向分布杂乱,多小尺度乱流和辐合辐散区,但风速较小,在 4~8 m/s。17:24—17:31,水平风场转为以东南风和东风,风速增大到 10~20 m/s,探测范围边缘处的风速较大,风场较稳定,且水平探测范围从 4000 m 逐渐增大到 6000 m。

　　傍晚,18:05—18:21,水平风场上风向变化较大,风速整体较小,基本在 6～8 m/s。到了 20 时左右,水平风场转为稳定东风和东南风,风速增大到 12～14 m/s。

　　前半夜时段,水平风场较稳定,以东南气流为主,风速较大,为 10～14 m/s,机场东北山区和西南部存在 18～20 m/s 的大风速区,水平探测范围超过 6000 m。到 23 时以后,风向基本保持东到东南风,风速为 8～10 m/s。

第**6**章

不同地理环境风场特征

风场是环境影响评价术语,用来评价范围内存在局地风速、风向等因子不一致的风场。气象上,不同地理环境对自然风场有众多影响,本章利用测风雷达在不同地理环境下的探测数据来分析不同地理环境条件下空中风场的观测特征,讨论按平原区域、南方高原区域、陡峭山地区域、沿海沿湖区域、宽阔海域和精细区域等进行,其中包含山谷风、海陆风、峡谷效应等作用。

■ 6.1　盆地区域风场特征

平原地区各层风速较稳定,流场有明显的日变化,平原上白天常见大范围辐散系统、夜间有所减弱。若平原白天存在小的辐合系统,也无充分发展,只有到夜间才能充分发展起来。冬季近地面风具有受邻近地形、下垫面粗糙度和冷空气共同影响。

四川盆地是中国四大盆地之一,总面积约 26 多万平方千米,位于亚洲大陆中南部、中国西南部、包括四川省中东部,由青藏高原、大巴山、华蓥山、云贵高原环绕而成,周围山地海拔多在 $1000\sim3000$ m,面积约为 10 万 km^2,中间盆底地势低矮,海拔 $250\sim750$ m,面积约为 16 万 km^2,因此可明显分为边缘山地和盆底部两大部分。边缘山地区从下而上一般具有 $2\sim5$ 个垂直自然带。西北边缘是很长的龙门山脉。四川盆地可明显分为边缘山地和盆地底部两大部分,边缘山地多中山和低山。在龙泉山和龙门山、邛崃山之间的盆西平原,系断裂下陷由岷江水系的河流冲积而成,面积约 8000 km^2,为我国西南最大的平原,因成都位于平原之中,故称成都平原。成都平原海拔 $460\sim750$ m,地势由西北向东南倾斜,地表平坦,相对高差一般不超过 $30\sim50$ m,它由岷江、沱江、涪江、青衣江等八条河流冲积连缀而成,土壤肥沃,河渠稠密,有著名的都江堰自流灌溉,自古以来素有"天府"之称。四川盆地边界层气象资料表明,盆西各季以偏东北风为主,盆东则多以偏东南风为主,使其边界层风场由盆东向盆西南北呈倒槽式的气旋流场,盆地边界层内风速小,地面小风和静风频率较高,大气层结以中性为主,多辐射逆温,逆温强度一般不大(山谷地带除外),混合层高度较低。这些特征的季节性变化不明显,主要与特殊的地形条件相联系。

成都市属亚热带湿润季风气候区。由于地理位置,地形和下垫面等地理条件的影响,又具有显著的垂直气候和复杂的局地小气候。成都气候的一个显著特点是多云雾,日照时间短。成都气候的另一个显著特点是空气潮湿,因此,夏天虽然气温不高(最高温度一般不超过35 ℃),却显得闷热。冬天气温在 5 ℃以上,但由于雨天多空气潮,却显得很阴冷,成都的雨水集中在 7 月、8 月,冬春两季干旱少雨,极少冰雪。

图 6.1.1 给出了四川省成都市周边环境。图 6.1.2 给出了 2021 年 5 月 12 日 11:34—23:52 的风廓线探测模式探测得到的水平风产品和垂直速度产品,从图 6.1.1(a)中得知,成都从低层到 3000 m 高度,风速保持在 2～4 m/s,午后到傍晚期间在 1000～1500 m 保持了一个风向转换层。入夜后,受夜间辐射影响,在距地面 500 m 左右新增一个风向转换层。从图 6.1.1(b)得知:中午前后,下沉气流强度增强,并在低层持续,最高起始高度在 2500 m。午后到傍晚期间,地面到 500 m 高度期间,上升和下沉气流交替出现,强度为一日中的最强值,达到 2～3 m/s。入夜后,弱上升气流转为主流现象。这种状态充分体现了成都平原的空中低层流场特征:全天小风速,随太阳辐射强弱变化的影响,低层风维持着边界层气流特征。

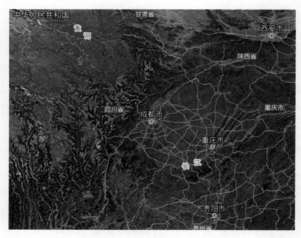

图 6.1.1　成都市周边环境

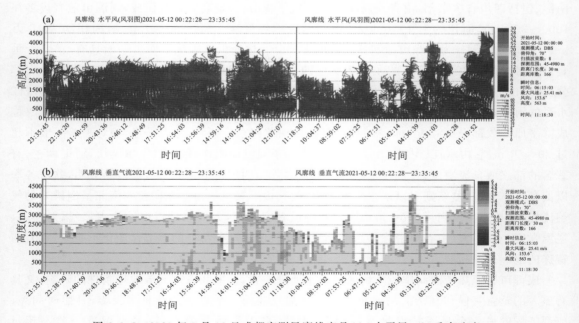

图 6.1.2　2021 年 5 月 12 日成都实测风廓线产品((a)水平风;(b)垂直速度)

■6.2　南方高原地形风特征

　　丘陵地带风速、风向的日变化较为复杂,不同地点的风场特征受多种因素的影响,也有一定的规律。风速变化特征与风速大小、地势有关,其变化幅度同样随平均风速的提升而增长。风向受地形影响较大,狭长型山谷,山脊及巷道对风向有较强的稳定作用。复杂地形对大气环流起着至关重要的作用,主要有以下几方面:一方面,地形具有长期的动力作用,可形成阻挡、爬坡、绕流和狭管四种效应,显著改变边界层的气流,如强风通过山脉时,在下风方向可形成背风天气系统,产生一系列背风波。另一方面,地形对大气运动还具有热力作用,陡峭的山脉不仅是大气的阻碍物,还是大气热源。在同纬度地区,地势越高,气温越低。地形的变化可以建立水平温度梯度,从而产生山谷风环流。

　　山谷风是山风和谷风的总称。它发生在山区,是地形热力作用引起的以 24 h 为周期的一种局地环流。山谷风主要由于山坡和谷地受热不均而产生。在白天太阳首先照在坡上,使山坡上空的大气温度比谷地同高度的大气温度高,山坡上空的空气上的冷空气则沿着山坡上来补充,形成了由谷地吹向山坡的风,这便是谷风。在夜晚,山坡和山顶比谷地冷却得快,山坡和山顶的冷空气顺山坡下滑形成山风。山谷风出现时,常有逆温层伴随而生,大气呈现稳定固态,污染物难以稀释扩散。如果污染物卷入环流,将会长期滞留在山谷中,造成严重的大气污染事件。

　　云南丽江市由于地处中国西南横断山区,境内气候垂直分布明显,这里地处高原,终年可见雪山,雨量充沛,干湿季分明。丽江气候温和,年平均气温在 13～20 ℃,历年最热月的月平均气温为 18～26 ℃,最冷月的月平均气温为 4～12 ℃。丽江大部分地方只有温凉之更迭,无寒暑之巨变,春秋相连,长春无夏,形成了明显的干季和湿季。丽江年均降雨量为 1000 mm 左右,5—10 月为雨季,降雨量占全年的 85％以上,7—8 月特别集中。由于地处低纬高原,终年太阳辐射较强,丽江年日照时数有 2500 h,光能充足,年太阳辐射量 147 kcal[①]/cm^2 左右,为云南省的最高值区。

　　丽江三义机场为 4D 级民用国际机场,位于丽江市古城区七河乡境内,距离市中心以南 25 km。图 6.2.1 给出了云南丽江三义机场跑道及周边环境,图中可见,机场呈南北走向,其

图 6.2.1　云南丽江机场周边环境

---

①　1 kcal＝4.182 kJ。

东西侧也为南北向的山脉,机场为典型的峡谷地形,西侧山脉距离机场跑道约6~7 km,而东侧仅约3 km。机场北侧为通往市区方向,对应峡谷的开口即盆地,其北侧更远处为高大的玉龙雪山山脉;南侧被东西两侧的山体合围,没有明显开口。

在系统性天气影响弱时,丽江机场地方性天气特征很明显。下面用2020年3月20日探测图进行分析。图6.2.2给出了激光雷达风廓线2 min平均的当日水平风廓线图,图中可见,当日2000 m以下为风速从午夜起到白天14时均为2~4 m/s的小风速,受午后强烈太阳辐射的影响,14时以后,风速开始增大。15时前后,低层出现过12 m/s以上的短时大风,随后风速退回到6~8 m/s并维持到入夜。

图6.2.3给出了仰角6°的PPI风场和跑道周边物图,在地物图中跑道上距离线的起点处为激光测风雷达安装位置。依照距离线数据得知,跑道左侧3 km处为一个与跑道平行的长条形水库,6.4 km处为南北向,海拔2800 m左右的山脉,由水库到其山脚均为缺少植被的裸露地面。

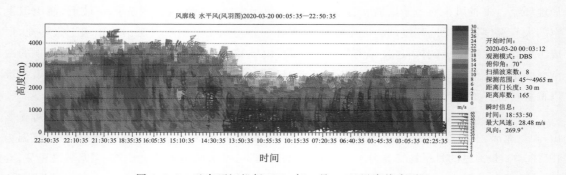

图6.2.2　云南丽江机场2020年3月20日风廓线水平风

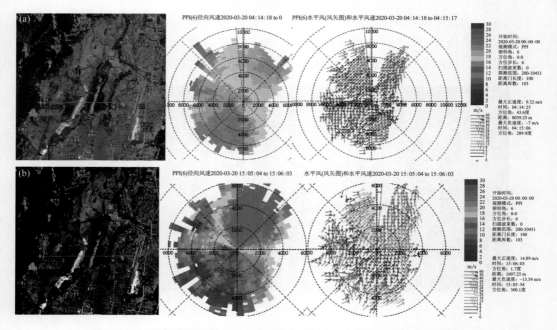

图6.2.3　云南丽江机场2020年3月20日(a)04:14;(b)15:06 PPI风场

图 6.2.3(a)为 2020 年 3 月 20 日 04:14:18 至 04:15:17 的水平风,从中可见当日清晨,跑道上为西南风,风速为 4~6 m/s,沿距离线存在由北风和南风形成的弱辐合线。这条辐合线两侧不同的风应该受长条形水库的影响而存在的。其余区域的风向都呈现为西南风,风速在 6~8 m/s 左右。

图 6.2.3(b)为 2020 年 3 月 20 日 15:05:04 至 15:06:03 的水平风,从中可见当日午后,太阳辐射增强,清晨沿距离线的北风和南风形成的弱辐合线消失,在水库位置的偏南风风速增大为黄色,意味着此时风速为 16~18 m/s,而跑道西北侧已经为红色和深红色的西南风,表示此时风速达到 24~26 m/s。值得注意的是与水库水面对应位置处为风向混乱的 2~4 m/s 的风,这说明水库水面与周边裸露的地面由于太阳辐射强度差异造成的地方性风十分显著。

图 6.2.4 为 2020 年 3 月 20 日沿跑道方向(17°)和跑道垂线方向(107°)的 RHI 探测的径向风速图,其中上图为 04:15,下图为 15:05,左侧为沿跑道方向(17°),右侧为沿跑道垂线方向(107°)。

从图 6.2.4(a)得知,清晨,机场上空沿跑道方向气流为两层结构,距离地面 1.8 km 高度处为两层风的交界面。而沿跑道垂线方向为一层气流,在靠近水库方向一侧的低层蓝色中有个别黄色,即表示径向风向有个别区域不一致。从颜色深浅来看,都比较浅,表示风速都不大。从图 6.2.4(b)得知,午后机场上空距雷达水平距离 3~4 km,垂直高度 3 km 处,径向风速颜色变为蓝色,使得沿跑道方向上清晨的二层结构气流基本转为一层结构气流。沿跑道垂线方向仍然为一层气流,当垂直高度拓展到 4.2 km。在靠近水库方向一侧的低层蓝色中也有个别黄色,即表示径向风向有个别区域不一致。从下图的颜色深浅来看,都比清晨深,表示风速都比较大。

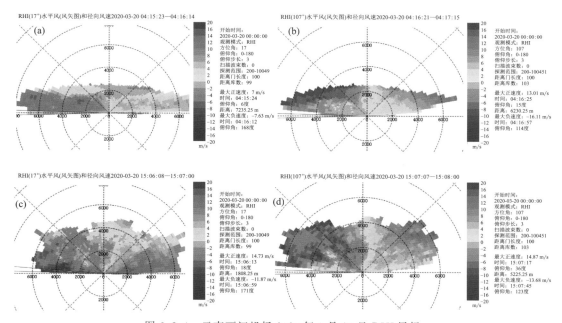

图 6.2.4　云南丽江机场 2020 年 3 月 20 日 RHI 风场

((a)清晨;(b)午后)

6.3 陡峭山地风场特征

陡峭复杂多变的山地会显著地改变水平风场特点,形成诸如越山风、狭道效应、遮挡效应等独特的山地风场效应,这些风场效应会使山体不同位置处的风向风速发生不同程度的变化。当风从一个空旷的区域进入到峡谷、垭口等狭窄区域时,由于空气质量不能大量堆积,于是就会加速流过该狭窄区域,风速显著增大;而当流出峡谷后,空气流速又会减缓。这种地形因素对气流的影响作用称为狭道效应。山谷风形成的主要原因是山坡与山谷中同高度上的空气存在着温差,不同垂直温度结构的空气柱产生的水平气压梯度驱动山谷风发展。风在陡峭峡谷之间穿过时,犹如穿行在城市高大建筑物之间的一样,风力变大风速加快,这就是风场峡谷效应或者风场狭管效应。

图 6.3.1 攀枝花区域图

四川攀枝花市属南亚热带—北温带的多种气候类型,被称为"以南亚热带为基带的岛状立体气候"。年温差小、日温差大,四季不显著,旱、雨季分明。受海拔高程和地形变化的影响,垂直差异明显,小气候复杂多变。图 6.3.1 给出了攀枝花区域图。

攀枝花地区年平均气温 20.5 ℃,极端最高气温 41 ℃,极端最低气温 -2 ℃。多年来的气象观测资料表明,区域内一年中气温超过 30 ℃约为 180 d,高于 35 ℃达 55 d。

攀枝花地区的 12 月至翌年 4 月为风季,该季内风力强劲。夏季年平均风速为 2.0 m/s,冬季年平均风速为 1.1 m/s,年平均风速为 1.3~1.6 m/s,最大风速 13.3 m/s,风向多为西北。

攀枝花保安营机场位于位于攀枝花市区东南部,离攀枝花市中心直线距离 9.5 km。空中距离成都 537 km、昆明 193 km。图 6.3.2 给出了逐步放大的攀枝花机场周边的地形图,从中

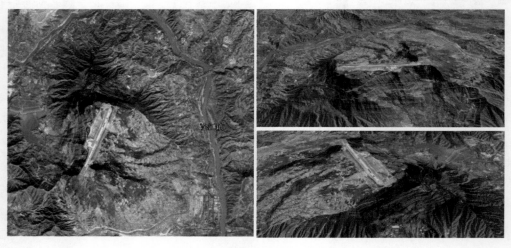

图 6.3.2 四川攀枝花保安营机场周边地形

可见,攀枝花市位于川滇交界处、横断山脉与云贵高原的过渡地带,是中国西部最大的钢铁基地。攀枝花机场保安营机场坐落在海拔 1976 m 的山坡上,为陡峭的典型高原机场。机场周围 8 km 范围内地形大多比机场低,空间比较开阔,机场地形起伏变化较大。南北为两个突起的山头,南头保安营山顶高程为 2062.3 m,北头山顶高程为 2145.6 m,中部呈凹型,东西两侧为斜坡,东坡地形较平缓,西坡地形较陡。机场场区在规划飞行区范围内沟谷低地与山脊顶部的地形最大高差可达 120 m 以上,跑道斜跨于山体之上,跑道北端入口处地形较平坦,南端出口处有明显凸起。场址周围 8 km 范围内地形大多比场址低,空间比较开阔。机场除南面外,三面环金沙江,跑道与江面的高度差近 1000 m。

复杂的陡峭地形条件导致机场周边小尺度气候复杂多样,对流、乱流和湍流强烈。机场地处横断山脉中段,高山峡谷都呈准南北走向,与高空盛行风(西风带)走向几乎正交,受侧风的影响很大。受地形起伏产生的动力作用和日变化温差产生的热力运动,在机场周围的迎风坡形成交互的上升气流,背风坡形成混乱的下沉气流,特别是遇到冷锋等天气系统过境或当地低层剧烈增热时,受动力及热力条件的影响,易产生强烈的风切变。在风季机场跑道及周边经常出现 5 m/s 以上的大风,受复杂地形条件影响,在午后易形成乱流,有时造成跑道两端及中间的风向和风速相差很大,甚至风向相反,严重危及飞行安全。

2018 年 4 月 2 日,天气图上攀枝花地区等高线稀疏,等温线与等高线平行,整体处于鞍型场中,天气变化由日变化主导。图 6.3.3 给出了当日 08:07—23:57 的水平风廓线图,展现了陡峭地域地形风的日变化特征。从图中可见,清晨和上午,机场 3000 m 高度以下风向保持由西南逐步转为西北,风速为 3~5 m/s 的弱风场。3000 m 以上 15~20 m/s 的西风从午后开始上下拓展,向上升到 5000 m,速度增加到 30 m/s,向下传递到 1300 m/s 以下,15:30 到达最低 600 m,风速为 12 m/s。随后低层风向保持为偏南风,风速为 4~6 m/s。入夜后,地面辐射增强,800~2000 m 高度段出现 12~14 m/s 的大风区。

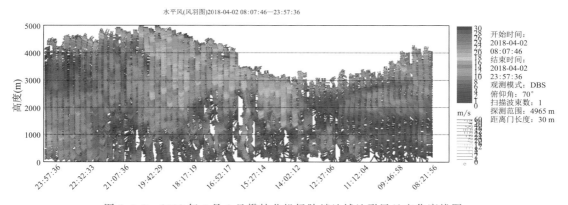

图 6.3.3　2018 年 4 月 2 日攀枝花机场陡峭地域地形风日变化廓线图

为了仔细分析陡峭地区不同位置低层风的变化特征,图 6.3.4(a)和图 6.3.4(b)分别给出了 2018 年 5 月 6 日清晨与正午时刻水平风场实测图。从图 6.3.4(a)可见,清晨太阳高度角比较低,机场周边近地层为弱西南风,在跑道北侧深涧区域处,风向发生沿深涧方向偏转,由西南风转为西风,风速保持在 6~8 m/s。随着太阳高度角增加,不同位置处风向风速出现显著不同。图 6.3.4(b)给出了午后(12:51—12:54)实测水平风图像,从中可见,沿飞机着陆轨迹下滑道

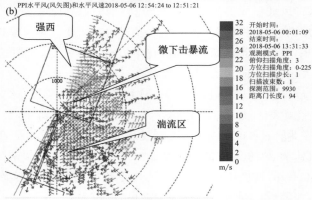

图 6.3.4　2018 年 5 月 6 日攀枝花机场水平风场实测图
((a)叠加地形的清晨风场；(b)午后风场)

上，飞机先是遭遇弱顶风和右侧风，随后马上遭遇约 22 m/s 的强右侧风，并将穿过位于跑道北端 300 m 处的微下击暴流落地，在跑道中段，还将遭遇较强湍流影响。

　　下面采用激光雷达下滑道扫描模式获取的图像来了解飞机下滑时空中遭遇的顺/逆风和左/右侧风。图 6.3.5 给出了 2018 年 4 月 3 日下滑道扫描图像，其中图 6.3.5(a)时间为 11:12，图 6.3.5(b)时间为 15:19。图中左图为侧风，冷色表示左侧风(从左向右吹)，暖色表示右侧风(从右向左吹)，图中右图为顺/逆风，冷色表示顺风(吹向雷达)，暖色表示逆风(远离雷达)。11:12 的侧风图中得知，在距离落地点 1500 m 以外，飞机均遭遇右侧风，且在距离 2000 m 处风速超过 12 m/s，1500 m 到落地点转为左侧风，而且在距离 400 m 处到达最大值 10 m/s。11:12 的顺风图得知，距离落地点 2000 m 以外，飞机遭遇由大到小的逆风，在 2000 m 以内，飞机遭遇时大时小的顺风。由 15:19 的测风图得知，在下降过程中处距离 1500~2000 m 和 0~500 m 处为左侧风外，其余位置均为右侧风，而且风速在 2000~2500 m 处和 750~1000 m 处为大侧风，最大值达到 12 m/s。从 15:19 顺/逆风图得知，除了在距离 2000 m 处遭遇短暂顺风外，其余全为逆风。而且在距离 2000 m 以外为大逆风，风速值维持在 6 m/s，2000 m 以内的逆风时大时小。以上分析得知，在陡峭地区，当热力作用显著时，风场上风随地形起伏发生变化，特别是在深涧、陡坡区域，风向风速的差异会很显著。

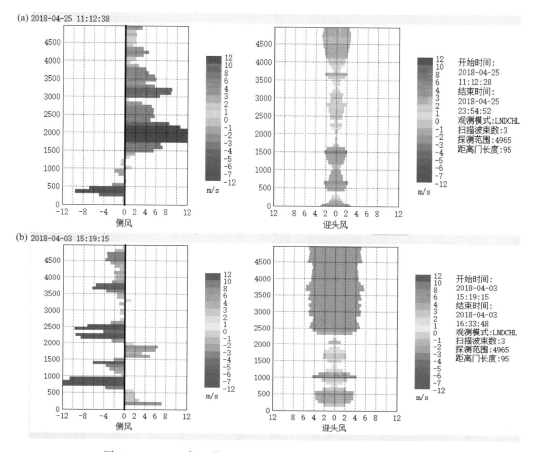

图 6.3.5　2018 年 4 月 3 日((a)11:12;(b)15:19)下滑道实测风

▌6.4　沿海沿湖区域风场特征

　　海陆风是海风和陆风的总和,它发生在海陆交界地带,是以 24 h 为周期的一种大环流。海陆风由于陆地和海洋的热力性质的差异而引起。海水热容比陆地大,故降温缓慢。在白天由于太阳辐射,陆地升温比海洋快,因此陆地上空的气温比海上气温高、密度小而上升,使得海面上的冷空气过来补充,由海洋流向陆地,形成海风;夜间陆地气温下降得比较快,海面上的气温高于陆地,冷空气从陆地流向海洋形成陆风。

　　当地面出现海风时,高空则是陆风;而当地面出现陆风时,高空是海风,从而构成了海陆交界处的局地环流。湖泊、江河的水陆交界地带也会产生水陆风局地环流,称为水陆风。但水陆风的活动范围和强度比海陆风要小。

　　由中国沿海区域风场相关研究,得到对应的春、夏、秋、冬 4 个季节的中国近海平均风场,由此可以得到中国近海海面风场的季节变化特征如下:中国近海是比较典型的东亚季风环流区,冬季盛行偏北季风,夏季盛行偏南季风。冬季,以 30°N 为界,北部的渤海、黄海以及日本附近海域以西北风为主,30°N 附近的东海为北到东北风,南部的南海以及菲律宾东部海域为东北风。大风区主要分布在南海,最大平均风速为 11 m/s,菲律宾东部海域附近为第二大风速区域。春季是冬季风逐渐向夏季风转换的时期。偏北风势力逐步减弱,偏南风势力逐步增强向北推进,渤海、黄海、东海以及南海北部为东南风,日本附近海域以及南海南部为西南风,菲律宾东部海域为偏东风,转换期间平均风速减小,菲律宾东部 130°～150°E 存在最大风速区域。夏季,以 20°N 为界,南部的南海以及菲律宾东部海域为西南风,北部的东海及黄海、渤海为南到东南风。大风区主要分布在中南半岛附近,最大平均风速为 8 m/s。秋季,夏季风迅速向冬季风转换,10°N 以北海域已受偏北风控制。以上分析表明,中国近海的风场具有以下特点:冬季风比夏季风持续时间长且风力强,夏季风向冬季风转换比冬季风向夏季风转换得更快。

海口美兰国际机场(ICAO:ZJHK),位于我国海南省海口市东南方向 18 km 处,为 4E 级民用运输机场,是中国重要的干线机场之一,拥有 1 条长 3600 m、宽 45 m 跑道,海拔高度 23 m;海口美兰机场和周边地理环境见图 6.4.1。

海口市略呈长心形,地势平缓。海南岛最长的河流——南渡江从海口市中部穿过。南渡江东部自南向北略有倾斜,南渡江西部自北向南倾斜;西北部和东南部较高,中部南渡江沿岸低平,北部多为沿海小平原。全市地貌基本分为北部滨海平原区,中部沿江阶地区,东部、南部台地区,西部熔岩台地区。

海口市地处低纬度热带北缘,属于热带海洋气候,春季温暖少雨多旱,夏季高温多雨,秋季湿凉多台风暴雨,冬季干旱时有冷气流侵袭带有阵寒。常年以东北风和东南风为主,年平均风速 3.4 m/s。

图 6.4.1　海南海口美兰机场周边环境

从海口美兰机场累年各风向分布统计得知,机场全年盛行风向为东风(80°～100°),出现频率为 15%,此风向的平均风速为 4.5 m/s。其次是东北偏东风(60°～70°),出现的频率为 14%,平均风速为 4.2 m/s。东北风(40°～50°),出现的频率排在第 3 位为 11%,平均风速为 4.3 m/s 出现频率最少的是 240°～340°方向,即西南偏西风,西风、西北偏东风、西北风和西南偏北风,频率为 2%,平均风速为 2.5 m/s,3.1 m/s,3.3 m/s,3.1 m/s 和 3.1 m/s。因其峰值出现的频率较小,故海南谚语:西风猛如虎。这时稳定的西风大都是由于南海有热带气旋活动造成的。

瞬间最大风速大于等于 17 m/s 的风称为大风。影响美兰机场的大风,主要出现在春末及夏秋季节(5—10月)。主要是由于强冷空气南下,强雷暴天气和台风天气引起,其中10月最多,最多大风日数为4 d。

　　为了描述沿海区域晴空风场特征,下面分析2021年3月19日激光雷达在海口机场探测到的空中风场特征。图6.4.2给出了当日不同时刻PPI空中风场图。

　　02时PPI探测图的径向图(左图)中得知,径向速度覆盖距离为4 km左右(对应高度370 m左右)。零速度线为东北—西南向,西北方位为正速度区,东南方位为负速度区,说明此时机场风向为东南风。从径向速度图上色标颜色变化得知,低层颜色浅,然后逐步增加,表示风速低层小(2~4 m/s),370 m高度处风速变为8.5 m/s左右。02时PPI探测图的水平风图(右图)中得知,低层风向为145°~160°,风速为3.5~5.4 m/s,到400 m高度左右,风速为10~14 m/s,风向为150~170°。从水平风图中可见,从地面到空中400~500 m高度,02时空中流场为均匀的偏南风,风速从地面到空中逐步增加。机场周边没有气流辐合或辐散现象。

　　08时PPI图上,径向风图(左图)上径向速度覆盖距离为3.0~4.5 km(对应高度221~422 m),零速度线为位于东北方向的直线,表示东北方向为东南风。位于西南方向的零速度线为随高度逐步增加呈现为由西南向西偏转的曲线,表示西南方向低层呈东南风,并随高度增加逐步偏转到南风,从零速度线随高度顺转表示有暖平流的认识得知,从地面到400 m高度之间有弱暖平流。这表示,日出以后,西南方向地面增温导致了弱暖平流。从水平风图(右图)上,地面为140°~150°风,风速2~4 m/s,到400 m高度附近,风向为150°~160°,风速为10~12 m/s。

　　14时PPI图上,径向风图(左图)上覆盖距离缩小到2.5~3.8 km(对应高度为183~283 m)。东北部位上的零速度线不再是直线,而是从55m高度到170 m高度之间为与90°径向线平行的直线,且负速度区位于南部,正速度区位于北部,这种分布表示东部55m高度到170 m高度之间的风向为南风。东部180 m高度附近的零速度线呈与距离圈平行的曲线,其正速度区位于靠近雷达一侧,负速度区位于远离雷达一侧,这种分布表示该高度上有风向辐合。西南部位的零速度线从地面到160 m高度之间呈直线,并与西南东北方向的径向线重合,正速度区位于西北,负速度区位于西南,表示该位置风向为东南风。从160 m高度向上,零速度线呈与270°径向线平行的直线,正速度区位于北部,负速度区位于南部,意味着该区域风向为南风。从径向速度图上速度颜色看,基本上为低层浅,上层略深,表示风速在低层风速小,约为2~4 m/s,上层风速稍大,约为8~10 m/s。从水平风图(右图)上,地面为140°~150°风,风速2~4 m/s,到250 m高度附近,风向为150°~160°,风速为10~12 m/s。

　　20时PPI图上,径向风图(左图)上径覆盖距离为1.2~3.6 km(对应高度为89~256 m),零速度线恢复为东北到西南向的直线,且负速度区位于东南方向,正速度区位于西北方向,表明此时刻风向为东南风,风向色标颜色在近地层为2~4 m/s的浅色,在3.5 km距离处为8~10 m/s的较深色。从水平风图(右图)得知,明显有数据范围大于径向风图显示的范围,从地面到空中均为东南风,近地面层为2~4 m/s,然后随高度风速增加,在250 m高度附近,风速为8~10 m/s。在东北方向,距离圈4~7 km范围内,风速最大达到20 m/s。

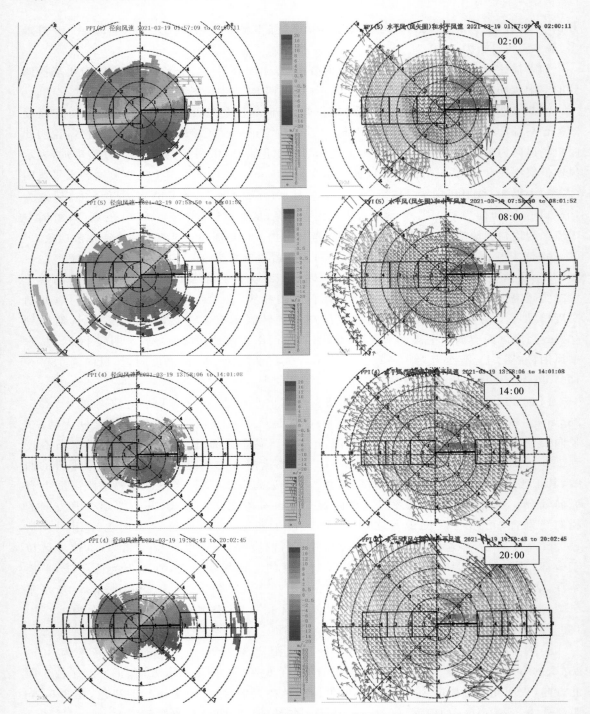

图 6.4.2　海口机场 2021 年 3 月 19 日不同时刻风场特征(左侧,径向风;右侧,水平风)

6.5　海上区域风场特征

海面风场是海洋上层运动的主要动力来源,与海洋中几乎所有的海水运动直接相关。在海洋动力过程中,它不仅是形成海面波浪的直接动力,而且是区域和全球海洋环流的动力。海面风场能够调节海洋和大气之间的热量水汽和物质交换,维持区域与全球的气候,是气象预报的必要参数。

我国东临太平洋,地处东亚季风区,气候差异显著,经常受到台风等气象灾害的侵袭,海面风场变化对沿海地区有很大的影响。要研究得到它的变化规律比较困难。对中国近海海面风场进行研究,了解其变化特征,对海上航行、海洋工程、海洋渔业、防灾减灾等具有非常重要的意义。

将激光测风雷达安装到海洋考察船上,通过平衡和补偿装置消除海面波浪起伏和船只航行航向和船速变化的影响,可以得到海面上空不同高度的空中风变化。2017 年 5 月—2018 年 9 月,科考船从我国沿海出发向南航行。下面对在西太平洋、印度洋海面航行期间得到的激光测风雷达探测数据进行简要分析。

图 6.5.1 为科学考察船的航行轨迹和雷达在船上的安装位置。

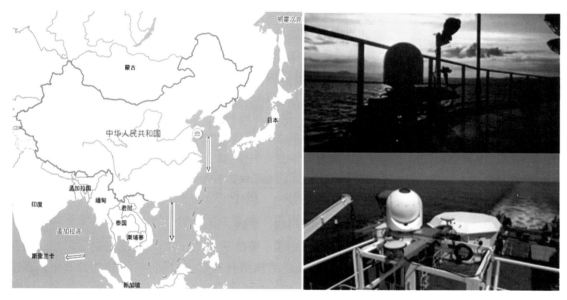

图 6.5.1　科学考察船海上航行路线和激光测风雷达在船上的安装位置图

图 6.5.2 为 2017 年 5 月科考船在海上探测得到部分风场。

从风廓线模式探测得到的图 6.5.2a 得知,5 月 8 日中午,海面上风的垂直分布为,风向由海面到 800 m 为西南风,800~1800 m 为南风,1800 m 以上为东南风,即由低到高有风向的逆转,意味着有冷平流。风向在海面到 400 m 左右,基本维持在 8~10 m/s,时而有达到 16 m/s 的阵风出现。在 400~1000 m 高度上维持一条 12~14 m/s 的南风急流,从 1000 m 高度向上,风速迅速减小,到 1800 m 左右,风速减小到 2~4 m/s。

从 RHI 模式探测得到的图 6.5.2b 得知,5 月 10 日中午,径向风在垂直方向上分为四层,海面到 400 m 高度间的底层风速最大,达到 12~14 m/s,400~600 m 的第二层,风向与底层相反,但风速只有 2~4 m/s。600~1000 m 的第三层,风向与第二层有一些差别,显得有些混乱,风速也是 2~4 m/s 左右。从 1000 m 以上的第四层高度拓展到 3000 m 高度,风向与地第一层完全相反,风速从 1000 m 高度的 2~4 m/s 开始增加,在 2000 m 高度起就保持在 8~

10 m/s。这说明,中午海面上风在垂直高度上的层流现象明显,海面上风速大或许与午后海面温度比较高有关。

从风廓线模式探测得到的图 6.5.2c 得知,5 月 15 日傍晚时刻,海上风向已经转为偏向风,这可能与科考船已经到达较低纬度的海面上有关。从图中看出,海面上风向仍为西南风,从海面向上,风向缓慢变为西风,到 2200 m 高度以上时转为西北风,这表示有弱暖平流存在。从风速颜色看出,在低层存在低空急流,急流的底基本上在 100～200 m 高度,最低时只有40～50 m,急流顶部在 900 m 左右,急流中心强度保持在 14～16 m/s,需要注意的是,急流有时有 6～8 s 的中断现象存在,这是否意味着急流也有阵性?从时间演变来看,18:10—18:12,垂直高度上 3500～2000 m、700 m 到海面具有达到低空急流标准(12 m/s)的较大风速。18:20—18:30,低空急流中断(风速为 4～6 m/s),随后时间内,2500 m 高度上前期存在的大风速区消失,激光雷达垂直探测高度降为 2500 m 左右,这个现象是否与低空急流的存在并较强有关,需要更多的资料进行分析。

从 RHI 模式探测得到的图 6.5.2d 得知,5 月 17 日 17 时考察船顶空气流分为 3 层,从海面到 380 m 为第一层,380～750 m 为第二层,750 m 向上到 1200 m 左右为第三层。第一层和第三层的径向风方向一致,而第二层径向风的方向与其他层相反。这或许表示存在逆温层,受其逆温层内部风向与外部风向不一致的影响的表现。

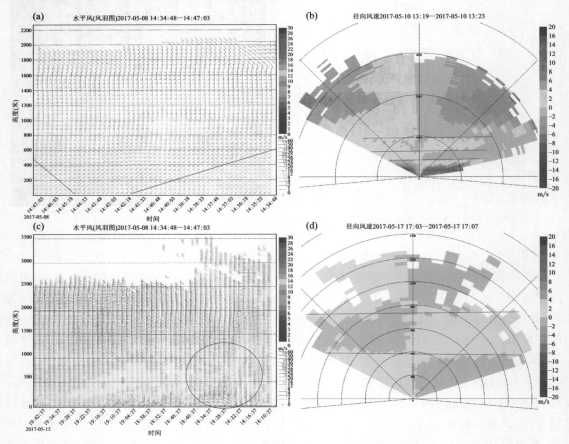

图 6.5.2　2017 年 5 月 8—17 日科考船海上探测图

■6.6　精细区域风场特征

在城市等高密度地区,当风吹向单体高层建筑时,建筑的迎风面形成下行风,并与水平方向的风叠加,在高层建筑的迎风面形成湍流风;建筑的两侧出现速度加倍的角流区;建筑的背风面则形成风速显著削弱的风影区。根据风速大小,高层建筑周边的风场可以归类为增强型风场、无影响型风场、削弱型风场。根据风速减弱程度的不同,削弱型风场又可以分为减弱型风场、急剧减弱型风场和阻滞型风场。高层建筑迎风面的两侧形成风速急剧增加的加强型风场,在特定条件下,风速可达原有风速的三倍。高层建筑背风一侧形成风速显著削弱的风影响区,风影响区域的长度甚至可达建筑高度的数倍左右,对位于其常年盛行风下风方向的城市区域及高层建筑的通风造成不利影响。高层建筑的风影区中,距离建筑外维护结构越近,风速减弱越显著。

本节以北京 2022 年冬奥会滑雪场室外场地探测实例来说明激光测风雷达观测得到局部区域精细风场特征。

2015 年 7 月 31 日,国际奥委会主席托马斯·巴赫宣布 2022 年冬季奥林匹克运动会主办城市是北京,北京成为第一个举办过夏季奥林匹克运动会和冬季奥林匹克运动会以及亚洲运动会三项国际赛事的城市,也是继 1952 年挪威的奥斯陆举办后时隔 70 年的第二个举办冬奥会的首都城市,同时河北省张家口市凭借与北京市共同申办 2022 北京冬奥会的契机成功获得了 2021 年国际雪联自由式滑雪和单板滑雪世界锦标赛的举办权,与北京市石景山区成为中国第一个获得此项赛事举办权的城市,同时北京与张家口成为中国第一次获得冬季奥林匹克运动会举办权的城市。北京冬季奥运会设 7 个大项,15 个分项,109 个小项。北京将主办冰上项目,张家口将主办雪上项目,北京市延庆区协办张家口举办雪上项目。

体育运动实践表明,环境气象条件是影响体育竞技状态的重要因素,而风是室外雪上运动的关键因素。由于自然风具有局地性、阵性和突发性等特点,其产生原因与赛场地理环境、太阳日照变化等动力和热力作用密切相关,不仅是雪上运动等赛事现场气象服务的重点和难点,也是国家气象部门服务的弱点。冬奥会滑雪赛道地理环境复杂,风场复杂多变,运动员在高速下滑过程中,易受突变的赛道纵风及横风的影响,轻则影响比赛成绩,重则影响运动员的安全,因此赛区对实时风尤其是对运动员下滑过程沿赛道的迎头风和侧风实时监测及预警的需求非常迫切。长期以来,赛场自然风监测多采用在赛道典型位置架设风杆,或空中施放探空气球等方法,这些方法均具有较大的局限性,无法为运动员及教练员提前了解全程赛道的大气流场变化情况提供支撑,影响了比赛成绩。近年来发展的激光测风雷达已经在机场、气象、环保等军民领域得到推广应用,具有体积小、测量隐蔽性好、数据时空分辨高等特点,结合我国北斗高时空精度的定位传输、时间同步等优势,可实现对雪上运动赛场及周边数千米范围大气风场高时空分辨测量和监测预警。因此,在雪上运动场沿赛道建立包含激光测风雷达、自动温湿压气象站的雪上运动环境保障决策子系统,实时提供赛道及附近气象监测数据和超运动条件的预警信息,对冬奥会雪上运动赛事提供运行环境条件决策和日常运动训练,场馆对外运营等的环境保障等都有重要现实意义。

冬奥会气象服务河北团队分别在河北张家口崇礼国家跳台滑雪中心、云顶滑雪中心分别安装了 1 台三维激光测风雷达,首都体育学院配合北控集团在北京延庆国家高山滑雪中心安装 1 台三维激光测风雷达,分别对高速速滑赛道、跳台、技巧赛场等局部区域开展了风场高精度监测。下面介绍设备布局位置和探测产品应用分析情况。

6.6.1 崇礼技巧运动场地

图 6.6.1 给出了冬奥会雪上运动河北张家口崇礼赛区环境和激光测风雷达部署位置。据气象记录,2020 年、2021 年冬季该地气温较低,山区昼夜温度差异大,最低温度达到了－32 ℃。地面风受地形影响,风向和风速差异也很大,特别是多条赛道的交汇处、山顶等都是大风速区。这些位置风向变化对运动员的体能要求、技能发挥都有显著影响,所以需要高时间密度、高空间密度的风场监测。

图 6.6.1　2022 年北京冬奥会河北张家口崇礼赛场环境和激光测风雷达部署位置

图 6.6.2 给出了 2021 年 1 月 29 日 14：24 采用 PPI 扫描方式得到的空中风场探测数据叠加冬奥会崇礼云顶运动场地 1 的图像。从中清晰地看到午后时刻该场地上的小风速区和周边滑道上的不同风向、不同风速的风分布。

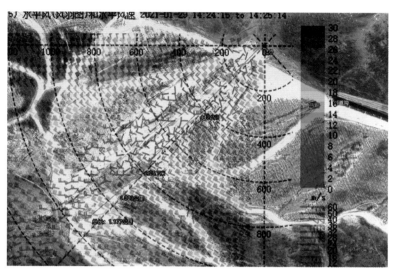

图 6.6.2 2021 年 1 月 29 日 14：24 崇礼云顶运动场地叠加实测周边风场图

图 6.6.3 给出了 2021 年 1 月 29 日 11：51 和 14：01 的 PPI 扫描的空中风场探测图，从中可以比较午后不同时刻相同地点上的风向和风速演变。显然在凹处为小风速，以及气流沿滑道的绕行状态。

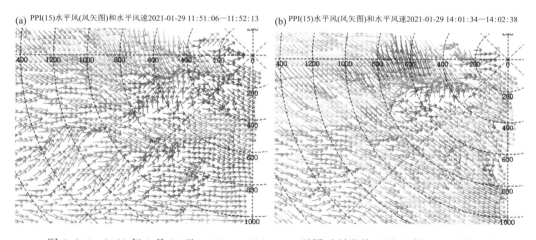

图 6.6.3 2021 年 1 月 29 日 (a)11：51；(b)14：01 不同时刻崇礼云顶运动场地 1 风场图

为了分析山脉坡度对雷达 PPI 扫描角度的遮挡情况，图 6.6.4 给出了沿与滑道方位垂直的方位（方位角 128°）的 RHI 扫描产品，从中看到，气流来向为 308°方向（颜色为深蓝色），表示此时风向为西北风。从地面到 1500 m 高度上，径向风的颜色在距离近处较小，远处逐步增大，最高超过 20 m/s 对应颜色，这表示风速在近地层较小，空中逐步增大。图 6.6.4 中左下角图为沿方位角 128°扫描的 RHI 产品中分析真实风向的示意图。

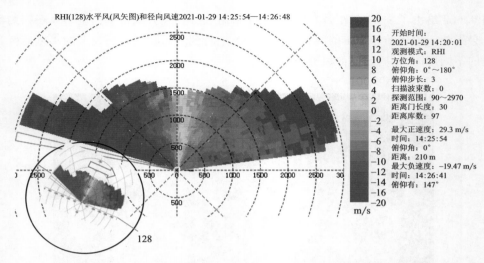

图 6.6.4　2021 年 1 月 29 日 14:20 RHI 扫描产品图(方位角 128°)

图 6.6.5 给出了崇礼赛场运动场地 1 的位置在 2021 年 1 月 29 日空中风场探测综合图,其中上部左侧为 PPI 扫描产品,能清晰地看到大风区(红色、黄色)、小风和弱风区(绿色、蓝色)的位置和范围。图上部右侧给出了滑道(红色直线)上不同高度上的径向速度值数据。综合图下部左侧为风廓线扫描得到的水平风垂直分布,从中可见,小风仅仅出现在近地面,到空中 50 m 高度以上,均为较大风速。综合图右侧是从雷达处沿滑道按下滑道扫描方式探测得到的产品图,从中可见,若运动员从滑道远处滑向终点(离雷达距离最近)期间,运动员会受到不同强度的左侧风影响(左侧图)和顺风的影响(右侧图)。

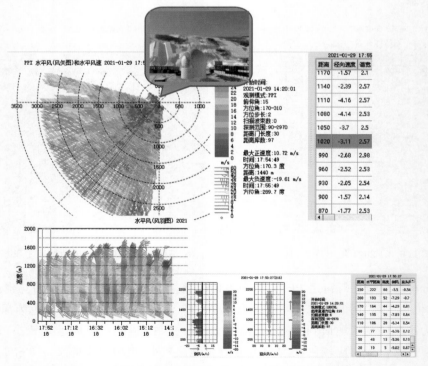

图 6.6.5　2021 年 1 月 29 日崇礼云顶运动场地 1 空中风场综合图

从图 6.6.1 得知,运动场地 1 位于雷达 1 的南部,方位角为 218°,在仰角 15°以下对探测数据均有显著的遮蔽。而运动场地 2 位于雷达 2 的北部,方位角为 40°,在仰角 17°以下对探测数据均有显著的遮蔽。下面分析雷达 2 对运动场地 2 的 PPI 扫描图。

图 6.6.6 给出了 2021 年 1 月 29 日 13:55—18:18 运动场地 2 的 PPI 扫描得到的空中风场探测图,其中红色直线为赛道方位。从中可见,各时刻,测站 500 m 以内均为小风速区。滑道其他位置都有大风区出现。比较后能清晰看出午后到傍晚不同时刻周边风场特征。

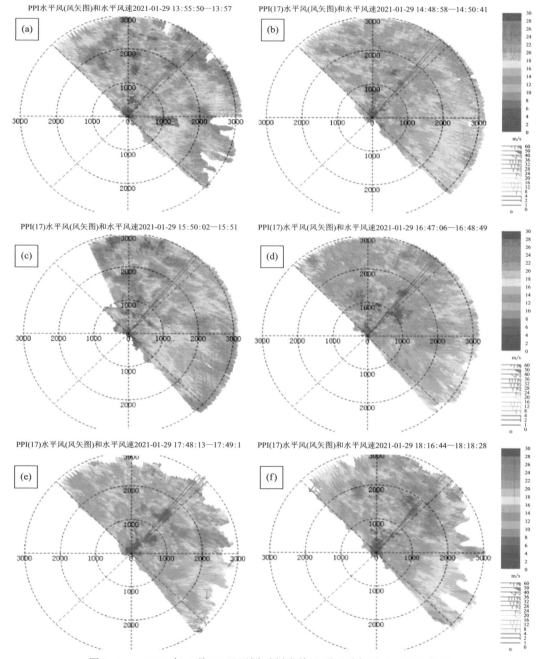

图 6.6.6　2021 年 1 月 29 日不同时刻崇礼云顶运动场地 2 PPI 风场图
((a)13:55;(b)14:48;(c)15:50;(d)16:47;(e)17:48;(f)18:16)

　　图 6.6.7 为 2021 年 1 月 29 日 13:55—18:18 雷达 2 对运动场地 2 的下滑道 I 扫描的空中风场探测图,其中左侧为侧风,右侧为迎头风。从中可见各时刻中,当运动员从滑道向终点运动时,在不同位置处都将均遭遇不同强度的右侧风,最大可到达 20 m/s,而且在不同位置也都将遭遇不同强度的逆风,最强逆风为 8 m/s。

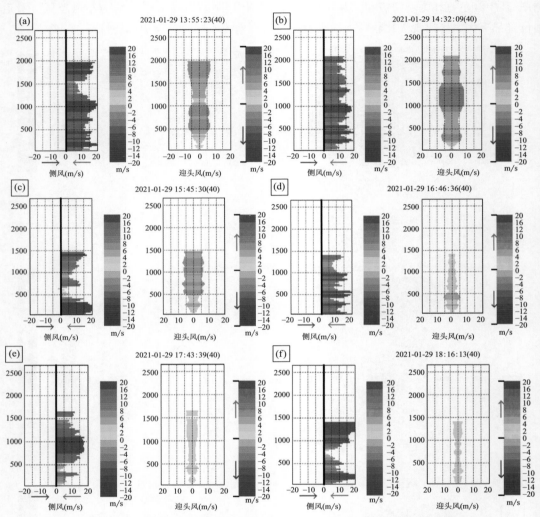

图 6.6.7　2021 年 1 月 29 日不同时刻崇礼云顶运动场地 2 下滑道风场图
((a)13:55;(b)14:32;(c)15:45;(d)16:46;(e)17:43;(f)18:16)

　　图 6.6.8 给出了崇礼赛场运动场地位置 2 在 2021 年 1 月 29 日空中风场探测综合图,其中上部左侧为 PPI 扫描产品,图中红色直线为滑道位置。从中也清晰地看到雷达位置附近为小风区,在 600 m 处的左侧有小块红色区域的大风区,在 1.5～2.0 km 处的右侧有较大范围的红色大风区。上部右侧给出了滑道(红色直线)上不同高度上的径向速度值数据。综合图左侧是从雷达处沿滑道按下滑道扫描方式探测得到的产品图。从中可见,若运动员从滑道远处滑向终点(离雷达距离最近)期间,运动员会受到不同强度的右侧风影响(左侧图)和逆风的影响(右侧图)。综合图下部左侧为风廓线扫描得到的水平风垂直分布,从中可见,低层的风速稍为小一些,空中的风速要大得多。

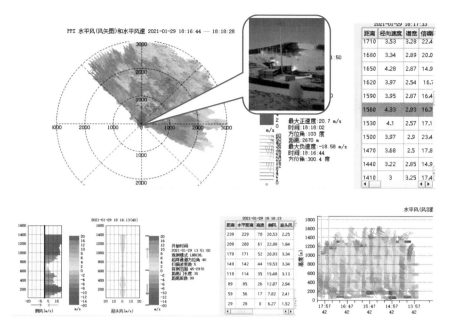

图 6.6.8　2021 年 1 月 29 日崇礼云顶运动场地 2 空中风场综合图

6.6.2　国家跳台滑雪中心

位于河北张家口崇礼赛区的国家跳台滑雪中心,其主体建筑设计灵感来自中国传统饰物"如意",因此国家跳台滑雪中心被形象地称为"雪如意",其外观和周边环境见图 6.6.9。

图 6.6.9　国家跳台滑雪中心外观和周边地理环境

跳台滑雪场地包括跳台、裁判塔和教练员台。冬奥会和世界锦标赛还应备有电梯和供运动员使用的暖房。跳台可以就山形修建,也可以用建筑材料架设。跳台滑雪线路由助滑道、着陆坡和停止区组成。助滑道包括出发区段、斜直线区段、过渡曲线区段以及起跳台。其宽度不得少于 2.5 m。两侧须设有界墙。

滑雪者两脚各绑一块专用的雪板,板长为 2.3～2.7 m,宽为 11.5 cm,板底有 3～5 条方向槽。比赛时运动员不用雪杖,不借助任何外力,以自身体重从起滑台起滑,经助滑道获得 110 km/h 的高速度,于台端飞后,身体前倾和滑雪板成锐角,两臂紧贴体侧,沿自然抛物线在空中滑翔,在着陆坡着陆后继续自然滑行到停止区,然后根据从台端到着陆坡的飞行距离和动作姿势评分。

由于跳台滑雪的速度很快,风对运动员的安全、运动技巧的发挥都有密切的关系。结合该项运动对局地环境风监测的要求,场地内安装了激光测风雷达提供场地内和周边的风场。图 6.6.10 给出了跳台滑雪场地内部结构和激光雷达安装位置。

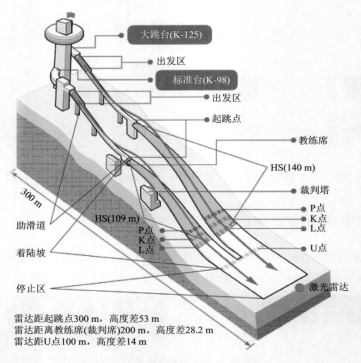

雷达距起跳点300 m,高度差53 m
雷达距离教练席(裁判席)200 m。高度差28.2 m
雷达距U点100 m,高度差14 m

图 6.6.10　跳台滑雪场地和雷达位置

根据滑雪运动的要求和运动场地的限制,测风雷达的探测模式选用风廓线模式得到赛场上空水平风的高度廓线、选用仰角 3°的 PPI 模式得到赛场跳台到终点的赛道风,采用仰角 15°的 PPI 模式得到赛场周边的环境风,采用对准滑道的下滑道模式得到运动期间运动员遭遇的侧风和顺逆风。

图 6.6.11 给出了安装在赛场内激光测风雷达的照片、PPI 探测的水平风和沿赛道的侧风顺逆风探测图。

图 6.6.12 给出了赛场内雷达探测的风廓线水平风廓线产品图,图 6.6.12a 为 2021 年 3 月 22 日 08:20—18:20 的水平风垂直廓线,除低层风速较小外,中层和上层都有大风出现。图 6.6.12b 为 2021 年 3 月 25 日 12:50—23:46 的水平风垂直廓线,显然当然各层风速都比较小。图 6.6.12c 为 2021 年 3 月 26 日 00:40—16:56 的水平风垂直廓线,当日在后半夜存在低空急流,清晨迅速消失,风速降低到 4～6 m/s,并且垂直探测高度降低,午后又迅速升高,2000 m 高度以上,风速增大到 16～18 m/s。显然,不同日期、不同时间赛场上空水平风变化差异还是比较大的。

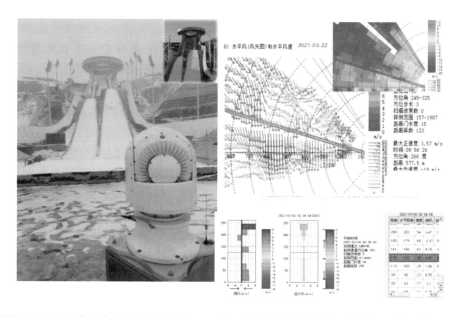

图 6.6.11　国家跳台滑雪中心,崇礼 2021 年 3 月跳台滑雪场地和雷达位置及探测产品图

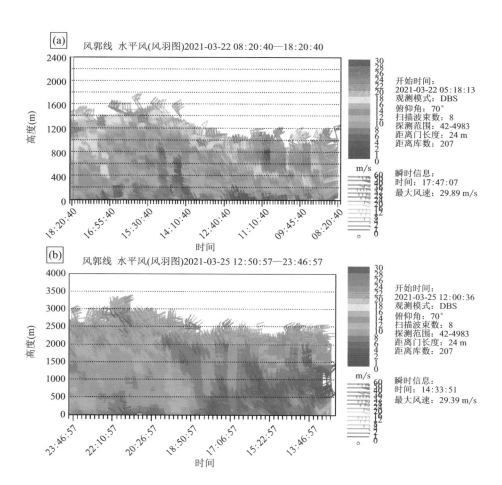

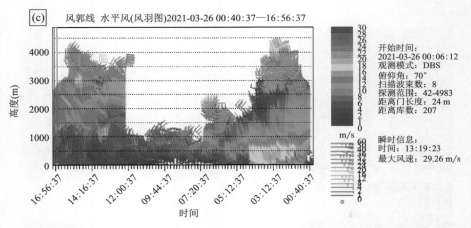

图 6.6.12　国家跳台滑雪中心,崇礼 2021 年 3 月 25—26 日跳台滑雪场地上空水平风垂直廓线图

图 6.6.13 给出了采用仰角 15°PPI 扫描得到的赛场周边空中水平风流场,受大跳台高大建筑对雷达波束的遮蔽,使所有图像在西南方向 800 m 以外都没有数据。受跳台场馆赛道和终点周围界墙的影响,所有时刻风场图像中距雷达 800 m 区域内,风速都比较小,约为 4~6 m/s,在 800 m 距离以外,风速在不同方位和不同时刻差异比较大。从 10 时图上看出,在水平距离 1.0 km(对应高度 259 m)后风速变大,在正北和东北方向部分区域风速达到 20 m/s;14 时图上,北部大风区面积增大,而且在东南方向 1.5 km 以外(对应中、上层高度)也出现了近 20 m/s 的大风区。16 时图上,中、上层的大风区面积扩大,除东北方向风速略小些外,其余区域风速都在 20 m/s 左右。18 时图上,探测距离是当日最高的,数据覆盖的径向距离大部分接近或超过 4.0 km。20 时图上,探测距离在不同方向上有显著不同。东北方向数据只覆盖到 3.5 km 区域内,而其他方位均覆盖到 5.0 km 以上。24 时图上,风速值略小于 20 时风速值,数据覆盖范围也比 20 时略小一些。

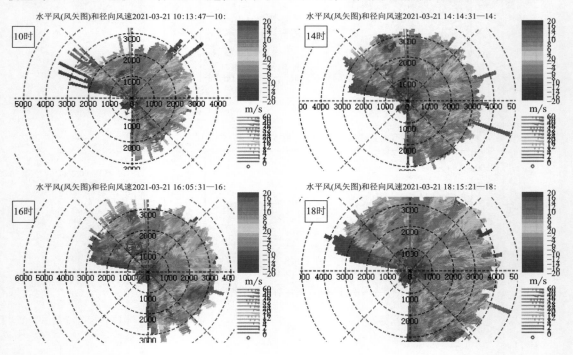

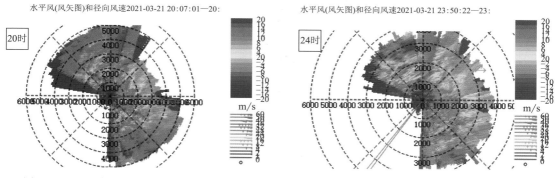

图 6.6.13　国家跳台滑雪中心,崇礼 2021 年 3 月 21 日跳台滑雪场地上空周边不同时刻水平风流场

由于采用仰角 15°PPI 探测,得到的风是高于赛道表面的风。图 6.6.14(a)给出了采用 15°仰角 PPI 探测时径向距离与高度的对应关系,从中可见,当径向距离为 231 m 时,对应高度为 60 m,而从图 6.6.10 中得知,雷达距离教练席为 200 m,此时与雷达的高度差为 28 m 左右,所以,应该改用较低仰角的 PPI 扫描(图 6.6.14(b)),才能真正做到跳台赛道的实时风监测。

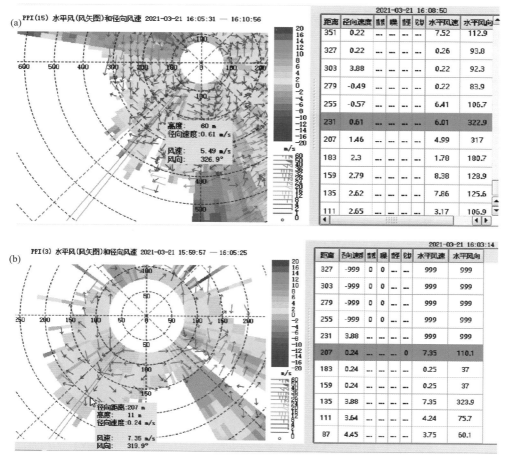

图 6.6.14　2021 年 3 月 21 日跳台滑雪场地不同仰角 PPI 扫描对应高度的水平风数据
((a)15°;(b)3°)

为了准确掌握运动员在跳台滑雪时受到的侧风和顺风、逆风,图6.6.15给出了激光测风雷达采用下滑道扫描模式对赛道进行探测得到的图像。图中左侧给出了不同距离处运动员受到的侧风,其中冷色表示左侧风,暖色表示右侧风。图中右侧给出了不同距离运动员受到的顺风或逆风,其中冷色表示顺风,暖色表示逆风。图中表格给出了下滑道探测风的数值。

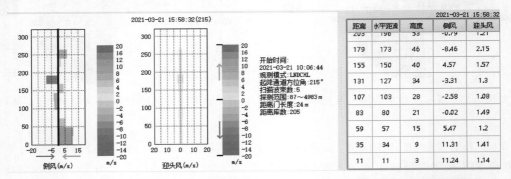

距离	水平距离	高度	侧风	迎头风
203	196	53	-0.79	1.21
179	173	46	-8.46	2.15
155	150	40	4.57	1.57
131	127	34	-3.31	1.3
107	103	28	-2.58	1.08
83	80	21	-0.02	1.49
59	57	15	5.47	1.2
35	34	9	11.31	1.41
11	11	3	11.24	1.14

图 6.6.15 国家跳台滑雪中心,崇礼,2021年3月21日15:58跳台滑雪场地下滑道模式探测得到的侧风和顺逆风图像和数值

6.6.3 国家高山滑雪中心

位于延庆赛区的国家高山滑雪中心,被称为"冬奥会皇冠上的明珠"。从高空俯瞰,数条赛道从山巅直泻而下,蜿蜒陡险的高山赛道长约3 km,最大垂直落差超过900 m。图6.6.16为2022年冬奥会北京延庆赛区的比赛场地位置和周边环境。

图 6.6.16 国家高山滑雪中心和国家雪车雪橇中心场地位置及周边环境

延庆区位于 $40°16'\sim40°47'$N，$115°44'\sim116°34'$E，东与北京怀柔区相邻，南与昌平区相联，西面和北面与河北省怀来县、赤城县相接。总面积为 1994.88 km²，其中，山区面积占72.8%，平原面积占 26.2%，水域面积占 1%。距北京市区 74 km。延庆区北东南三面环山，西临厅官水库的延庆八达岭长城小盆地，即延怀盆地，延庆位于盆地东部。平原地区平均海拔 500 多米，山区海拔 700 m 左右。海坨山为境内最高峰，海拔 2241 m，也是北京市第二高峰。

延庆区属大陆性季风气候，属温带与中温带、半干旱与半湿润带的过渡连带。气候冬冷夏凉，年平均气温 8.0 ℃。最热月份气温比承德低 0.8 ℃，是著名的避暑胜地。拥有 105 km² 的地热带，具有丰富的浅层地热资源。年日照 2800 h，是北京市太阳能资源最丰富的地区。延庆官厅风口 70 m 高风速 7 m/s 以上，风力资源占全市的 70%。

图 6.6.17 为激光测风雷达部署位置和 PPI 扫描探测覆盖范围示意图。激光测风雷达部署在中间平台缆车房中间平台上，从中间平台的探测位置进行 PPI 扫描，基本覆盖了山顶出发区、云海赛道、彩霞雪道、团村雪道、彩虹雪道、冰川雪道、瑞雪雪道、岩石雪道、竞技结束区等范围。

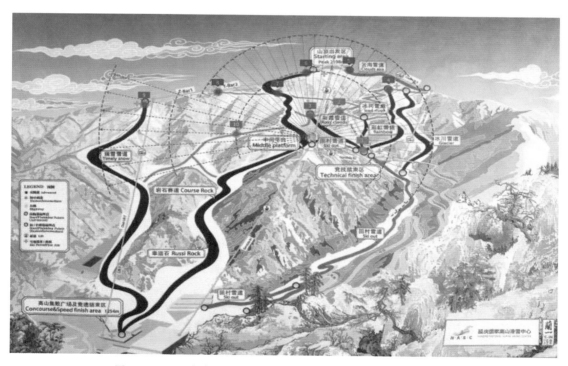

图 6.6.17　国家高山滑雪中心竞技赛道扫描探测覆盖范围示意图

图 6.6.18 为中间平台缆车房平台观测竞技赛道的照片，从中可见，从该位置可以较好地获取赛道上空浅层空中风分布和演变。采用多个下滑道模式，还可以获得关键点处的横风和纵风。

图 6.6.19 为 2022 年冬奥会延庆高山速滑赛道提供的赛道风信息软件界面。

图 6.6.18　激光测风雷达安装位置

图 6.6.19　延庆赛区高山滑雪竞技赛道空中风显示和分析系统

第7章

低空风切变过程

　　风是存在于三维空间上的,通常所理解的风一般是水平方向上的风,其实还有垂直方向上的风,而切变本身也可以发生在三维空间上。所以风切变又可以分为 3 种:水平风的水平切变;水平风的垂直切变;垂直风的切变。其中对民航影响最大的就是垂直风切变。

　　风切变的原因,大致可以分为 3 种:第一种是天气变化,比如雷暴等强对流天气发生时,就会产生强下沉气流;冷暖气团交汇时的锋面附近也会产生风切变。第二种是地理环境,比如在高大的山体附近,容易产生气流的切变。第三种是人为因素,比如前一架飞机起飞后产生的扰动乱流引发的风切变,如果间隔时间过短,可能对后一架飞机造成影响。美国航空 587 号班机 2001 年 11月 12 日从肯尼迪机场起飞后在纽约市贝儿港坠毁,总计 265 人罹难,据事后调查,就是因为前一架飞机起飞后 1 分 46 秒,它就起飞,卷入了乱流之中,外加飞行员的不当操作,使飞机失控坠毁。

　　航空气象学中,常把在 600 m 以下空气层中的风切变概括为低空风切变。其中 500 m 以下的低空风切变是目前国际航空和气象界公认的对飞行有重要影响的天气现象之一。

　　低空风切变的形成需要一定的天气背景和环境条件,雷暴、积雨云、龙卷等天气有较强的对流,能形成强烈的垂直风切变;强下击暴流到达地面后向四周扩散的阵风,能形成强烈的水平风切变;锋面两侧气象要素差异大,容易产生较强的风切变。如图 7.1.1 给出航空活动常遇到的了几种风切变示意图。

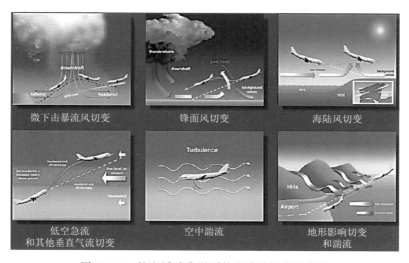

图 7.1.1　航空活动常遇到的几种风切变示意图

航空器在起降过程中,处于低速飞行阶段,环境风场的变化,对飞行速度而言是小量级对相对大量级,必然引起航空器速度的明显变化,导致升力的剧烈变化,使航空器姿态升降起伏,偏离正常的飞行航道,出现航空器剧烈颠簸,掉高度甚至难以操纵。由于起降过程属于超低空飞行,遭遇强风切变时,采取措施的裕度非常有限,将危及起飞或着陆安全。综合多种关系建立风切变发生及告警理论模型见图7.1.2。

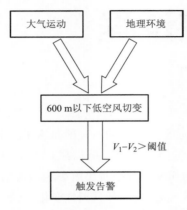

图 7.1.2　风切变告警理论模型

7.1　低空风切变的分类和航空标准

航空气象中根据飞机的运动相对于风矢量之间的不同情况,把低空风切变分为以下4类:顺风切变、逆风切变、侧风切变和垂直风切变。

气象学上,按照风切变产生的气象条件,把风切变分为锋面/切变线风切变、湍流风切变、空中急流风切变、地形山谷风切变、海陆风切变、强逆温层风切变等。

航空气象上的四类低空风切变如下:

(1)顺风切变:顺着飞机飞行方向顺风增大或逆风减小,以及飞机从逆风区进入无风或顺风区。顺风切变使飞机空速减小,升力下降,飞机下沉,是比较危险的一种低空风切变。顺风切变对飞行的影响如图7.1.3所示。

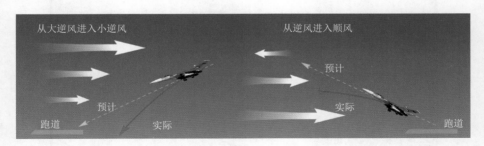

图 7.1.3　顺风切变对飞行的影响示意图

(2)逆风切变:顺着飞机飞行方向逆风增大或顺风减小,以及飞机从顺风区进入无风或逆风区。逆风切变使飞机空速增加,升力增加,飞机上升,其飞行危害比顺风切变轻些。逆风切变对飞行的影响如图7.1.4所示。

图 7.1.4　逆风切变对飞行的影响示意图

（3）侧风切变：飞机从一种侧风或无侧风状态进入另一种明显不同的侧风状态。侧风切变可使飞机发生侧滑、滚转或偏航。侧风切变对飞行的影响如图 7.1.5 所示。

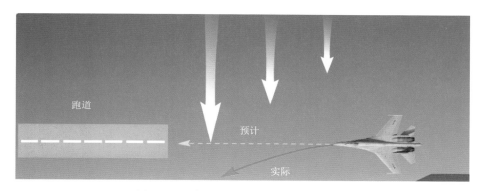

图 7.1.5　侧风切变对飞行的影响示意图

（4）垂直风切变：飞机从无明显的升降气流区进入强烈的升降气流区域的情形。垂直风切变对飞行的影响如图 7.1.6 所示。

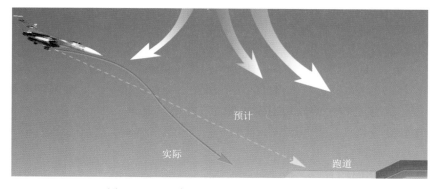

图 7.1.6　垂直风切变对飞行的影响示意图

低空风切变对飞机的起飞和着陆有很大的影响，严重时甚至可能引发事故，这种影响的程度取决于风切变的强度和飞机的高度。低空风切变对飞机起飞和着陆造成的主要影响有：改变飞机航迹、影响飞机稳定性和操作性、影响某些仪表的准确性。具体描述如下：

（1）顺风切变对着陆的影响：飞机着陆过程中进入顺风切变区时（例如从强逆风突然转为弱逆风，或从逆风突然转为无风或顺风），顺风切变使飞机空速减小，升力下降，飞机下沉。此时的修正动作是加油门带杆使飞机增速,减小下降率,回到下滑线上后再稳杆收油门重新建立下滑姿态。但如果顺风切变的高度很低,飞行员来不及及时修正,将会造成大的偏差。

(2)逆风切变对着陆的影响:飞机着陆下滑进入逆风切变区时(例如从强的顺风,突然转为弱顺风,或从顺风突然转为无风或逆风),逆风切变使飞机的空速突然增大,升力也增大,飞机抬升。飞行员的修正动作是收油门松杆,使飞机减速,增加下降率,回到下滑线上后再加油门带杆使飞机重新建立下滑姿态。

(3)侧风切变对着陆的影响:侧风切变会使着陆过程中的飞机产生侧滑、滚转或偏转而对不准跑道,造成横侧偏差。

(4)垂直风切变对着陆的影响:当飞机在着陆过程中遇到升降气流时,飞机的升力会发生变化,从而使下降率发生变化。垂直风对飞机着陆危害巨大,飞机在雷暴云下着陆时常遇到严重的下降气流,对于这种情况,飞行员能做的就是复飞。

中国民用航空局飞行标准司发布《航空器驾驶员指南——雷暴、晴空颠簸和低空风切变》咨询通告为航空人员提供通用指南,其中对低高度的风速风向变化会对飞机起降造成严重的危害,这些变化是由各种气象条件所引起的,如:地形条件、逆温现象、海陆风、锋面系统、强地面风等。最严重的风切变往往伴随着雷暴和阵雨产生。

在讨论低高度风的变化时,飞行标准司使用的术语定义如下:

风切变:风向或风速的快速变化。

严重风切变:风向或风速的快速变化导致空速的变化大于 15 n mile[①]/h 或垂直速度的变化大于 150 m/min(约 500 ft/min)。

顶风增强的切变:顶风增加导致空速增加的切变。

顶风减弱的切变:顶风减小导致空速损失的切变。

顺风减弱的切变:顺风减小导致空速增加的切变。

顺风增强的切变:顺风增加导致空速损失的切变。

7.1.1　低空风切变的航空标准

低空风切变的强度通常用单位距离内的风速变化的梯度来表示。根据国际民航组织的标准,通常采用每 30 m(约 100 ft)高度区间内的风速变化值来定义风切变的强度,以此实现垂直风切变的预警。1967 年在蒙特利尔召开的第五届航空会议确定了风切变强度的暂行标准:对垂直方向每 30 m 高度范围内的风切变强度等级进行如下划分:

0~4 kt[②](轻度风切变);

5~8 kt(中度风切变);

9~12 kt(重度风切变);

>12 kt(严重风切变)。

表 7.1.1 给出了国际民用航空组织(ICAO)和世界气象组织(WMO)的风切变标准。表中将风切变强度分为了轻度、中度、强烈和严重四个等级,且建议进行风切变计算时取 30 m 厚的气层跨度,但实际操作时都与探测设备自身数据时空分辨率相匹配进行设置。

---

① 1 n mile=1852 m。

② 1 kt=1852 m/h。

表 7.1.2 给出了主要天气系统引起风切变的时空尺度及对飞行的影响。

表 7.1.1　风切变强度标准

等级	世界气象组织（WMO）		国际民航组织（ICAO）	
	30 m 气层内风切变 （(m/s)/30 m）	风切变强度 （s^{-1}）	30 m 气层内风切变 （(m/s)/30 m）	风切变强度 （1/s）
轻度	<2.0	<0.067	0～2.0	0～0.070
中度	2.0～4.0	0.068～0.138	2.6～4.1	0.087～0.137
强烈	4.0～6.0	0.139～0.206	4.6～7.2	0.153～0.240
严重	>6.0	>0.206	>7.2	>0.240

表 7.1.2　主要天气系统引起风切变的时空尺度及对飞行的影响

类型	水平尺度(km)	时间尺度(h)	对航空器的影响
微下击暴流	0.04～4.00	0.1～0.3	大
下击暴流	4～10	0.3～0.7	大
雷暴阵风锋	10^1	10^0	中
冷/暖锋	10^2	10^1	中
逆温层附近急流	10^{-1}～10^0	10^0	中
地形风切变	10^{-1}～10^0	10^0	小
水陆界面风切变	10^{-1}～10^0	10^0	小

7.1.2　风的垂直切变强度标准

ICAO 建议的强度标准见表 7.1.3，一般切变层厚度取 30 m 作为标准参数，用于计算 2 min 的平均风速。当风速切变值>0.1 s^{-1} 时，将对运输机造成威胁

表 7.1.3　风的垂直切变强度标准

等级	风切变值		对飞行的影响
	(m/s)/30 m	s^{-1}	
轻	0～2.0	0.007	飞机航迹和空速稍有变化
中度	2.1～4.0	0.080～0.130	对飞机操控有较大困难
强烈	4.1～6.0	0.140～0.200	对飞机操控有很大困难
严重	>6.0	>0.200	对飞机失去操控，会造成严重危害

7.1.3　风的水平切变强度标准

对风的水平切变目前还没有统一的标准。美国低空风切变报警系统可作为参考。

该系统在机场平面内设立 6 个测风站，即中央站和 5 个分站。各分站距中央站平均 3 km，系统设定任一分站与中央站之间的风向，风速矢量差达 7.7 m/s 以上时，即发出告警信号。此时风的水平切变为 2.6(m/s)/km，此时相当于水平风切变为 0.07(m/s)/30 m 或 $2.567×10^{-3}$ s^{-1}。

7.1.4 垂直气流切变强度标准

据藤田和拜耳斯在1978年建议,当雷暴的下曳气流速度大于飞机离地300 ft(91 m)的近似起飞爬升率和着陆下降率时,应改称为下击暴流。表7.1.4是下曳气流和下击暴流的强度标准。其后又将下击暴流分为微下击暴流(尺度小于4 km)和(宏)下击暴流,而微下击暴流因雷暴降水荷载诱发和蒸发冷却,其强度更加猛烈。

表 7.1.4　下曳气流和下击暴流的强度标准

速度和辐散值	下曳气流	下击暴流
300 ft 高度的下降速度	<3.6 m/s(12 ft/s)	$\geqslant 3.6$ m/s
0.5 mile 直径内的辐散值	<0.04 s^{-1}	$\geqslant 0.04$ s^{-1}

注:1 mile＝1.609344 km。

《航空器驾驶员指南——雷暴、晴空颠簸和低空风切变》中指出风切变对飞机系统的影响有:
(1)高度表

遭遇风切变时,飞行员应根据无线电高度表和气压式高度表的不同特点来选择使用。无线电高度表受地形的影响,地形的起伏会造成高度表的波动。气压式高度表会受下击暴流造成的气压波动影响,指示不准确。

(2)升降速度表

不能仅依靠升降速度表来判断飞机的升降率。由于仪表的指示延迟,所指示的读数可能滞后好几秒钟,某些情况下,飞机开始下降了,但仪表仍然指示上升(图7.1.7)。惯性基准系统驱动的升降速度表有了较大改进,但仍然存在一定滞后。

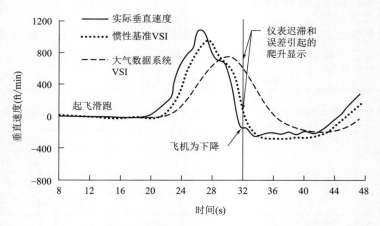

图 7.1.7　起飞遭遇风切变时升降速度表的延迟误差

另外,微下击暴流的阵风会导致静压波动,增大升降速度表的误差。基于此类滞后和误差,所以垂直升降率需参考其他仪表交叉证实。

(3)抖杆器

抖杆器会在接近失速迎角时被激活。因此,快速变化的垂直风或机动动作,会改变触发抖杆器的姿态和速度阈值。飞机的失速警告和探测功能正常工作的情况下,抖杆器会在达到失速迎角前被触发,起到警告的作用。

■ 7.2 锋面切变线风切变个例

在气象学中,两种物理性质不同的空气团之间的分界线定义为锋面。锋面可以理解为一个过渡区,气象条件在锋面两侧差异很大,锋面过渡区的垂直结构是风切变产生的重要条件,相比于强对流天气下形成的低空风切变,锋面产生的低空风切变危害较小,但是更容易出现。一般来说,当锋面两侧存在大于 5 ℃ 的温差并且锋面移动的速度超过 15 m/s 时就会产生较严重的低空风切变。锋面天气引起的风切变多以水平风的水平和垂直切变为主(但锋面雷暴天气除外),值得注意的是,锋面天气系统出现时,常常有空中急流配合,而空中急流附近的风场有强烈的风切变。低空急流出现在飞机起降通道上时,对飞行安全有严重威胁。图 7.2.1 给出了锋面引起的低空风切变示意图。

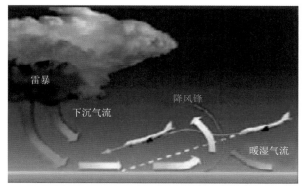

图 7.2.1　锋面引起的低空风切变

下面以 2020 年 2 月 13 日锋面影响产生的风切变为例进行分析。图 7.2.2 为 2 月 13 日 14 时 500 hPa 和地面天气图。在 500 hPa 上,欧亚大陆呈典型"两槽一脊"形势,高空槽控制内蒙古至甘肃地区,槽后强偏北风不断引导冷空气南下,西宁曹家堡机场位于槽后偏西北气流中,风速达到 26 m/s。700 hPa(图略)上等温线梯度大,我国东北至西北地区有强锋区,机场位于锋区南侧,西宁站为风速 16 m/s 的西北风。地面图中冷锋在 6 h 内向南移动 2°～3°,其南压过程中河西走廊地面风速激增。这种天气形势,易引发午后西风气流动量下传,造成青海省大部分地区有偏西大风。而傍晚时段伴随地面冷锋南压过境,造成冷空气在青海省东部谷地"倒灌"造成偏东大

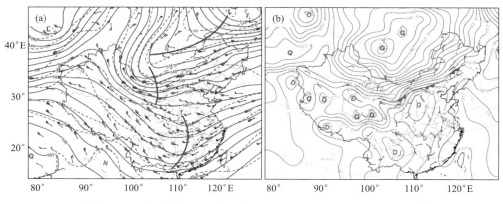

图 7.2.2　2020 年 2 月 13 日天气图((a)08 时 500 hPa;(b)14 时地面图)

风,导致低空东西风引起的共同作用于西宁曹家堡机场,产生不同的强低空风切变。

2月13日机场地面天气实况表明,受高空西北气流控制,机场天气为晴,图 7.2.3 为 14:00—19:00(北京时,下同)机场 11 和 29 号跑道自动观测系统测量的地面瞬时极大风速时序图。可见,14:45 前后(红色框内)地面极大风速迅速从 6 m/s 增至 19 m/s,顺风差超过 13 m/s,形成低空顺风切变。依据机场 MATER 报文,15:00—17:00,地面西风维持在 9～13 m/s,瞬时风速最大 20 m/s。17:35—17:40 地面偏东风迅速增大,东风和西风的交汇在机场形成了地面风场辐合线,在机场进近区域引起一次持续时间近 20 min 的逆风低空风切变过程。14:45—19:20 伴随大风过程出现吹沙天气,期间主导能见度最低 1.5 km。

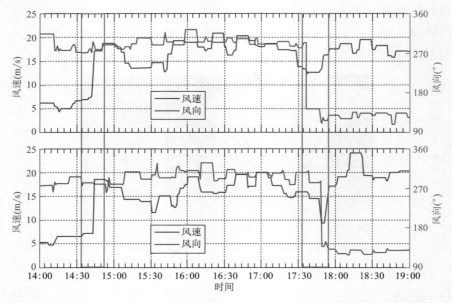

图 7.2.3 2020 年 2 月 13 日西宁机场 11 号和 29 号跑道自动站风场变化意图

下面分析 2 月 13 日 17:00—19:00 机场激光雷达资料中空中水平风变化。图 7.2.4 为 2

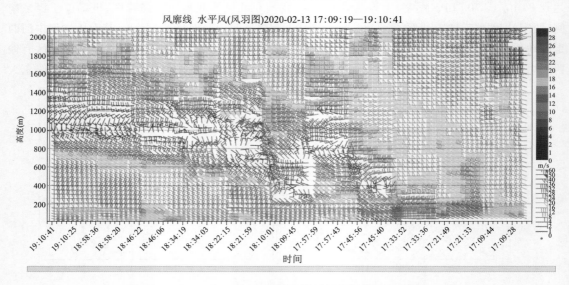

图 7.2.4 2020 年 2 月 13 日西宁锋面切变期间空中风场变化

月 13 日 10—19 时风廓线模式水平风产品,从中可见,17:30 前 2000 m 以下均为偏西气流,17:30 后 200 m 以下区域内,近地风向转为偏东风,风速大于 8 m/s 并有继续增加的趋势,逆风低空风切变已经发生。18:00—19:00 低层风速增强。19:00 后 1000 m 以下已转为偏东风控制,风速在近地面达 20 m/s 以上,1000 m 左右高度层存在明显的垂直切变。

7.3　湍流风切变个例分析

湍流是边界层大气的主要运动状态,边界层中大部分物理过程都是通过湍流来实现的;湍流对地表面与大气之间的动量输送、热量输送、水汽交换以及物质的输送起主要作用,也决定大气动量、热量、水汽等的重新分配,形成了温、压、湿、风等气象要素的不同分布。

湍流是大气不规则流动所引起的,它对飞机的飞行性能、结构载荷、飞行安全的影响很大。湍流按其产生的条件分为:晴空湍流、尾流湍流、积雨云中湍流、低层风切变湍流。湍流能使飞机急速颠簸,严重时飞机可能会失控。在大气运动过程中,在其平均风速和风向上叠加的各种尺度的无规则涨落,这种现象能够同时在温度、湿度以及其他气象要素上表现出来。大气湍流最常发生在 3 个区域:(1)大气底层的边界层内;(2)对流云的云体内部;(3)大气对流层上部的西风急流区内。在风速切变较强时,上层气温略高于下层,仍可能产生大气湍流。图 7.3.1 给出了飞机遭遇湍流时产生颠簸的示意。

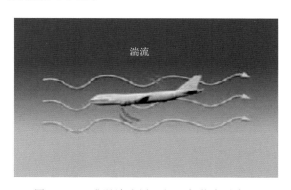

图 7.3.1　遭遇湍流层飞机飞行状态示意图

从 2019 年 4 月 15 日西宁机场激光雷达风廓线产品(图 7.3.2)可以看出,夜间 1200～2000 m 高度层为西南气流,2000 m 以上均为大于 16 m/s 的偏西气流,800 m 高度层以下则为西北风,在 600～1000 m 高度为偏东气流控制。在偏东气流上下侧存在垂直风切变层,有明显冷暖平流,导致该区域大气湍流活跃。08 时后东风层顶先上升后随高度下降,至 11:12 东风层下沉至近地面,12:00 后地面西风增强暂时阻断了东风下沉,12:24 后 500 m 以下转为东风。500～1000 m 高度层在 13:34—16:45 有较强湍流。

2018 年 8 月 19 日 11:25,西宁机场雷达进行 PPI 扫描,在激光雷达探测范围内正负速度交替出现,径向速度值有明显的波动,在两条跑道上雷达持续监测到了风切变,尤其是在 04 号跑道延长线一海里内监测到了强度为 0.159 s^{-1} 的风切变,飞机在此处起飞或降落时遭遇严重的颠簸。激光雷达在 11:25—11:42 持续在 04 号跑道延长线上监测到风切变。图 7.3.3 给出了该时刻的激光雷达探测图。

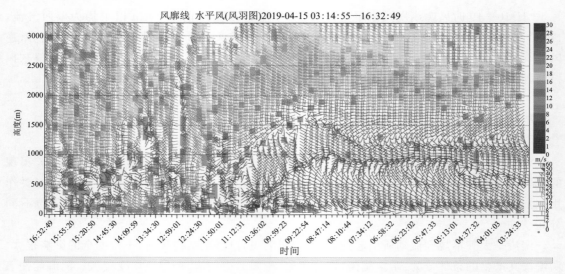

图 7.3.2 2019 年 4 月 15 日 13:00—16:32,西宁机场实测湍流风场图

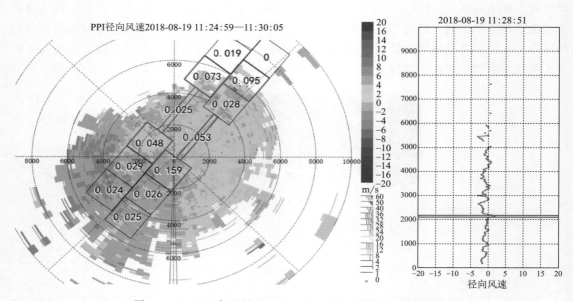

图 7.3.3 2018 年 8 月 19 日 11:24—11:30 PPI 径向风速图

图 7.3.4 给出了图 7.3.3 中径向风反演的水平风,从中能看到 11:25—11:30 机场周围的风场非常紊乱,风速变化较小,在 5 m/s 以下,有非常明显的风向变化,导致了风切变。

图 7.3.5 为激光雷达 2018 年 9 月 16 日 15:36:57 下滑道模式得到的侧风和迎风风速图。下滑道模式是激光雷达对准飞机起飞下降航道进行的起飞或下滑规矩路线的扫描模式。如图所示,在飞机起飞或下降过程中遭遇的侧风波动非常剧烈,左右侧风交替出现,在飞机下降至距离触底点水平距离 3600 m 左右侧风切变达到最大,将导致飞机左右摆动,飞机失衡,造成飞机复飞。

在激光雷达 15:32 的 PPI 径向速度图(图 7.3.6)中发现在跑道延长线内有强烈的风切变,其强度值达到了 0.158 s^{-1}。分析同时刻的水平风图(图 7.3.7),发现该时刻测站周边的风向变化较大,在跑道延长线上有风向的辐合辐散,导致了风切变的出现。

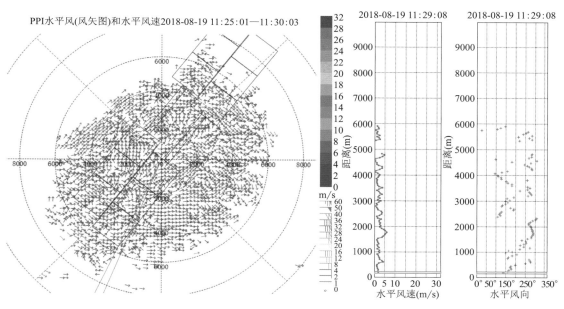

图 7.3.4　2018 年 8 月 19 日 11：24—11：30 PPI 水平风和风速曲线图

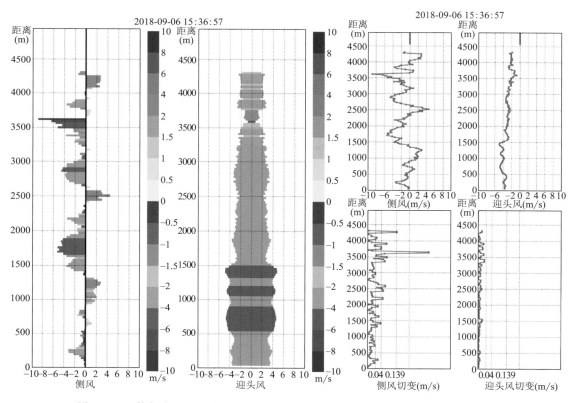

图 7.3.5　激光雷达 2018 年 9 月 16 日 15：36：57 起降通道模式侧风和迎头风速图

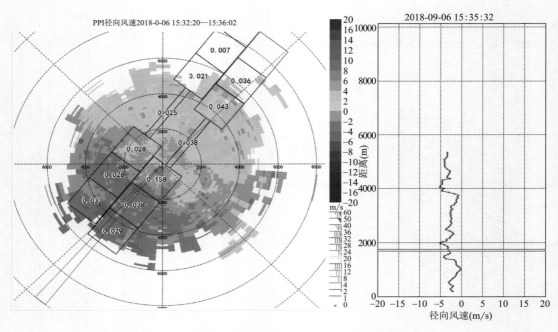

图 7.3.6　2018 年 9 月 16 日 15:32—15:36 PPI 径向风速图

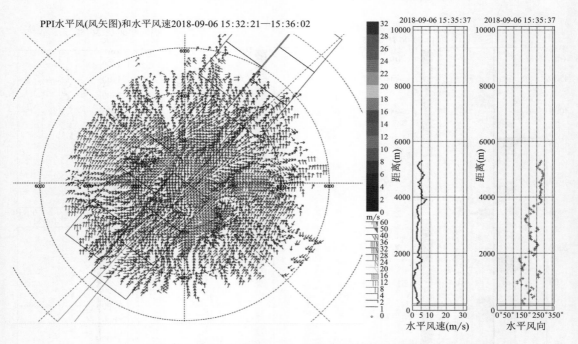

图 7.3.7　2018 年 9 月 16 日 15:32—15:36 PPI 水平风(风矢图)和水平风速图

■ 7.4　空中急流风切变个例分析

气象上,将急流定义为窄而强的风速带,即风速垂直廓线在大气边界层内特定高度范围内出现风速极大值,表现为明显的"鼻"状结构。发生在大气边界层内的低空急流,其特点是垂直切变强,但水平切变弱,而且有明显的日变化。当飞机在飞行过程中遇到了低空急流,急流底和急流顶的风切变会对飞行安全造成一定影响,同时急流中风速的脉动也会导致飞机颠簸,不同型号的飞机影响程度不同,所以风速脉动性对于飞行安全也非常重要。图 7.4.1 为空中急流及其对飞行影响的示意图。

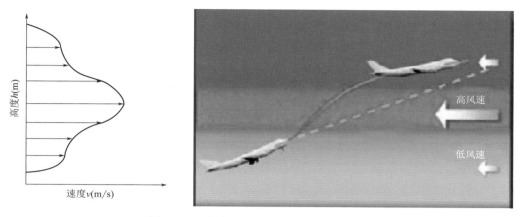

图 7.4.1 空中急流和对飞行的影响示意图

图 7.4.2(a)和图 7.4.2(b)分别为 2017 年 11 月 30 日夜间到 12 月 1 日清晨期间西宁机场激光测风雷达探测到的低空急流和叠加了风羽的水平风垂直切变图。从图 7.42(a)中可以

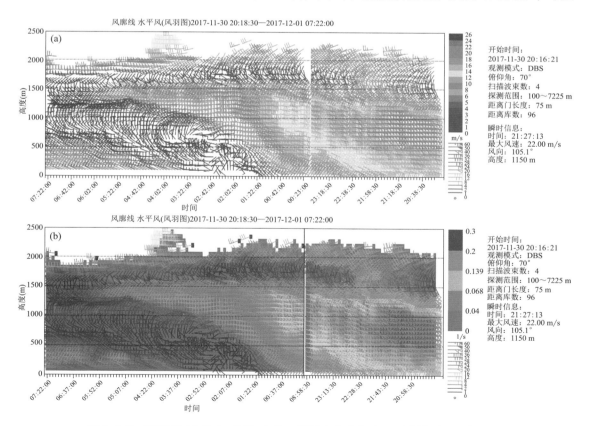

图 7.4.2 2017 年 11 月 30 日至 12 月 1 日西宁空中急流(a)和风切变(b)实测图

看出:傍晚太阳下山以后,地面迅速降温,近地层风速加大,急流顶高在1500 m,急流轴位于850 m高度左右,中心风速为22~24 m/s,从次日凌晨开始,急流中心速度减小,急流厚度缩小,由地面向上的弱气流涡旋流伴随着急流底的抬高而抬高。在低空急流生消过程中,在急流顶部距离地面1800 m高度处始终保持着一条弱西偏南风带,其厚度约200~300 m,这应该与逆温层顶高有关。从图7.4.2(b)中可以看出,水平风的垂直切变大值区基本与急流顶部边缘重合,这与图7.4.1的风切变位置吻合。

图7.4.3给出了急流减弱期间风速脉动出现的脉动团图像,从中清晰地看到脉动团位于急流中心,脉动团持续时间为4~5 min,间隔3~4 min。

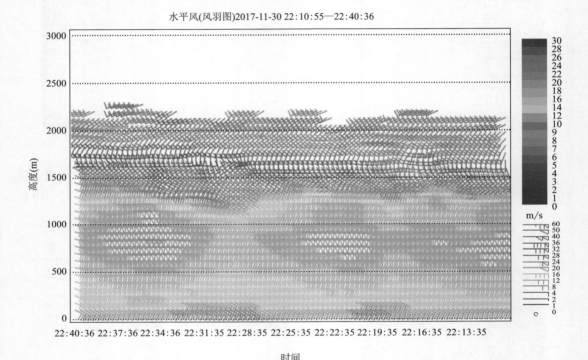

图7.4.3　2017年11月30日,西宁空中急流中的脉动团

图7.4.4为2017年11月30日20:15采用沿跑道方向(方位角90°)的剖面扫描得到的结果,根据图中色标颜色和探测方位角得知,1800 m以下为偏东风,径向风速为11~13 m/s。

观测事实证实,降水天气过程中常常也伴有空中急流。图7.4.5给出了2020年12月12日宁夏银川机场观测到与降水过程相伴的低空急流风切变的风廓线图。

图7.4.5的上图为2020年12月12日风廓线水平风,从中可见,从午夜、上午到夜间,机场上空中、上层都存在大风区,10时前大风区底高在1000 m左右,10时以后,大风区底高到1500~2000 m高度。到22时以后,垂直探测高度在2000 m以内,此时没有出现大风区,从13:00—19:30,在500 m高度附近出现低空急流,风速达到18~20 m/s。值得注意的是,在低空急流生成前的10:00—12:30出现了2~4 m/s的弱风速时段,并且在低空急流消散后,也出现了30 min以上的2~4 m/s弱风速时段。低空急流轴高度在500 m左右,其顶部在800~1000 m高度,风速值为14~16 m/s。

　　图 7.4.5 的下图为 2020 年 12 月 12 日风廓线模式得到的垂直速度,从中可见,整日地面都有 1.5～3 m/s 的正速度出现,表示全天有间断降水。在低空急流存在期间,有多处较大正速度值。特别是在低空急流生成期间的 14:20 左右和低空急流消散期间的 19:30 左右,具有 -2 m/s 以上的负速度区间出现。这意味着空中降水时刻与低空急流的存在有明显的内在关系。

　　图 7.4.6 给出了低空急流出现前和存在期间激光测风雷达的 PPI 扫描结果。

　　图 7.4.7 为 2020 年 12 月 12 日银川低空急流期间和消散后空中流场垂直剖面和 PPI 图。

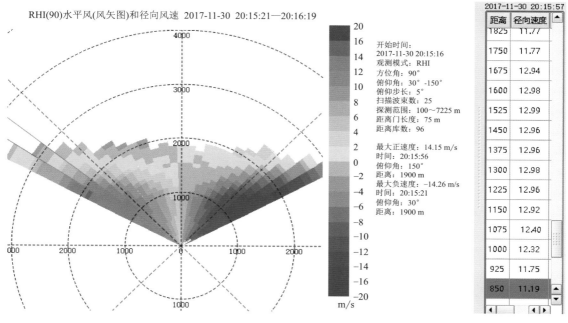

图 7.4.4　2017 年 11 月 30 日,西宁低空急流剖面团

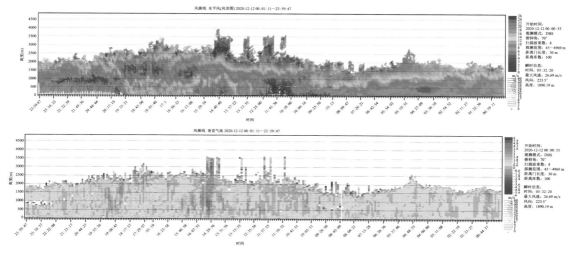

图 7.4.5　2020 年 12 月 12 日,银川与降水过程相伴的低空急流探测图

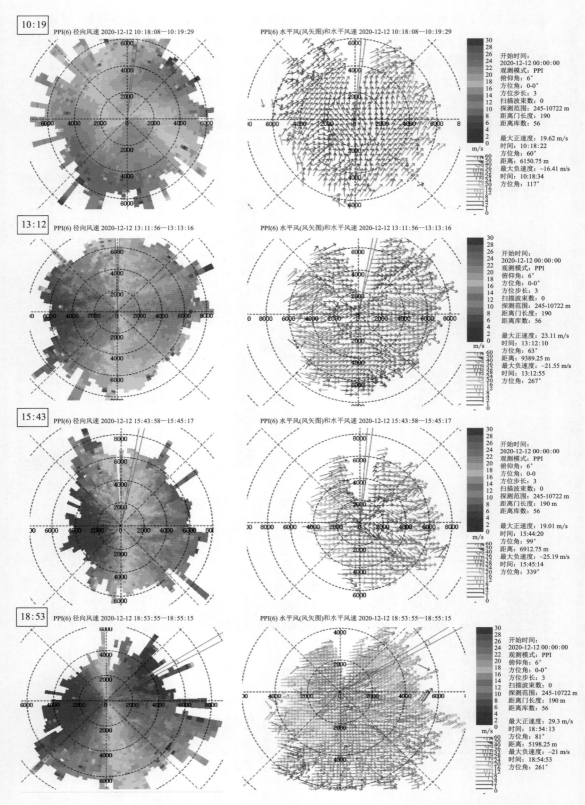

图 7.4.6 2020 年 12 月 12 日,银川低空急流出现前和存在期间激光测风雷达 PPI 扫描图

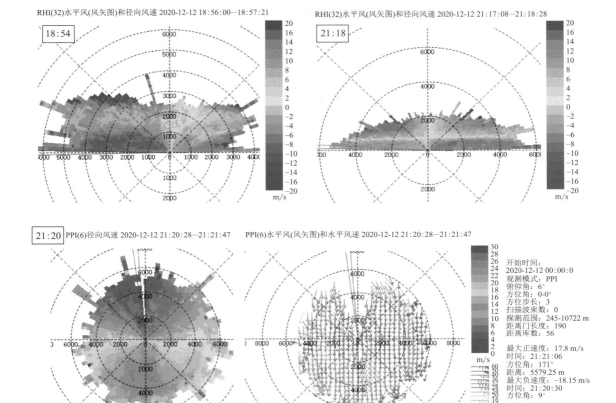

图 7.4.7　2020 年 12 月 12 日，银川低空急流期间和消散后空中流场垂直剖面和 PPI 图

7.5　山地风切变个例分析

地理环境引起的低空风切变一般有特殊的山地地形、水陆界面、高大建筑物、成片树林等自然的或人工的因素，其风切变状态与该时的盛行风情况（方向和大小）有关，也与山地地形的大小、复杂程度、迎风背风位置，水面的大小、与机场的距离，建筑物的大小、外形等有关。图 7.5.1 和图 7.5.2 为由山脉和海风引起的风切变现象。

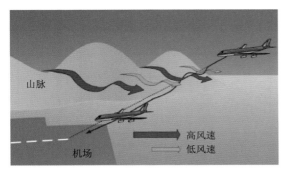

图 7.5.1　山脉引起的风切变

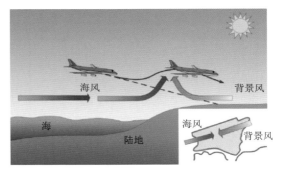

图 7.5.2　海风引起的风切变

山脉风切变个例:2018 年 4 月 25 日 14:42 攀枝花机场航空器报告内容如下:14:42 ZH9950 机场起飞后,风比较乱,气流不稳定。据查,此架飞机在攀枝花机场自北向南起飞,起飞过程中因本场风混乱导致气流不稳,发生在南端 20 号跑道及延长线外。

图 7.5.3 为 4 月 25 日天气形势,从中得知,08 时高空无明显急流存在,也无明显温度变化。攀枝花 500 hPa 上空为偏西气流,风速较大,高空形势较好。低空 700 hPa,攀枝花位于低空切变下方的偏西气流中,若未来切变发展,预计攀枝花地区将位于切变前方,受到西南气流影响,此时攀枝花地区上空有小幅度降温。而 850 hPa 上攀枝花处于偏东气流中,此时天气较晴。20 时整个四川地区高空存在显著降温区,但降温幅度较小(-2 ℃),成都上空有一小槽,槽后有冷空气南下,预计未来影响四川附近天气;攀枝花地区上空此时仍为偏西气流。此时低空 700 hPa 08 时出现的切变已过境,此时攀枝花地区位于切变后低压中,低空有持续降温,此时降温达到-3~-2 ℃。而攀枝花地区上空 850 hPa 转为偏北气流。

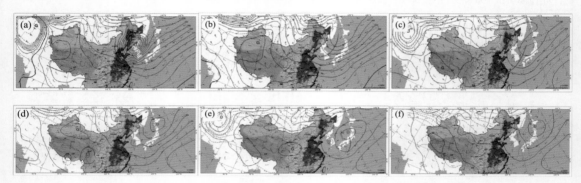

图 7.5.3　2018 年 4 月 25 日四川攀枝花机场周边天气形势
((a)08 时 500 hPa;(c)700 hPa;(e)850 hPa;(b)20 时 500 hPa;(d)700 hPa;(f)850 hPa)

图 7.5.4 给出了当日攀枝花机场旁边西昌站的探空图,从中得知,08 时中低层尽管有一定湿度,但没有达到出现系统性云层的标准,500 hPa 以上为稳定西风,风速较大但未达到急流标准。没有不稳定能量,大气层结较稳定;20 时除 600 hPa 保持相对比较湿外,高层和低层的温度露点差都很大,意味为层结干燥,垂直高度上的风与白天基本相同。探空图证实,攀枝花机场当日没有系统性天气的影响,当天天气演变为日变化特征。

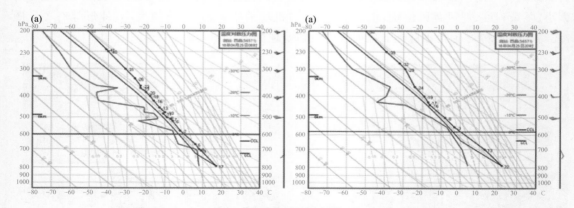

图 7.5.4　2018 年 4 月 25 日西昌探空图((a)08 时;(b)20 时)

图 7.5.5 为 4 月 25 日 14:39 左右激光测风雷达 PPI 扫描径向风速图,从中可以看到,在 20 号跑道(北头)尽头正负速度交替出现,出现明显的波动,在整个跑道上以及 02 号跑道延长线 1 海里(nmile)处雷达持续检测到风切变,风切变强度为 0.07 s^{-1}。飞机在起飞临近此处时会遭遇明显的颠簸。激光雷达监测到此次过程并在 14:39:20—14:43:01 持续发出风切变预警,预警范围为跑道和距离 02 号跑道 1 海里内。

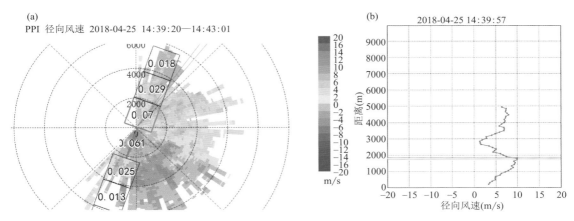

图 7.5.5 2018 年 4 月 25 日 14:39 径向风速图(a. PPI 图;b. 沿扫描线的径向风速曲线)

图 7.5.6 为同日 11:53 的水平风图,其中底图为叠加了地形,并以风矢表示的空中风流场图,左下图为没有叠加地形的空中风流场。

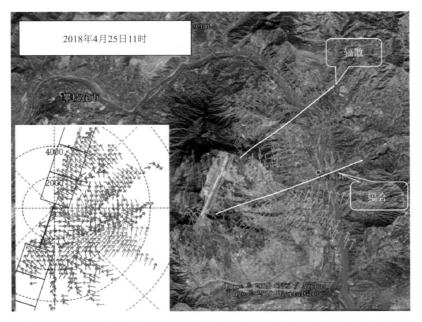

图 7.5.6 2018 年 4 月 25 日 PPI 水平风(风羽图)和水平风速叠加地形图

从图 7.5.6 可以看到,该时段在机场跑道周边 2 km 范围内,风向风速有显著差异。没有叠加地形的流场图中,北头 1 海里框内,风向为东风,风速约为 4~6 m/s,在 2~3 海里框内,风向没变,但风速增大到 8~10 m/s。在 1 海里框右侧向东北方向一线,风向为北风,风速为

12～14 m/s。对照攀枝花机场地理位置图可知,此处为落差达 1000 m 的沟壑,也就是在午后热力作用加强时,跑道端头地面温度与跑道沿长线前沟壑上空温度出现明显差异,导致明显的风向风速的变化,出现较强风切变。图中在 0°～45°方位角之间风向以东南风为主,风速为 4～6 m/s。在 45°～90°方位角之间以北风和西北风为主,风速达到 8～10 m/s,尤其是沟壑附近,风速达到 12～14 m/s,在跑道北端延长线 45°方位上存在东南风和西北风的辐散。在跑道中段右侧南部为西南风,风速为 12～14 m/s,即在图中 90°方位(跑道南段右侧)存在东北风和西南风的辐合。

14:39 激光雷达对准跑道进行下滑道扫描,由图 7.5.7 的上左图可见,跑道侧风风向波动很大,在水平距离 1.3～2.0 km 处为 4～6 m/s 的右侧风,其余位置均为左侧风,而且在 3.5 km 及以上距离时,左侧风达到或超过 10 m/s。在 1 km 到落地点,左侧风也保持在 4～6 m/s。在辅显图(上右图)上,也可以看到侧风风速波动很大,存在较强的侧风切变,这表示飞机在该时段起飞降落时会出现明显左右摇摆。

图 7.5.7b 给出了叠加了地形的侧风探测图,从左右侧风大小位置与机场落地方向上沟壑山脉位置图的对应关系,清楚地看出了地形对空中风场的影响作用。

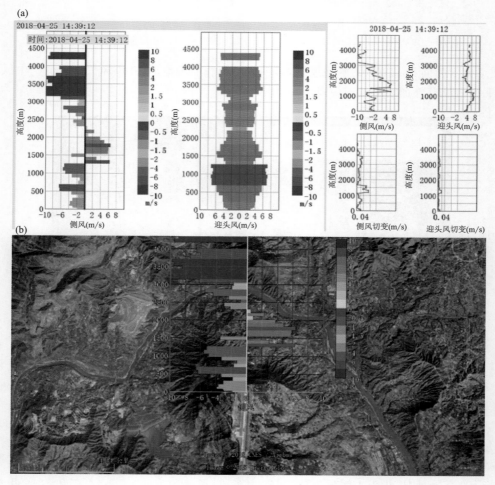

图 7.5.7　2018 年 4 月 25 日 14:39 下滑道实测风(a)和叠加地形(b)示意图

图 7.5.8 给出了 2018 年 5 月 6 日 12:54 攀枝花机场的 3°PPI 扫描得到的水平风图像,从中可以清晰地看到大风区、陡峭山涧造成的地形切变以及受日变化影响形成的,表现形式为局部小辐合和局部小辐散的局地系统。需要特别注意的是跑道北端 1 海里内,南风、西风并存,风速由 2~4 m/s 迅速变到 24~26 m/s,这种地形风切变对航空活动的安全有很大威胁。

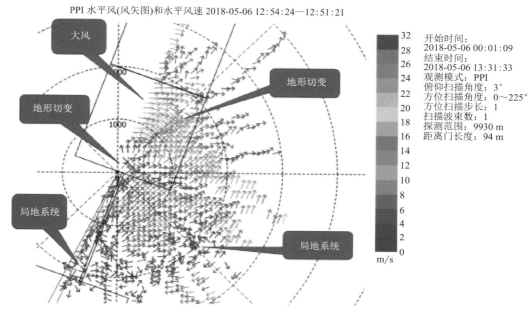

图 7.5.8　2018 年 5 月 6 日 12:54 PPI 扫描的水平风(攀枝花机场)

7.6　海陆风风切变个例分析

海陆风通常易造成低空风切变,是因海洋和陆地热容量不同,受热不均匀而在海岸附近形成的一种日变化的风系。在基本气流微弱时,白天风从海上吹向陆地,夜晚风从陆地吹向海洋。前者称为海风,后者称为陆风,合称为海陆风。海陆风日变化明盈,受局地热力日变化影响,风力不大,范围也小,一般仅深入内陆 20~50 km,又称滨海风,在静稳天气表现最为显著。海风从海洋向陆地推进的过程中遇到陆地较热的空气团易形成锋面,即海风锋。海风锋是具有中尺度性质的边界层锋,有密度流特征。其形成与局地地形的动力、热力作用有关,也是产生中小尺度对流性天气的重要原因之一。

因此,白天从海面流向陆地的风为海风风向,而夜间从陆面流向海面的风为陆风风向。海陆风作为中小尺度的环流形式,如何对海风和陆风的风向进行确定便成为关键所在。海陆风最显著的特点是海风和陆风的风向差异,从近地面层的空气流动来看,因白天海温低于陆温,海上气压偏高,形成自海上指向陆地的气压梯度,从而产生由海面吹向陆地的海风,而陆风是在夜间,陆地冷却快于海面,陆地气温偏低,气压高于海上,形成自陆地指向海洋的气压梯度,驱动空气由陆地流向海面,白天的海风与夜间的陆风的风向有着较明显的转向。因此,白天从海面流向陆地的风为海风风向,而夜间从陆面流向海面的风为陆风风向。图 7.6.1 为海陆风生成及其对飞行的影响。

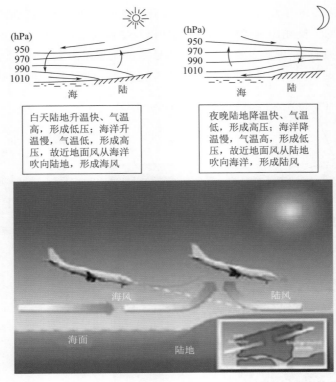

图 7.6.1 海陆风形成示意图(上)和对飞行的影响示意图(下)

云南丽江机场位于青藏高原东南缘,属于低纬度高原季风气候。机场四周群峰叠嶂,方圆 50 km 范围内就有 16 座海拔 3000 多米的山峰,机场正北 46 km 处为玉龙雪山,海拔 5596 m, 为丽江最高山脉。机场处在东北西南向呈"V"字型的丽江坝子与大理州鹤庆坝子结合部,机场东西两侧净空不能满足飞行要求,南北纵向净空相对较好。机场 20 号跑道航向为 197°,与跑道平行两侧均为高山,为狭小的山谷地形,机场净空条件差,飞行程序复杂。从图 7.6.2 得知,机场盛行风为南风和北风。

图 7.6.2 丽江机场地理环境和激光测风雷达部署位置

　　图 7.6.3 给出了 2020 年 3 月 20 日风廓线模式得到的垂直风廓线水平风(上图)和垂直速度(下图)产品,从中可见受特殊地形的影响,水平风从后半夜到中午,高度 2000 m 以下的风速都不大,为 4～6 m/s,2000～2500 m 高度上一直有 20 m/s 以上的风。午后开始,风速 20 m/s 以上的大风区从 2000 m 高度拓展到 3500～4000 m 左右,其 3500 m 风呈现出现较强的阵性,风速加大到 14～16 m/s。在垂直速度图上看上升下沉运动交叉出现。若仔细分析,从后半夜到中午,1500 m 高度中下沉运动还是略多一些,1500 m 高度以上的上升运动还是要多一些。在午后(13:50 左右)曾出现过短时较强的下沉气流,随后也是上升下沉运动交叉出现。

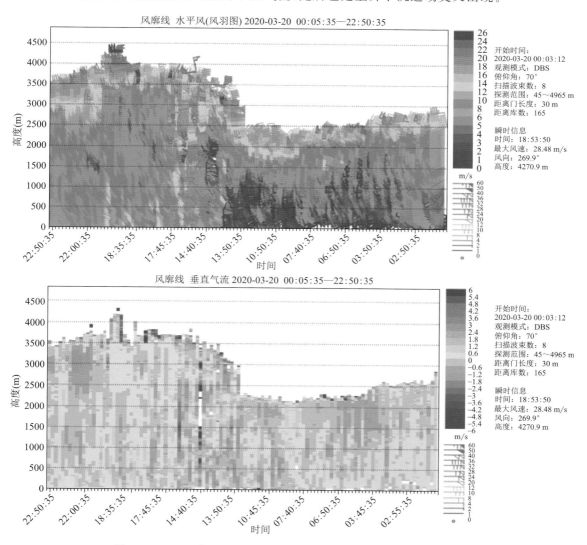

图 7.6.3　2020 年 3 月 20 日丽江机场风廓线水平风和垂直速度产品

　　图 7.6.4 给出了 2020 年 3 月 20 日不同时刻 PPI 风场,从中可见,清晨,机场周边的风速为 4～6 m/s,在跑道南端存在弱的风向辐合线。午后,在跑道北端风速较大,在西北方向存在 20 m/s 以上的西南风。整个机场范围内风速很不均匀,但都比较大,维持在 12～14 m/s。到上半夜,风速开始均匀起来,若以东北—西南划分区域,西北部分的风速大一些,达到 14～16 m/s,风向为西风转西南风。东南部分的风速小一些,为 6～8 m/s,风向为南风。

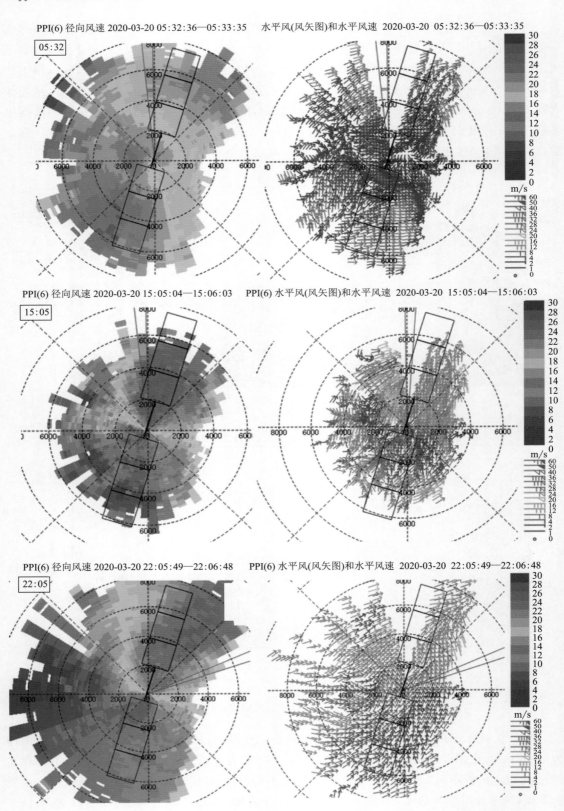

图 7.6.4　丽江机场 2020 年 3 月 20 日不同时刻 PPI 风场图（左侧，径向风；右侧，水平风）

需要注意的是,丽江机场跑道西侧 3 km 左右处有一个水库。当天气背景稳定时(即没有强烈天气系统影响),若天空晴朗,在太阳辐射的作用下,机场跑道西侧在夜间和白天风向和风速是有显著差异的,即存在风向风速构成的风切变。图 7.6.5 给出了夜间(00 时)和午后(15 时)探测得到的 PPI 风场图,从中可见,夜间有陆地向水面吹,风速都不大(见 00 时图上红色圈),当风向差异大,此时的风切变主要是风向切变。午后由水面向陆地吹,水面为小风速,陆地上为大风速(见 15 时图上红色圈),此时的风切变为风速切变。

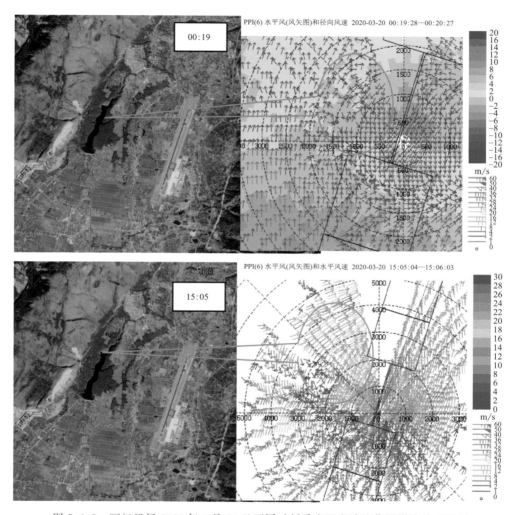

图 7.6.5　丽江机场 2020 年 3 月 20 日不同时刻受水面和陆地作用影响的 PPI 风

7.7　强逆温层引起的风切变个例分析

强逆温层的存在对超低空急流的形成有重要作用。超低空急流对飞机起落飞行的影响主要是急流轴上下风切变造成的空速和俯仰角速度的变化。由于超低空急流出现时最强风切变一般都出现在急流轴之下,且高度较低,因而急流轴下面较强的顺风切变对飞机的安全影响很大,可能造成失速。

图 7.7.1 为 2019 年 1 月 29 日 19:34—23:58 激光雷达风廓线模式探测图,从中可见,探测高度为 2200 m 以下为一致的西南风,在 20:40 之前整层风速较小,在 10 m/s 以下,20:40 以后 300 m 以下风速较小,一般在 10 m/s 以下,500 m 以上风速较大,这是由于夜间地面冷却作用增强导致近地面风和中高层摩擦作用增强,使得不同高度风速相差较大。

从水平风和水平风速曲线图(图 7.7.2)也发现在 22:39—22:43 机场周围风向为一致的西南风,风速随高度增大,最大达到 20 m/s。

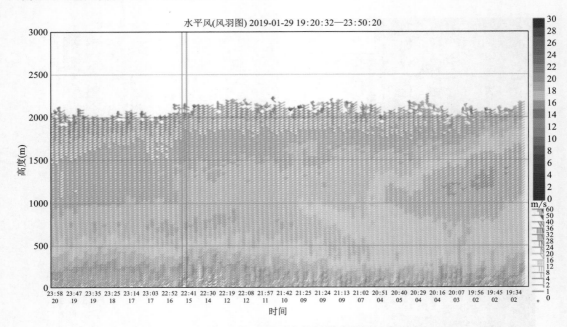

图 7.7.1　2019 年 1 月 29 日西宁机场激光雷达风廓线水平风

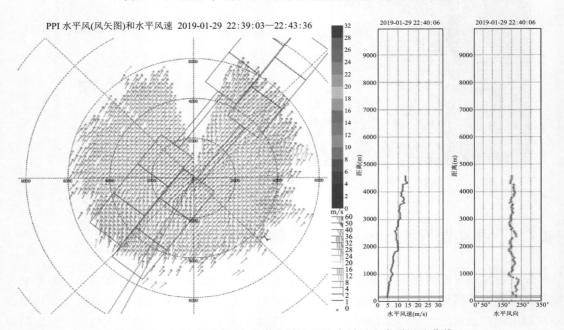

图 7.7.2　2019 年 1 月 29 日激光雷达 PPI 水平风和水平风速曲线

第8章

特殊风场过程分析

■ 8.1 夜间低空急流个例分析

8.1.1 地理环境和天气日变化特征

西宁曹家堡国际机场(ICAO:ZLXN),位于中国青海省西宁市东南方向的海东市互助土族自治县,距西宁市中心 28 km,为 4E 级民用国际机场,跑道长 3800 m,宽 45 m,海拔 2168 m,是青藏高原重要交通枢纽和青海省主要对外口岸。

西宁曹家堡机场及周边地理环境见图 8.1.1,从中可见,机场地处祁连山东南的湟水流域,海拔高达 2179 m。机场三面环山,南北坐落着大小不等高低起伏的山峰。机场西北方向有海拔 2419 m 的南山;西南方向的拉脊山,周围山高平均在海拔 2500 m 以上,最高峰海拔高达 4832 m;西面的日月山属祁连山脉,最高海拔达 4877 m。整体来看,机场南北两侧山脉较多,西侧地势高,东南侧地势低,大部分地区山势较为平缓。飞机场跑道呈东西偏北走向,西高东低,地势较为平坦。由于机场南北两侧山脉河谷较多,机场上空无明显天气系统影响时,其空中风流场具有明显的山谷风特征。凌晨至上午以偏西风(山风)为主,下午至前半夜以偏东风(谷风)为主;风速整体表现为白天风速大,夜间风速小。在 7—9 月,强烈的太阳辐射造成近地层和低空垂直分布的显著差异,产生发展了局地环流,加剧风场的日变化。西宁曹家堡机场于 2011 年进行机场二期建设中为建设新跑道将机场北边的山坡推平,减少了对风的阻挡,使地表面土壤裸露疏松,导致本场风速近几年有所增大。而机场周围的高海拔湖区存在湖面西风,对机场附近风场也会产生较大影响,使其白天西风加强。机场周围受到地形和不同天气系统的影响,风向风速变化大,易造成跑道两端风向相差较大和风向对吹现象,严重危及飞行安全。

8.1.2 低空急流演变和垂直结构

2017 年 11 月 30 日 19 时至 12 月 1 日 06 时期间,西宁曹家堡机场的激光测风雷达探测到约 11 h 的低空急流过程。图 8.1.2 为激光雷达探测的水平风场随时间高度的演变,从中可见,激光雷达清晰地揭示出了低空急流在不同阶段强弱和结构。低空急流于 30 日 19 时移动至雷达上空,19 时至次日 01:30(阶段一),机场低空风场主要受急流控制,次日 01:30—06 时(阶段二),有西北弱冷空气逐渐侵入机场,破坏了急流结构。在阶段一,由于地面逆温层的存

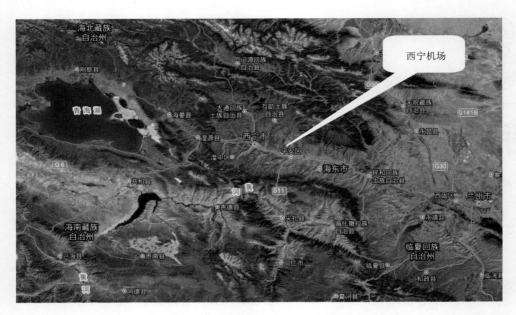

图 8.1.1　西宁机场地理位置周边环境图

在,阻碍了上下层动量交换,使得在逆温层顶形成了低空急流,受地面强摩擦力的作用,白天混合层内保持较强的次地转分布,急流强度整体随时间先加强后减弱,于 20:40—21:50 达到最强,出现了"大风核"结构,此时水平风速达到最大。低空急流底部高度贴近地面,顶部高度和厚度随时间逐渐上升。在垂直结构上,从地面往上,风速先加强后减弱,强风速带明显,急流内部风向变化不大较为均匀;但急流上部,风向呈顺转趋势,从偏东风转变为西南风,表明该处大气层出现暖平流现象。在阶段二,受到西北干冷气流的侵入,机场上空逆温层被破坏,大气层结转为稳定层结,急流强度随时间进一步减弱,急流结构逐渐不明显,"大风核"结构崩溃,急流底部高度逐渐抬升,但顶部高度基本维持不变,急流厚度逐渐减小。在垂直结构上,急流风速整体也呈现先递增后递减的变化,其下部的干冷气团风速较低,急流下部出现了明显的风切变,上部风向仍然均呈显著的顺转变化,即带来暖平流。

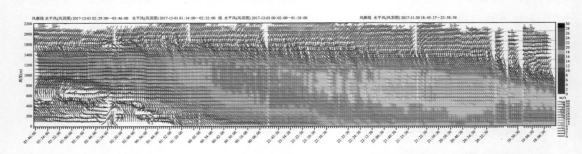

图 8.1.2　2017 年 11 月 30 日 18:45 至 12 月 1 日 03:02 西宁水平风场随时间高度的演变

为进一步分析急流结构随时间变化,图 8.1.3 显示了不同时刻水平风随高度变化图,图中给出了从 19 时到次日 05 时每隔两个小时的风速廓线,显示了低空急流的发展演变过程。第一阶段中,19 时,此时急流中心风速为 17 m/s 左右,急流厚度为 0.5~0.9 km,风速随高度增大—减小—增大,最大风速差达到 13 m/s;21 时,急流强度增强,风速达到 20 m/s 左右,急流核高度到 1.0～1.5 km,厚度增加到 1.2 km 左右,中心轴高度约 0.7 km 左右,23 时急流中心风速减小到 17 m/s,急流中心高度维持在 0.8～1.2 km,急流厚度减小到 0.4～1 km,急流以上风速增大。在第二阶段,冷空气入侵,急流消散,风速递减为 4～8 m/s,下层风速为 2～6 m/s。

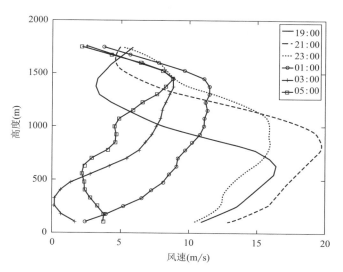

图 8.1.3　西宁水平风场急流结构随时间演变

8.1.3　环流背景

为了细致分析本次低空急流生消特征,采用欧洲中期天气预报中心(ECMWF ERA-Interim)再分析资料的位势高度场、风场和温度场对低空急流生效演变期间的天气环流背景进行分析。图 8.1.4 为 2017 年 11 月 30 日 20 时 500 hPa 和 700 hPa 的天气图。图中可见,500 hPa 上欧亚大陆呈两槽一脊环流形势,位于巴尔喀什湖西北方向的低压,一直分裂短波槽,引导冷空气南下,西宁受其影响,西北风风速达到 16 m/s。温度平流较弱,在西宁以东有较强的高空急流。在 700 hPa 上低压稳定少动,西宁为偏南风,风速较小,高原有暖中心,西宁位于冷槽后。图 8.1.5 给出了 2017 年 11 月 30 日 20 时西宁的温度对数压力图,从中可见,低

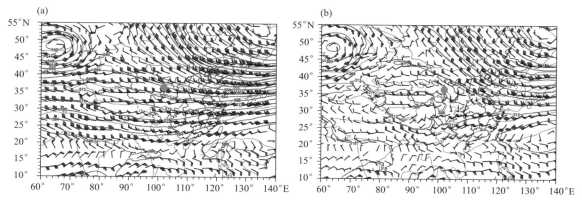

图 8.1.4　2017 年 11 月 30 日 20 时的 500 hPa(a)和 700 hPa(b)位势高度场、风场和温度场(红点为西宁)

层到 700 hPa 温度露点差较大,表明大气湿度较低,为千层结构。仔细分析可见,低空存在浅薄的逆温层,厚度薄。500 hPa 以下风速较小,500 hPa 以上风速随高度逐渐增大,且风随着高度有轻微的顺转现象,反映了微弱的暖平流现象。大气层对流有效位能和对流指数都表明当日大气层为稳定的层结。

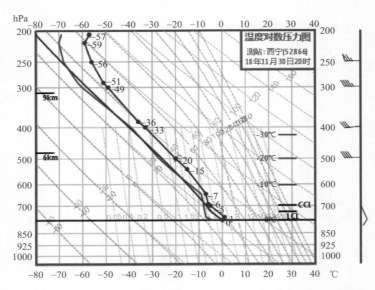

图 8.1.5 2017 年 11 月 30 日 20 时西宁站的温度对数压力图

8.1.4 低空急流引起的温度平流和湍流变化

气象学上,温度平流是指冷暖空气水平运动引起的某些地区温度降低或者升高的现象。温度平流是天气变化的重要原因。根据热成风定理,当某一层中风向随高度顺转时,表示该层有暖平流,当风向随高度逆转时有冷平流。图 8.1.6 所示为急流发生发展期间对应的温度平流随时间高度变化图,从中可见,在第一阶段,19—23 时 1.3 km 以上温度平流非常弱,较强的冷暖平流出现在该高度以下,与低空急流的位置相一致。0.6 km 以下为冷平流,0.6~1.3 km 为暖平流,强度在 0~1.5×10⁻⁴ K/s,下冷上暖的结构表明此时刻大气层结稳定。入夜后受地面辐射降温迅速的影响,机场地面降温比空中大气快,23 时至次日 01 时 30 分,低层均为暖平流,且下部弱,上部略强,此时低空急流高度升高,强度减弱。第二阶段,随着冷空气的入侵,低层平流逐渐减小,温度平流高度随急流高度升高而升高。

湍流是指流体运动杂乱无章、不同层次的流体质点发生激烈的混合现象,流体质点的运动轨迹杂乱无章,其对应的物理量随空间激烈变化。飞机遭遇湍流时会产生颠簸,飞机的飞行高度和角度都会发生变化,这时飞机通常会脱离飞行员的控制。湍流耗散率是指在分子黏性作用下由湍流动能转化为分子热运动的速率,湍流速度在空间上随机涨落,从而形成显著的速度梯度,在分子黏性力作用下通过内摩擦不断地将湍流动能转化为分子动能。湍流耗散率值越大,代表湍流强度越大。

图 8.1.7 为湍流耗散率随时间高度变化图,从中可见,当天湍流耗散率量级在 10^{-5} ~ $10^{-3.8}$ m²/s³。在第一阶段,由于低空急流风向不变,风速变化小,因此在低空急流高度上湍流

耗散率量级在 $10^{-5} \sim 10^{-4.7}$ $\mathrm{m^2/s^3}$,而急流核的湍流耗散率最弱;而低空急流上方风向随高度顺转,风速变化较大,导致湍流耗散率达到 $10^{-3.8}$ $\mathrm{m^2/s^3}$,湍流增强,这个现象与 Conangla 等得出的低空急流高度湍流最小,低空急流上方存在持续较大湍流结论一致。23 时至次日 01:30,随着低空急流的减弱,风速变化增大,湍流迅速增强;在第二阶段,01 时低空急流消失,近地层由于随着冷空气主体侵入,风速小,风向变化大,在 02 时近地层和 1.9 km 出现了湍流耗散率最大值,冷空气慢慢过境,湍流强度由强变弱。

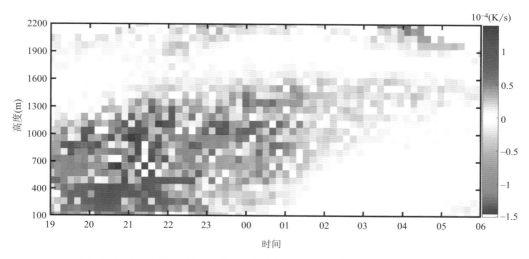

图 8.1.6　2017 年 11 月 30 日 19 时至次日 06 时温度平流随时间高度变化

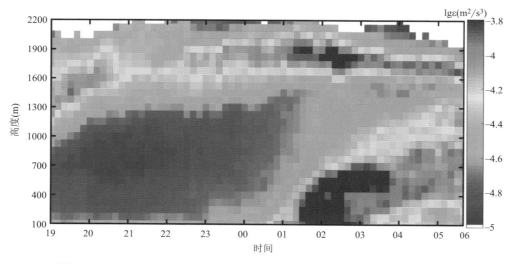

图 8.1.7　2017 年 11 月 30 日 19 时至次日 06 时湍流耗散率随时间高度变化

8.1.5　低空急流中的风速脉动性

由于早期的测风仪器探测精度和时空分辨率低,只能探测到低空急流,近 20 年来,风廓线雷达的出现,大幅度地提高了低空急流的观测能力,但是其 5 min 左右的数据刷新率仍然不能探测到低空急流内部风场变化。近几年,以秒为单位数据刷新率的激光测风雷达弥补了这一不足,它能非常精确地探测到低空急流内部风速的脉动情况,当飞机在飞行过程中遇到了低空急流,急流底和急流顶的风切变会对飞行安全造成严重威胁,同时急流中风速的脉动也会导致飞机强烈颠簸,不同型号的飞机影响程度不同,所以风速脉动性对于飞行安全也非常重要。

  图 8.1.8、图 8.1.9 非常直观地显示了这次低空急流中的湍流团(风速脉动)的探测结果。从图中发现,21 时之前,低空急流核的风速值维持在 20 m/s,风向为偏东风、急流核高度在 0.6～1.1 km。随着时间变化,21 时急流核分裂,出现急流团,风速随时间出现波动。由于前期急流核高度为 775 m,因此取急流底高度(400 m)、急流核高度(775 m)和急流顶高度(1225 m)这些特征点绘制不同高度风速随时间变化图(图 8.1.10),从中看出,风速值随时间出现无规则的脉动现象,400 m 高度上风向一致,风速随时间从16.5 m/s 一直下降到 11.0 m/s,整体风速波动较小;775 m 和 1225 m 高度上风速波动趋势一致,尽管 775 m 高度上风速值比较大,但 1225 m 高度上风速脉动程度比 775 m大,这说明急流中上部湍流强度大于下部。21:18,高度 775 m 和 1225 m 风速曲线出现了大的波动,开始出现湍流团,尽管湍流强度大但湍流团尺度小;在 21:35 之后,风速值波动较小,湍流强度减小;到 22:06,风速值波动再次增强,到 22:30,湍流团尺度最大,强度最强;23 时之后,湍流减弱。

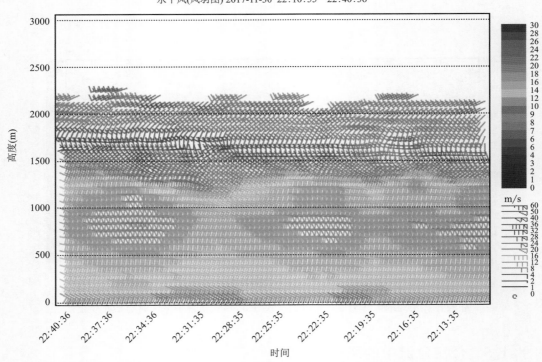

图 8.1.8 2017 年 11 月 30 日 22:10:55—22:40:36 低空急流湍流团

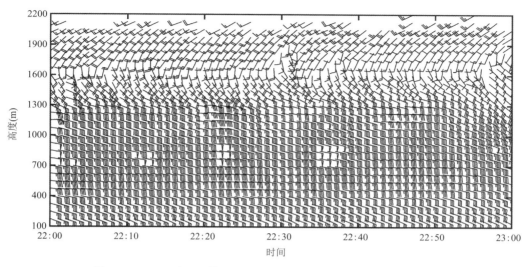

图 8.1.9　2017 年 11 月 30 日 22—23 时低空急流随时间高度变化

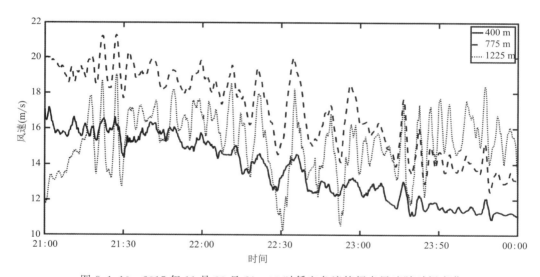

图 8.1.10　2017 年 11 月 30 日 21—00 时低空急流特征点风速随时间变化

8.2　晴空下击暴流个例分析

8.2.1　下击暴流定义和特征

下击暴流,是指一种雷暴云中局部性的强下沉气流,到达地面后会产生一股直线型大风,越接近地面风速会越大,最大地面风力可达 15 级,属于突发性、局地性、小概率、强对流天气。一般认为,下击暴流的形成和雷暴云顶的上冲和崩溃紧密联系着。上升气流在其上升和上冲的过程中,从高层大气运动中获得了水平动量。随着上冲高度的增加,上升气流的动能变为势能(表现为重、冷的云顶)而被储存起来,以后,一旦云顶迅速崩溃,位能又重新变成下降的气流。下击暴流在地面上水平风速大于 17.9 m/s，气流向下，地面气流为辐散或直线风的灾害性风。根据外流的灾害性范围的大小，下击暴流又分为（大）下击暴流和微下击暴流。灾害性风的范围小于 4 km，称为微下击暴流。尽管其水平尺度小，但灾害性风速可高达 75 m/s。其危害与陆卷风相似，但下击暴流和陆龙卷在气压场，垂直气流和旋转轴等方面存在着显著的差别。

下击暴流在多普勒径向速度图上具有明显的辐散特征，而阵风锋（也称标线或伪冷锋）后也有阵性大风，但它们多在多普勒速度图上没有辐散特征，相反，在阵风锋前，多普勒径向速度图上有明显的辐合特征。

下击暴流中的强下沉气流和下击暴流触地后的环状涡旋将引起两类不同的危害。强下沉气流产生的强低空风切变将使飞机在短时间内失去空速（升力小于飞机重量），造成飞机意外失事；而环状涡旋常导致翻船。图 8.2.1 给出了下击暴流的概念图和实测图，其中实测图为2021 年 3 月 25 日在青海玉树机场拍到的微下击暴流。

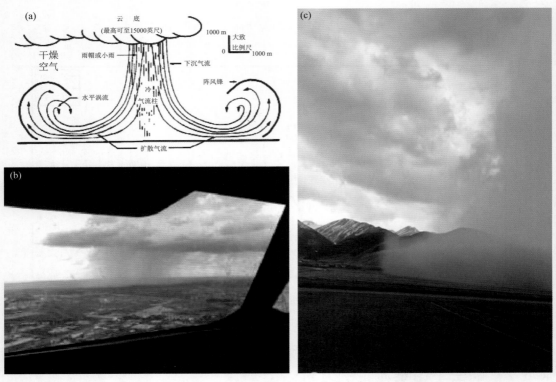

图 8.2.1　下击暴流概念图（a）和机场内出现的微下击暴流实测图（b）、（c）
（a. 概念图；b. 飞机观测图片；c.2021 年 3 月 25 日青海玉树机场实拍图）

下击暴流的速度特征为径向速度辐散，其特点是沿扫描径向方向，出现一对速度值大致相同，而符号相反的径向速度，而且靠近雷达一侧为负速度极值中心，远离雷达一侧为正速度极值中心，两个径向速度极值中心的距离，长短大致可以判断下击暴流范围大小和强度大小。微下击暴流两个速度极值中小的距离短，极值差越大，下击暴流越越强。下击暴流从中空下击触地演变过程中，地面的径向速度辐散才逐步明显。

8.2.2　风切变报告和机场实况

根据西宁曹家堡机场航空器空中报告记录:2018 年 4 月 26 日,青海空管分局气象台值班预报员 13:32 收到塔台通报:川航 8821 时 13:28 左右在 11 号跑道入口 50 英尺(约 15.24 m)高度触发风切变警告,飞机复飞。

从 4 月 26 日机场例行天气报告 METAR 中获悉:飞机复飞前后,本场基准点 11 号跑道观测表明,天空为 3 块积雨云,云底高 900 m 左右。图 8.2.2 为当日 13:24—13:36 西宁机场 11 号、29 号跑道风速风向间隔 30 s 的瞬时值时序图,其中点虚线为复飞时刻(13:28)。图 8.2.2 给出了当日西宁机场气象要素时间序列图,从图 8.2.2(a)可见,11 号跑道,复飞前以西南风为主,风速 4～6 m/s;触发风切变时,30 s 内风向突变 52°,风速增大 3 m/s;复飞期间以偏西风为主,最大风速 10.5 m/s,最大最小风速差为 8.3 m/s,表明复飞时近地面存在显著风切变。11 号跑道本站气压(图 8.2.2(c))在复飞后气压略有波动;复飞时 5 min 气温下降 0.6 ℃,并在 13:36 后气温开始回升。图 8.2.2(b)可见:29 号跑道,复飞前后风向以西南风为主,间断出现偏南风,风速差最大为 2.8 m/s,无显著风切变存在。对比 11 号和 29 号跑道风向风速特征,并结合气温变化特征,并结合机场跑道长度,可知小尺度天气系统是造成此次飞机复飞的天气系统,对跑道的影响时间 8 min 左右。

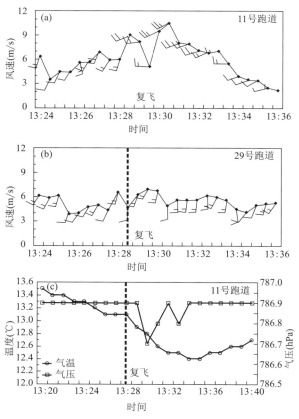

图 8.2.2　2018 年 4 月 26 日西宁机场气象要素时间序列图
((a)11 号跑道风向风速;(b)29 号跑道风向风速;(c)11 号跑道本站气压和气温)

8.2.3　天气环流背景分析

图 8.2.3 给出了 2018 年 4 月 26 日天气图,从中可见,500 hPa 东亚地区呈两槽一脊环流形势,青藏高原暖高压脊北伸至蒙古国西部,槽线位于河套地区到高原地区,西宁机场处在槽区,为东北风和西北风的交界处,风速较小,温度平流弱;700 hPa 图上,高原有暖中心,暖脊北伸到蒙古地区,西宁机场位于暖脊外围。在 08 时地面图中西宁机场处于鞍型场中,天气为阴天,无风,到了 14 时图上,西宁依然处在鞍型场中,青海附近小高压减弱南退到四川盆地,西宁气压降低,温度升高,有小阵雨。

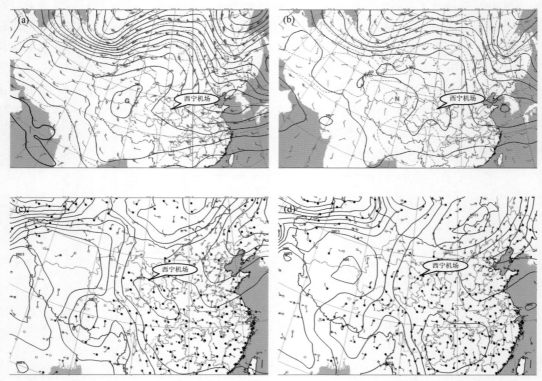

图 8.2.3　2018 年 4 月 26 日 08 时 500 hPa(a)、
700 hPa(b)高度场及 08 时(c)、14 时(d)地面图

8.2.4　天气雷达资料分析

图 8.2.4 为西宁 2018 年 4 月 26 日飞机复飞前后的天气雷达组合反射率(CR)图,其中图 8.2.4(a)为复飞前的 13:27:27 的 CR 图,图 8.2.4(b)为复飞后的 13:30:55 的 CR 图,从中得知:在复飞前后时刻,西宁地区只存在一些弱回波,强度普遍在 20 dBz 附近。复飞前,西宁曹家堡机场(位于西宁东部)上空有小块黄色回波,强度为 30 dBz(圆圈处),复飞后,该处回波中黄色块消失。这说明,在飞机遭遇强风切变复飞前后,西宁机场上空没有大面积强对流回波,但有局部小块弱对流回波。

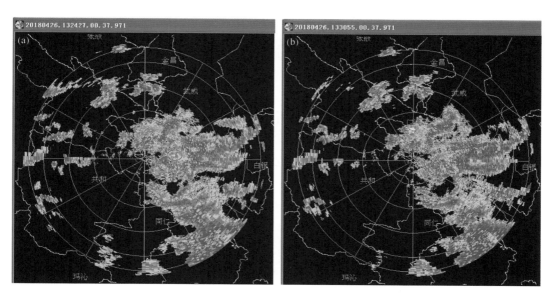

图 8.2.4 2018 年 4 月 26 日(a)13:24:27;(b)13:30:55 飞机复飞前后组合反射率图

8.2.5 风廓线资料分析

图 8.2.5 为 2018 年 4 月 26 日西宁机场风廓线雷达的水平风图,图 8.2.5(a)是位于 11 号跑道的风廓线雷达水平风图,从中可见,在 12:10—12:40 期间,1200 m 高度以上,出现过多处大风,风速值在 12~18 m/s,但在 13:10—13:45 复飞前后风向风速差异不大。图 8.2.5(b)是位于 29 号跑道的风廓线水平风图,从中可见,在复飞前后空中风向风速没有大变化。从 11 号跑道垂直速度图(图 8.2.5(c))上发现,13:10—13:40 复飞前后,整层为强烈下沉运动(红色),其强度为 4~6 m/s。风廓线雷达图像分析实践认为,当垂直速度值大于等于 4 m/s 时,

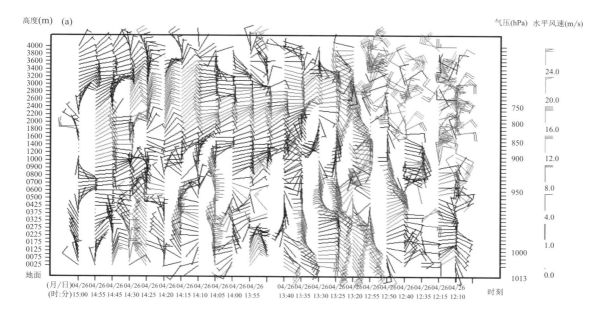

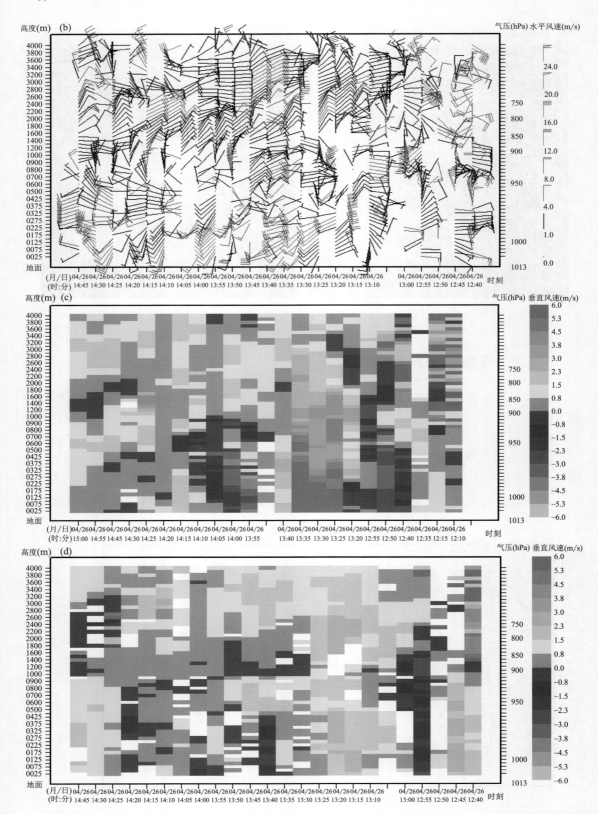

图 8.2.5 2018 年 4 月 25 日机场风廓线水平风(a)(b)和垂直速度(c)(d)((a)(c)11 号跑道;(b)(d)29 号跑道)

认为是出现了降水。这次 11 号跑道在复飞时段出现的强下沉运动,可以认为表示在飞机复飞期间出现了伴随降水。分析此时 29 号跑道垂直速度图(图 8.2.5(d)),复飞前后只有稍大些的下沉运动,没有达到降水的强度,这也表示,该云团的降水仅仅出现在 11 号跑道附近,29 号跑道附近没有降水。这也说明,造成本次飞机低高度复飞的天气系统的水平尺度不大。

8.2.6　激光雷达测风资料分析

图 8.2.6 给出了机场下击暴流流场与地形的叠加,可清晰地看到下击暴流的地理位置。

图 8.2.7 为 4 月 25 日 13:20—13:36 西宁机场激光测风雷达径向速度图,图 8.2.8 为对应时刻的水平风矢图,从中得知,13:20—13:22 在跑道以及 11 号跑道端口有风切变告警,跑道风切变值达到了 0.524 s^{-1},在 11 号跑道西端入口处有径向风速大值区,与图 8.2.8(a)对应区域发现了南风大值区,风速为 18~20 m/s;13:23(图 8.2.8(b))在 11 号跑道西端入口处 4.05 km 处出现了弱中气旋,径向风速为 6.3 m/s,高度 457 m,对应风矢量(图 8.2.8(b))上该中气旋位置出现 20 m/s 大风,该处出现雷暴单体(天气雷达图略);13:28—13:31(图 8.2.8(d))上,在 11 号跑道入口处 1 海里区域出现了风切变告警,值为 0.91,该风切变是由中尺度辐散引起的。在水平风矢图(图 8.2.8(d))上发现,该中尺度辐散的风矢呈现由内向外的特征,表明是一个微下击暴流,该下击暴流产生的中辐散在流场表现为小高压外流,结合空中存在雷暴单体的实况,证实为迅速消散雷暴构成的微下击暴流导致在近地层出现的强烈辐散。

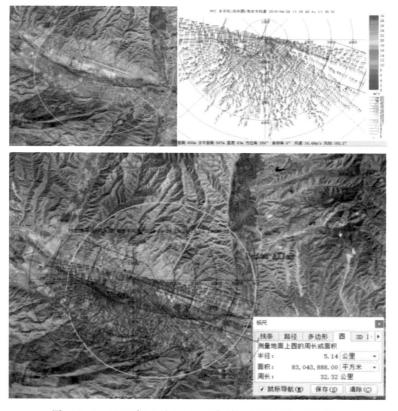

图 8.2.6　2018 年 4 月 26 日下击暴流流场与地形叠合图

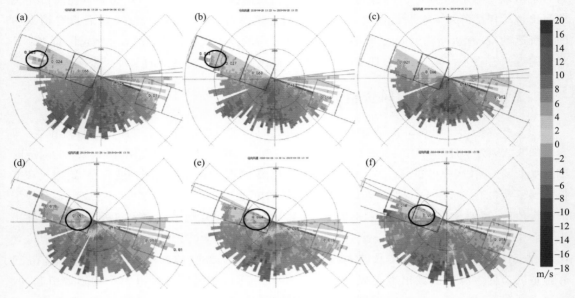

图 8.2.7　2018 年 4 月 26 日激光测风雷达径向速度图

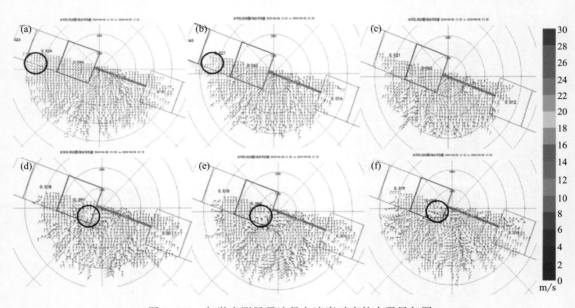

图 8.2.8　与激光测风雷达径向速度对应的水平风矢图

8.2.7　风切变的细致结构和成因分析

（1）径向速度和风矢量特征

径向速度作为激光测风雷达获得的基本数据之一，较水平风分布产品精度更高，可靠性更好。首先分析风切变在径向速度场上的特征，如图 8.2.9 中的填色图所示，从时间演变上来看（图 8.2.8(a)），在 11 号跑道延长线上的方框右下部，即激光雷达正西方向距离 1000 m 附近，径向速度图上有突变。在 13:29 前后(图 8.2.9(b)),该处表现为沿径向方向的显著辐散速度对,在 1 km 范围内径向速度从−8 m/s 快速转变为 6 m/s,该辐散速度对在 13:31 前后(图 8.2.9(c))强度维持并略有加强。13:33 前后(图 8.2.9(d))径向速度上的大值区(±8 m/s)分别向 11 号跑道延长线和 11 号跑道移动,随时间推移,位于延长线方向的大值区减弱消失,而跑道上的大值区维持。

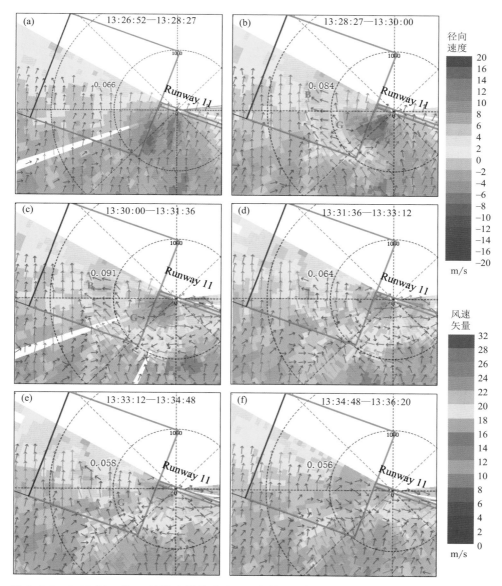

图 8.2.9　2018 年 4 月 26 日激光测风雷达 PPI 扫描图(填色图代表径向风,箭头代表风矢量)

激光测风雷达反演的风场信息如图 8.2.9 中矢量箭头所示,在 13:27 前后(图 8.2.9(a))风矢量为正南北向为主,风速差异诱发了风切变,最大风切变值为 0.066 s^{-1},为轻度风切变(根据 ICAO 规定)。13:29 前后(图 8.2.9(b)),在标记为 G 的附近,风矢量指向四周,即下沉气流到达近地面向四周形成辐散,最大风切变值增大为 0.084 s^{-1},为中等风切变。下沉气流的继续维持,使图 8.2.9(c)中的最大风切变值继续增大,为 0.091 s⁻¹,风矢量的辐散中心较上一个时次向右下方移动了 200 m 左右。同时也可发现,在 11 号跑道上(标记 A)的风矢量已从上一个时次(图 8.2.9(b))的偏南风矢量转为西南风矢量,根据雷达扫描距离圈测定,风矢量的转变区达到 1 km,即在 96 s(一个扇形 PPI)内辐散气流向四周扩散了 1 km,而在 11 号跑道的延长线上 B 区域,风矢量较上一个时刻变化甚小,考虑雷达波束随距离增大而变高的特点,推测可能是下沉在地面形成的辐散气流十分浅薄,这与 Fujita 提出的下击暴流的三维结构相一致。如图 8.2.9(d)所示,13:33 前后风矢量的辐散中心回撤到图 8.2.9(b)相近的位置,四周的辐散风矢量有所减小,该区域内的最大风切变值也降至 0.064 s⁻¹,故此时下沉气流强度正在减弱,配合天气雷达在机场上空没有观测到强对流单体,可以预测风切变将会继续减弱,对飞机着陆安全的威胁也将减小。事实也如此,如图 8.2.9(e)、图 8.2.9(f)所示,最大风切变值降低到 0.058 s⁻¹,再到 0.056 s⁻¹,水平风风向风速也与 13:32—13:36 风廓线雷达所测基本一致。此外,11 号跑道延长线附近为飞机的下滑道,该处的顺风区范围正在逐渐增大,在接下来的飞行保障中顺风风速和范围也是一个关注点。由于顺风区不是本文关注重点,故不再赘述。根据辐散气流和环境风的过渡边界线,对比图(图 8.2.9(b)至图 8.2.9(d)),可知此次强下次气流在近地面形成的辐散气流水平尺度在 3 km 左右。

(2)雷暴高压

图 8.2.10 给出了复飞期间空中风矢量合成示意图和三维激光测风雷达水平风图,图中 G 为雷暴高压位置。从图 8.2.10(a)可见,11 号跑道入口延长线方向上为较为一致的南风,此时无对流系统影响,故南风代表此时大气风场,此时距离 11 号跑道入口 50 m 高度(图中标记 A 的附近)处南风风速最大为 13.0 m/s。13:29 前后,如图 8.2.10(b)所示,在 A、B 区域之间有风场呈反气旋(顺时针)旋转,5 min 气温下降 0.6 ℃,结合风矢量场上的辐散特征,表明此处有雷暴高压存在(图中标记为 G)。对比图 8.2.10(a)、图 8.2.10(b),可以发现 B 处附近风速明显减小,且 B 的南侧环境风为东南风,而 A 处附近的风速显著增大,大风速区在跑道入口形成风切变,切变强度增强至中等强度,促使飞机复飞。A、B 两区域的风速变化概念图如图 8.2.10(c)所示,A 处的风是雷暴高压中辐散风和环境风的同相叠加,故风速增大,对应时刻在地面 50 m 高度处观测到 18.0 m/s 的灾害性大风;而 B 处雷暴高压辐散风抵消了部分环境风,则离雷暴高压越近,实际风风速变得越小。到 13:31 前后(图 8.2.10(d)),雷暴高压较图 8.2.10(b)略有南移,水平尺度不变,由于更多的下沉气流向外辐散在 B 区的南侧形成了辐合线甚至是对头风;A 处对应的风向基本不变,最大风速减小到了 14.3 m/s,此时 A 处气流更多表现为雷暴高压向北侧辐散气流。虽然在 11 号跑道的延长线上水平风速有所减小,但强烈下沉气流作用形成的风切变从 0.084 s⁻¹ 增加至 0.091 s⁻¹,仍将对飞行安全形成威胁。13:33 前后(图略),雷暴高压四周辐射环流维持(图 8.2.10(d)),但顺时针旋转特征明显减弱,且高压中心的风速也有所减小。而到 13:35 前后,在雷暴高压南侧,由于偏南风和高压辐射风的辐合作用下,弱风速带进一步增大,而雷暴高压的顺时针旋转的风场特征趋于消失。

综上所述,微下击暴流在近地面堆积形成雷暴高压,雷暴高压中气流向外辐散,在水平方向上和环境之间形成了风切变。而造成此次飞机复飞的直接原因是,雷暴高压向外辐散气流和环境风相叠加而形成的强低空风切变。下击暴流在 PPI 径向速度场上表征为显著的辐散速度对,1 km 范围内正负径向速度差值达 16 m/s 以上。激光测风雷达的风矢量和水平风产品,不仅能观测到雷暴高压的中心位置和顺时针旋转特征,还能确高压区域大小和强度变化,更重要的是能实时动态跟踪辐射气流的大值区,为飞行安全提供预警。此次低空风切变事件,风廓线雷达能很好地捕捉到强下沉气流的时间和强度,但对强出流形成的低空风切变影响区域无法获悉,与飞行保障的高精细要求有一定差距,相比之下,激光测风雷达更具优势。

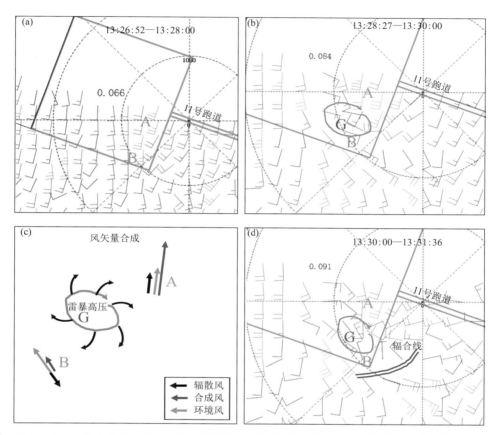

图 8.2.10　2018 年 4 月 26 日风矢量合成示意图和三维激光测风雷达水平风图(G 为雷暴高压位置)

8.2.8　低高度复飞气象原因

综合以上事实:此次飞机低高度复飞的原因是:飞机在沿 11 号跑道降落过程中,受跑道入口南侧 1 km 处,局部对流云团降水产生弱微下击暴流,引起的低层强辐散气流影响,造成了低高度复飞。

通过对 2018 年 4 月 26 日影响西宁曹家堡机场较强低空风切变过程的细致分析,并讨论了其形成机理,有以下结论:

(1)西宁天气雷达观测结果和机场人工观测表明,复飞前后,积雨云位于机场附近,机场上云量少,且云底高,为激光测风雷达探测提供了保障。由于飞机复飞高度极低,越多的近地面风数据对飞行安全越有保障,故激光测风雷达 PPI 扫描模式获取的高精度风场信息尤为重要。

(2)2 km 以下的垂直气流由上升气流迅速转为强下沉气流,径向速度图上存在明显的正负速度对,水平风场上有顺时针旋转特征和超过 18 m/s 的水平风存在,表明下击暴流是造成此次低空风切变的主要原因。通过细致结构分析表明,雷暴高压向外辐散气流和环境风相叠加是低空风切变形成的直接原因。

(3)通过对风廓线雷达资料分析表明,空气在 2 km 高度附近加速下沉,在近地面形成强下沉气流后,向外辐散而触发低空风切变。以 0.4～2.0 km 高度处上升气流迅速转为下沉气流的时刻,较近地面低空风切变的发生有 4 min 左右的提前量。虽然风廓线雷达资料能较好地获取低空风切变的垂直结构,但风廓线雷达受对流系统或乱流的影响,反演数据缺失率较高,难以获得更精细的结构。

(4)激光测风雷达反映,此次下击暴流形成的辐散气流水平尺度在 3 km 左右,影响时间为 8 min 左右,为微下击暴流。虽然微下击暴流尺度很小,但不同区域的风速差异十分显著,应区别对待。从时间上讲,下击暴流对飞行威胁最大是产生初期,因为最大水平风发生在下击暴流初期,最大风切变紧随最大水平风产生。

(5)飞机穿越下击暴流区时,对飞行安全威胁最大的是辐散气流与环境风交界的切变区和下击暴流中心区,本次过程,飞机位于辐散气流边缘区,辐散气流以垂直跑道延长线位置,此种情况下增加快速的下滑道扫描方式对飞机飞行安全更为有利。

8.3 强对头风个例分析

航空活动中飞机都是逆风起降,因为飞机在逆风状态下能获得较好的升力。在飞机起降过程中,需要遵循逆风起飞降落的气象标准,若跑道上一端顺风超过规定值就需要调换飞机由跑道另一端起降。当出现顺风超过飞行起降条件时,若强行起降,会有重大安全隐患。在特殊地形下,在一定天气系统(如机场位于两个稳定高压之间)影响时,风向会发生转换。本节对西宁机场一次造成较大影响的东西对头风过程进行个例分析。

8.3.1 飞机动态描述

根据西宁机场空中交通管制部门通报:2019 年 9 月 27 日 16:53—17:27 由于 29 号跑道接地端地面顺风增大,导致了 5 架飞机复飞,3 架备降,出现了航班延误和不安全事故苗头。表8.3.1 给出 2019 年 9 月 27 日 17:16 的航空器空中报告记录。图 8.3.1 为西宁机场对头风流场和对飞行的影响示意,图中可见跑道中心存在着明显的东西风强辐合线。

表 8.3.1 2019 年 9 月 27 日西宁机场航空器报告(部分)

时间	航班号	机型	报告内容	结果
17:16	CXA8211	CXA821 1B738/ B5388	使用 29 号跑道,ILS/DME 进近,29 号跑道接地端地面顺风增大至超标复飞 复飞位置:距 29 号接地点 2 km,高度:修正海压高度 2200 m 地面风:29 号接地端风向 110°风速 7 m/s,中间段 160°,风速 5 m/s,末端 290°,风速 6 m/s	重庆—西宁正班任务塔台指挥复飞

8.3.2 空中态势

2019 年 9 月 27 日天气形势见图 8.3.2 所示,在 08 时 500 hPa 上(图 8.3.2(a))副热带

高压(以下简称副高)西偏北槽线位北移至青藏高原—云南一带,在我国河套到云南地区形成一个大槽,温度槽落后于高度槽,槽向前发展,西宁位于槽后,风向为西北风,天气晴好;20 时(图 8.3.2(c))副高中心移动到高原南部,高空槽向华中移动,温度槽维持不动,西宁温度降低;在 08 时 700 hPa(图 8.3.2(b))上西宁被三个冷中心包围,位于冷区,风速较小,到 20 时(图 8.3.2(d))高原地区为一个暖中心,西宁温度升高 5 ℃,西宁偏北有一个高压脊,阻挡了西北风下传。

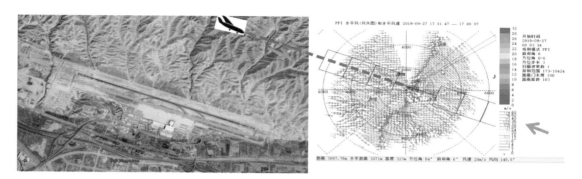

图 8.3.1 西宁机场对头风流场和对飞行的影响示意

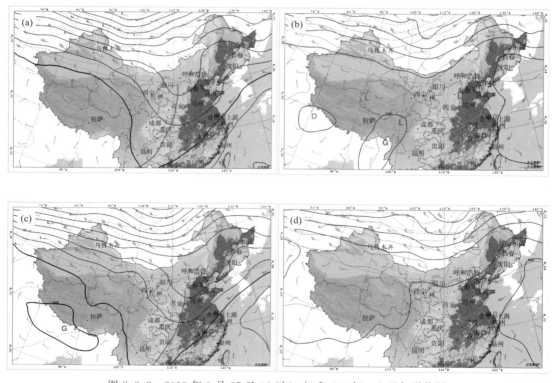

图 8.3.2 2019 年 9 月 27 日 08 时(a,b)和 20 时(c,d)天气形势图

((a)(c)500 hPa;(b)(d)700 hPa)

图 8.3.3 为当天 08 时西宁探空图,从中得知,08 时西宁地区无对流不稳定能量。650 hPa以下有两个逆温层,逆温层厚度小,风随高度逆转后再顺转表示,低层有冷平流,中层为暖平

流,高层风速大,低层风速小,整层湿度较小,大气层结稳定。

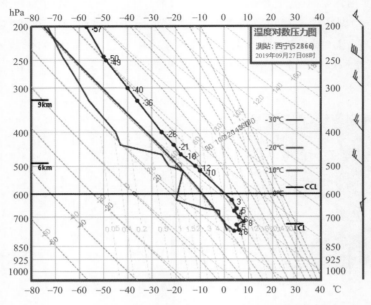

图 8.3.3 2019 年 9 月 27 日西宁站 08 时的温度对数压力图

8.3.3 地面天气实况

图 8.3.4 为 2019 年 9 月 27 日 11 号跑道(指跑道西端)和 29 号跑道(指跑道东端)地面瞬时风速风向变化。从图 8.3.4a 得知,在 16:35 之前 11/29 号跑道地面瞬时风速较小,均在 2～4 m/s;在 16:35 之后,风速增大到 4～8 m/s,并一直维持。17:40 时刻,11 号跑道风速迅速增加,最大达到 11 m/s 后回退到 8 m/s 左右后保持。29 号跑道风速始终在 6～8 m/s。

从图 8.3.4b 中得知 16:11 之前 11 号和 29 号跑道地面均为偏西风。16:11 之后 11 号和 29 号跑道风向开始出现角度差,11 号由西转为西北风,并维持到 17:20,随着迅速由转为偏东

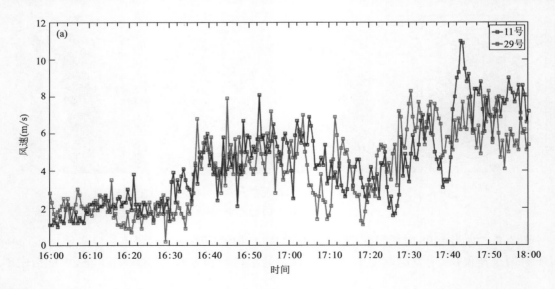

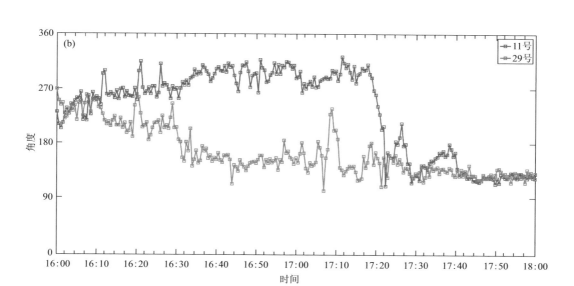

图 8.3.4　2019 年 9 月 27 日西宁机场 11/29 号跑道地面风速(a)风向(b)时间序列图

风。29 号跑道从 16:11 以后,由偏西风转为南风后继续偏转到偏东风,16:30—17:20 跑道两侧风向始终保持相反。17:20 以后,跑道两端风向均为东南风。结合风速变化,16:11—17:40 跑道两侧的风向相反。11 号跑道(跑道西北端)为 6~8 m/s 的西北风,29 号跑道(跑道东南端)为 6~8 m/s 的东南风,造成无论在跑道的哪一端起降,都会遭遇超过飞行条件的对头风,导致多架飞机复飞或改降。

8.3.4　激光测风雷达资料分析

图 8.3.5 为 2019 年 9 月 27 日 16:24—17:33 激光雷达水平风 PPI 探测图,16:24—16:31 (图 8.3.5(a))机场周边以西北风和偏西风为主,机场的东北方为西南风,4 km 内风速较小,在 4 km 以外出现大风,风速超过 18 m/s;到 16:36—16:44(图 8.3.5(b))风速增大,西北方向为偏西风,风速为 8~10 m/s,西南方向为西北风,风速为 8~10 m/s,东北方向为东南风,风速最大达到 20 m/s,东南方向为偏东风,风速最大达到 20 m/s,在东北到西南方向出现有一条较强的辐合线,跑道两端都为较大的顺风,超过飞机着陆气象条件,同时辐合线附近风切变较强,对飞机起降安全造成很大威胁。16:55—17:03(图 8.3.5(c))辐合线两侧风速增大,辐合线南侧位置发生变化;17:14—17:20(图 8.3.5(d))辐合线右侧风速增大到 20 m/s。辐合线西侧风速减小,风向变化较大,风场紊乱,辐合线向西移动;17:20—17:27(图 8.3.5(e))辐合线附近风速增大到 24 m/s,西侧风场西北风风速减小,风向变化较大,辐合线逐渐向西移动;17:27—17:33(图 8.3.5(f))辐合线消散,东南风向西北扩展,控制机场跑道区域。

由于西宁机场位于谷底,为西北—东南走向,两侧都是山,有非常明显的山谷风,从 PPI 图上发现在 16:30 之后风沿山坡向山谷吹,辐合线出现位置与跑道中部北侧山坡上一条深沟的位置吻合(图 8.3.6),随着东南风增大,PPI 图上的辐合线西移直到消失,机场周边为东南风。

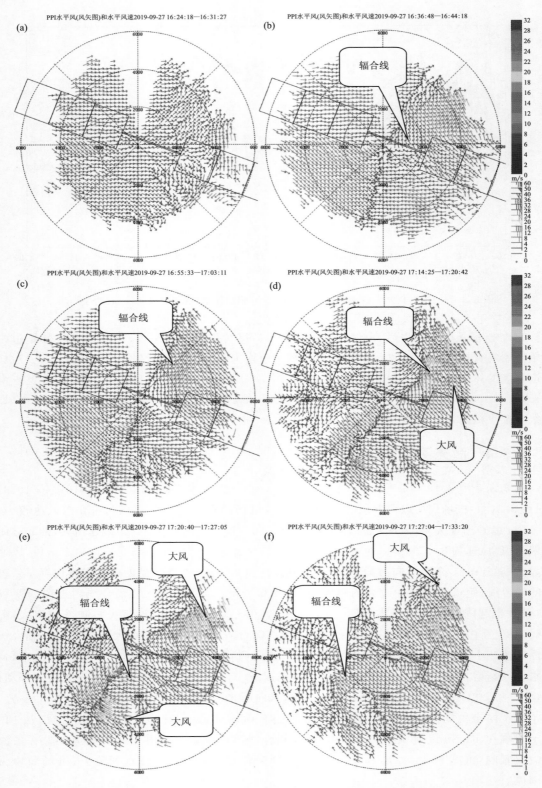

图 8.3.5　2019 年 9 月 27 日 16：24—17：33 激光雷达水平风探测图

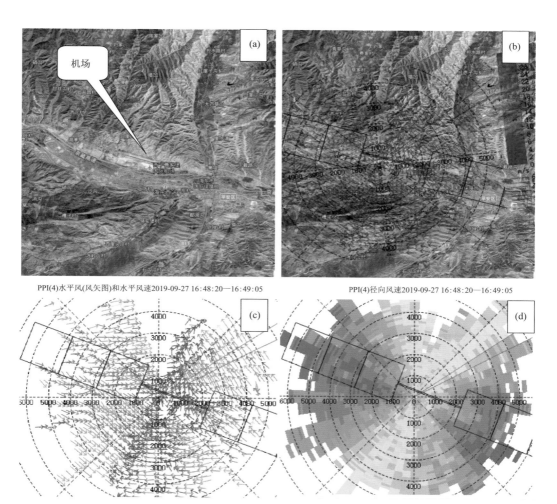

图 8.3.6 西宁机场周边地形和 2019 年 9 月 27 日 16:48 激光雷达测风图
((a)地形图;(b)地形叠加水平风;(c)水平风;(d)径向风)

8.3.5 物理量特征分析

图 8.3.7 为 9 月 27 日 16:00—18:00 水平风和垂直气流图,在 16:53—17:27 水平风风速变化较大,风向变化明显。在 16:13 之前整层风速较小,2 km 以下风速主要在 0~4 m/s 之间,风向为偏西风;16:13—16:45 在 0.5~1.0 km 风速增大,主要为 4~8 m/s;在 16:45 之后低层风速增大,辐合,0~3 km 高度上风向由偏西风转为西北风;16:47 风向由西北风迅速转为西南风,出现了 12 m/s 的大风;随后 16:55 风向为偏西风,在 0.1 km 和 0.5~2.0 km 高度风速减小到 0~4 m/s,辐散;17:10 在 1.6 km 以下风速为 0~4 m/s,17:15 风速随高度变化较大,4 m/s 和 8 m/s 的风交替出现,湍流较大,风向由西南风转为东南风;17:27 在 2.4 km 以下风速为 4~12 m/s,辐合,风向为东南风(图 8.3.7(a))。在 16:45—17:27,水平风风速和风向变化较大,风切变明显,对飞机飞行造成影响。

从图 8.3.7(b)的垂直速度图中得知,在 16:00—16:12 大气以上升运动为主,强度较小,在 16:12—16:36 在 3.0 km 以下主要为下沉运动,强度较弱,在 16:36—16:40 为上升,

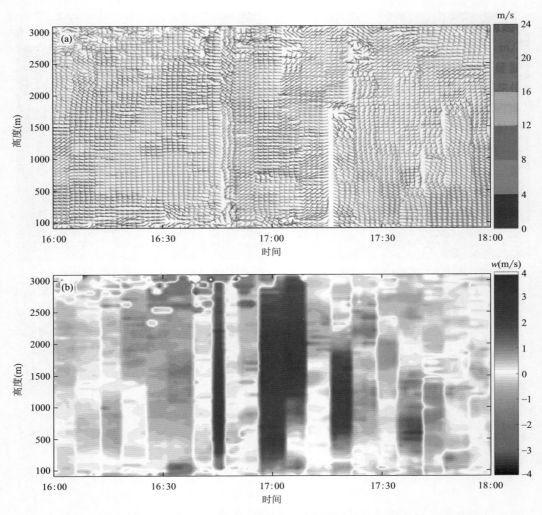

图 8.3.7　2019 年 9 月 27 日 16—18 时激光雷达探测图((a)水平风；(b)垂直气流)

16:40—16:45 出现了较强的下沉运动,为 1～3 m/s,随后又出现了较弱的上升运动,在 16:56—17:30 大气以下沉运动为主,在 17:05 达到最强,随后减弱,17:30 之后上升运动和下沉运动随时间交替出现。由于西宁机场位于湟水河谷,有非常明显的山谷风,在 16 时之后为山风,气流从两侧山坡向下沉,在山谷辐合上升,导致了上升气流和下沉气流交替出现,水平风速变化大,时而辐合时而辐散,对飞机安全造成影响。

图 8.3.8 为 2019 年 9 月 27 日 16—18 时水平风湍流耗散率随时间高度变化图,如图所示,湍流耗散率值量级在 10^{-3}～10^{-1} m^2/s^3,湍流整体较强,16:45 之前,2 km 以下湍流强度大于 2 km 以上,强湍流集中在 0.1 km 以下,ε 量级达 10^{-1} m^2/s^3,16:45—16:55 风速减小,风速风向一致,ε 量级在 10^{-3} m^2/s^3 左右,16:55 开始 0.1 km 和 0.5～2.0 km ε 量级由 10^{-3} m^2/s^3 增大到 10^{-2} m^2/s^3 左右,湍流增强,17:10 在 2.7 km 高度上风场紊乱,出现了 ε 量级最大值,随后 1.5 km 以上 ε 量级减小,17:27 在 2.5 km 以下 ε 量级在 10^{-3} m^2/s^3 左右。湍流耗散率值量级反映了湍流强度的大小,由于在 16:53—17:27 湍流强度时而增大时而减小,造成飞机颠簸。

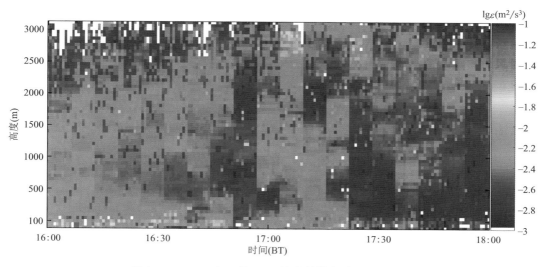

图 8.3.8　2019 年 9 月 27 日湍流耗散率随时间演变图

8.3.6　强对头风产生原因

西宁曹家堡机场位于湟水河谷,海拔较高,两侧有高山,具有山谷风特征,此次事件发生时刻(16—18 时)正是山谷风转化时刻,在西宁北部的高压脊阻碍了西北风下传,导致两侧跑道均为顺风,且风速较大,使得飞机复飞和备降,主要原因如下:

(1)2019 年 9 月 27 日 08 时,500 hPa 副高槽线位于河套至云南一带,西宁处在槽后,受槽后西北风影响,700 hPa 西宁位于 3 个冷中心之间,温度较低,无对流有效位能,湿度较大;20 时 500 hPa 副高中心移动到高原南侧,槽线移动到华南,700 hPa 西宁北部的高压脊阻碍了西北风下传,西宁温度升高 5 ℃,大气稳定。

(2)16:11 之前,跑道地面为西北风,11 号跑道与 29 号跑道之间风向开始出现差别,且随时间增加差值增大,但瞬时风速较小,16:35 之后 11 号跑道为西北风,29 号跑道为东南风,都为顺风,呈对头风形势,风速增大,17:23 之后 11 号跑道转为东南风,风速减小。

(3)PPI 图上,16:36 之前机场周边主要为西北风和偏西风,低层风速小,16:36 之后 11 号跑道为西北风,29 号跑道为东南风,均为顺风,跑道中间有一条较强的辐合线,强的风切变,在 16:55 辐合线两侧风速增大,17:14 之后 29 号跑道风速增大,11 号跑道风速减小,风向波动较大,使得辐合线向左移动变形,17:33 辐合线逐渐消失,跑道为一致的东南风。

(4)由于西宁机场位于湟水河谷,有非常明显的山谷风,在 16 时太阳辐射减弱,上升运动减弱,下沉运动增强,导致了上升气流和下沉气流交替出现,在 16:40—16:45 以及 16:56—17:30 出现了较强的下沉运动,垂直风切变较大。水平风速变化大,在不同高度上出现了时而辐合时而辐散现象,水平风切变较大。

(5)16:00—18:00 湍流整体偏强,在 16:45 之前强湍流集中在 0.1 km 以下,0.1 km 以上湍流响度较弱,在 16:45—16:55 湍流较弱,16:55—17:27 湍流较强,在垂直方向上变化大,时强时弱,容易导致飞机颠簸。

■ 8.4　飑线影响个例分析

　　气象学上,飑线是指范围小、生命史短、气压和风发生突变的狭窄强对流天气带。从天气雷达图上看,飑线是排列成带状的雷暴群。一种范围较小、生命史较短、气压和风的不连续线。其宽度由不及 1000 m 至几千米,最宽至几十千米,长度一般由几十千米至几百千米,维持时间由几小时至十几小时。飑线出现非常突然,飑线过境时,风向突变,气压涌升、气温急降,同时,狂风、雨雹交加,能造成严重的灾害。

　　按照激光测风雷达的探测原理,在强雷雨下,激光波束将受到强烈的衰减无法正常工作,但飑线出现前,局部天气往往由晴空状态下风向突变,风速陡增后出现暴雨、冰雹。为充分了解激光测风雷达的风要素监测能力,下面选择昆明长水机场的一次强飑线过程进行应用分析。

8.4.1　飑线过境天气实况

　　2018 年 8 月 20 日午后,昆明机场出现伴随飑线的强雷雨大风天气,雷暴影响机场的时间为 15:36—15:42,飑线出现时间为 15:26—16:15,大风(风速超过 12 m/s)出现时间为 15:30—15:37,其中最大风速 21 m/s,风向 310°。图 8.4.1(a)为昆明长水机场周边地形地貌

图 8.4.1　2018 年 8 月 20 日昆明长水飑线过境图
((a)机场地形;(b)飑线回波;(c)机场内风雨图)

图,图 8.4.1(b)为当日昆明天气雷达强度图像。图 8.4.1(c)为飑线过境时,在机场登机廊桥处遭遇风雨的实拍照片。

8.4.2　天气形势

2018 年 8 月 20 日 08 时,昆明地区位于空中深厚槽线底部的偏西气流控制,槽后各层均有弱冷空气配合。此次昆明机场飑线强雷雨过程就是槽底偏西弱冷空气在午后热力作用的配合下形成的。300～700 hPa 的各层天气图见图 8.4.2。

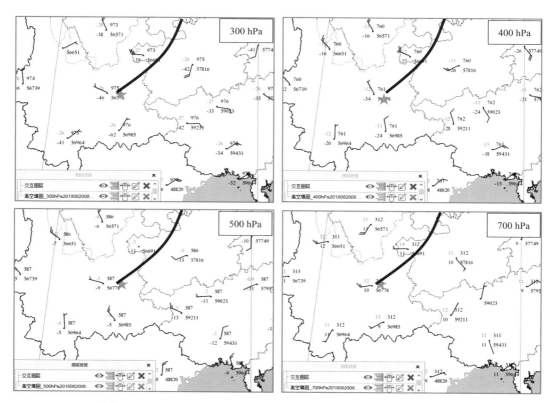

图 8.4.2　2018 年 8 月 20 日 08 时高空形势(红星为昆明机场位置)

8.4.3　探空资料分析

为了了解昆明飑线前后的大气层结状态,下面分析 19 日 20 时至 20 日 20 时昆明站的探空资料。19 日 20 时(图略),昆明地区低层温度露点差较大,意味着低层空气干燥。按照层结曲线中温度露点差小表示湿度大的推理可知,温度露点差在 680～620 hPa 段比较小,且在 LCL(抬升凝结高度)以上,表示这段高度内湿度大,可以认为这段高度内有云,同理。在 500 hPa 高度附近,还有不厚的云层。19 日 20 时图上,湿有效不稳定能量 CAPE 值为 275.6 J/kg,沙氏指数 SI＝－0.92 ℃,表示存在弱的条件不稳定层结。由地面到 500 hPa 的风向呈顺时针变化来看,存在弱的暖平流,由低到高的风分布得知,垂直风切变不大。这可以推知,昆明地区夜间出现强雷暴天气的可能性不大。

从 20 日 08 时探空(图 8.4.3(a))可见,层结曲线在 500 hPa 以下,温度露点差都小,表示此时机场存在低云,且云层较厚。从 CPAE=506 J/kg,SI=−0.06 ℃得知,此时的大气层结为较弱的条件不稳定。从地面到 500 hPa 风数据分析,暖平流减弱,且垂直风切变也变小。在 08 时探空资料的基础上,利用 15 时长水机场的自动站实测的温度 26 ℃,露点 15 ℃替代 08 时的温度和露点,得到 15 时探空订正图(图 8.4.3(b)),从中可见,CAPE 较大,午后有出现强雷雨的可能。

从 20 日 20 时探空(略)可见,层结曲线中温度露点差小值区从 650 hPa 起,一直保持到 480 hPa,这意味着存在较厚的中高云。从 CPAE=1225.9 J/kg,SI=−0.7 ℃表示大气层结的条件不稳定有一定强度。结合夜间辐射冷却增强的事实,不考虑夜间预报雷暴。从垂直风变化来看,低层存在风向对吹的现象,表示出现了近地面湍流,对流抑制能力增强。

从探空分析来看,这次机场区域出现的飑线天气在昆明站探空反映不明显。考虑到昆明长水机场位于昆明探空站东偏北近 40 km。这次机场区域出现的飑线天气在昆明站探空反映不明显。但从 15 时修订图,可以看到不稳定能量增加到考虑到 1183.1 J/kg,表示昆明机场午后有出现雷暴的可能。这说明,考虑机场及周边强对流天气时,需要将天气系统演变(本次是高空槽东移,底部扫过长水)结合地理特征形成的热力作用特点(昆明正午时间为 13:12:05,由西北向东南推进的飑线强雷暴出现在 15:25—16:15)进行综合考虑。如果利用机场配备的微波辐射仪资料开展空中大气层结稳定度、水汽和温度垂直廓线分布分析,或许会有更多的预报线索。

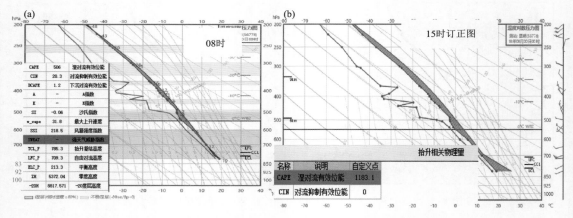

图 8.4.3　2018 年 8 月 20 日昆明探空((a)08 时;(b)15 时订正)

8.4.4　天气雷达资料分析

长水机场与机场气象雷达的位置见图 8.4.4。

15:01—15:31 雷达回波图演变图(图 8.4.5)得知,15:01 在雷达站北侧和西侧已有明显雷暴发展,并伴随雷暴单体的新生,15:07 北侧与西侧雷暴间有单体快速发展,逐渐与北侧、西侧雷暴相连接,15:19 已形成线状排列的多单体雷暴,可以认为形成了飑线,15:25—15:31 飑线东偏北方向有雷暴强烈发展,随后飑线继续向东南方向移动,飑线上单体雷暴在发展中不断伴随新旧单体雷暴的生消。

图 8.4.6 给出了图 8.4.5 中雷暴单体的发展变化,从中得知,15:01—15:07 1 号雷暴区强

图 8.4.4　2018 年 8 月 20 日机场天气雷达(红色 1 处)位置

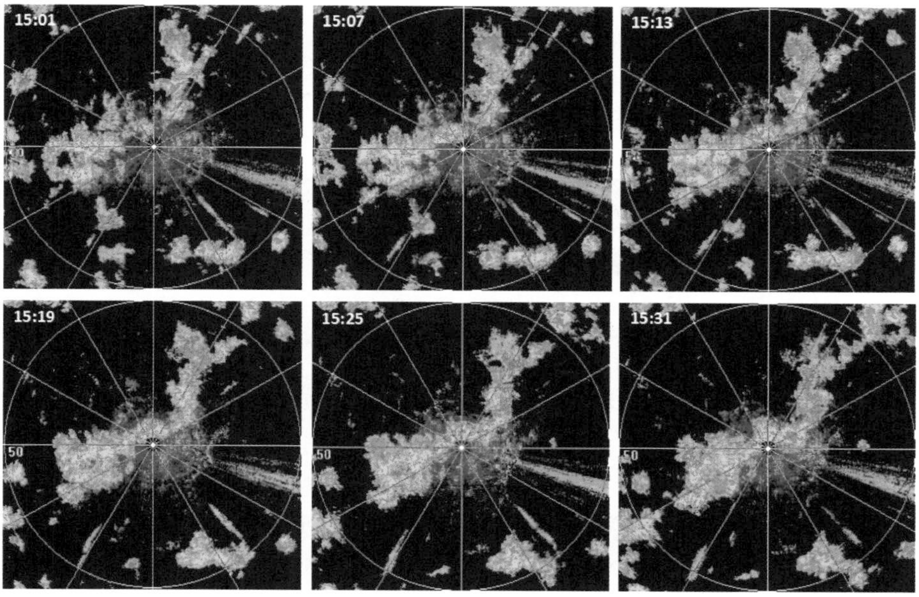

图 8.4.5　2018 年 8 月 20 日机场气象雷达强度回波演变(仰角 1.1°)

回波迅速下降到地面，45 dBz 以上回波面积迅速增大，雷达站白色圈中有阵风锋出现，并向西南方向移动，15:13 阵风锋与前侧雷暴相遇后触发 2 号单体，15:13—15:19 2 号雷暴区出现回波质心下降，低层强回波面积迅速增大，同时 1、2 号雷暴单体出现合并。两次单体雷暴在先后出现质心下降，产生强烈下沉气流。

速度图(图 8.4.7)中 15:07 阵风锋所在区伴随明显大风，在前侧存在风场辐合，使得 2 号雷暴迅速发展，15:13 在 1 号雷暴所在区有速度的辐散出现，朝向雷达一侧风速较为明显，随着 1 号、2 号雷暴的快速合并、强回波的下降，15:19—15:25 低层的速度辐散再次增大，在地面产生大风。此次大风的产生，主要由于单体雷暴中的强下沉气流导致，在雷暴群的发展过程中，伴随雷暴单体的新生、消亡与合并，多次下沉气流的不断补充，造成较长时间的地面大风。

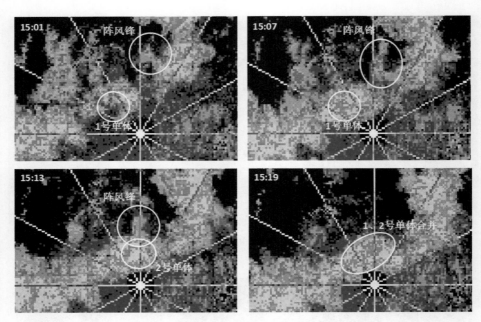

图 8.4.6　2018 年 8 月 20 日雷暴单体的强度发展变化(仰角 1.1°)

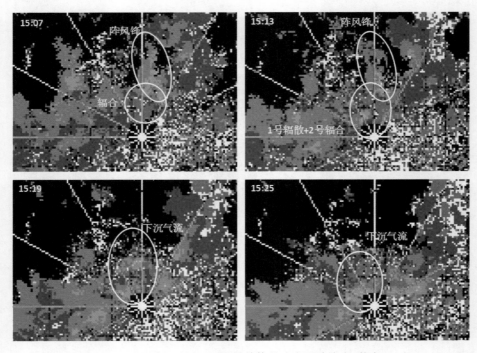

图 8.4.7　2018 年 8 月 20 日雷暴单体的速度回波演变(仰角 1.1°)

8.4.5　地面自动站演变

为了了解强雷雨的分布,利用昆明区域地面气象站资料,分析 20 日 08—18 时当地的风变化和每小时的降水量,见图 8.4.8。从中可见 08 时机场东部有零星降水,12 时降水面积在机场东北方向扩大,局部降水量达到 9 mm,机场东北呈现小尺度的弱气旋环流。15—16 时,降水区域覆盖机场并向东南扩展,16 时机场及周边降水量增大到 16~19 mm,最大达到 26 mm。到 17 时降水面积保持,但小时降水量减小到 3 mm 以下,机场为 0.1 mm,体现了局地强降水的特征。

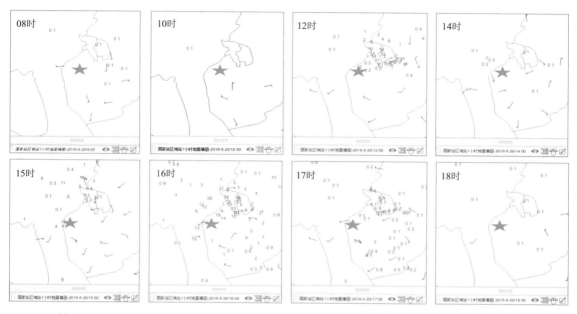

图 8.4.8　2018 年 8 月 20 日昆明机场周边气象自动站记录图(图中红星为昆明机场位置)

8.4.6　地面气象要素变化

图 8.4.9 为给出机场地面气象要素变化图,图中黑线为雷雨天气的时段,红色为飑线时段。8 月 20 日 13:30—18:30 风向变化如图 8.4.9a 所示。在雷雨发生之前,风向总体为 150°~240°,整体为偏南风,其中在 14:10—14:25 与 15:05—15:15 这两个时间段风向分别有风向 150°~240°和 240°~150°的转变。雷雨天气开始后风向迅速变为 240°以上,最高达 330°,转为西北风,飑线期间维持在 300°~330°,维持西北风。飑线过后风向逐渐向偏南风改变,雷雨停止后风向稳定在 160°~220°。可以看到雷雨前有较大风向变化,表现为偏南风逐渐转为偏西风,雷雨前期和飑线发生时维持偏西北风,后期逐渐恢复到偏南风且稳定维持。

8 月 20 日 13:30—18:30 风速变化如图 8.4.9b 所示。在雷雨发生之前,风速为 2~6 m/s,有一定的风速大小波动。雷雨开始后风速快速增长,飑线临近前风速突变,最高达 17 m/s,期间维持在 10 m/s 以上。飑线过后风速迅速下降,降到 6 m/s 以下,雷雨过后风速稳定在 3~6 m/s。可以看到在雷雨发生前风速开始有一定的震荡,发生后风速上升,飑线期间达极大值,过后有所减小,雷雨过后风速回到较稳定的状态。

8 月 20 日 13:30—18:30 温度和露点变化如图 8.4.9c 所示。在雷雨发生之前,地面温度与露点相差了 20 ℃左右,地面湿度较小,温度露点略有波动。雷雨开始后温度迅速下降,露点有所上升,温度露点差迅速减小,减小到 5 ℃,地面湿度增大。飑线发生中温度露点差达 2 ℃

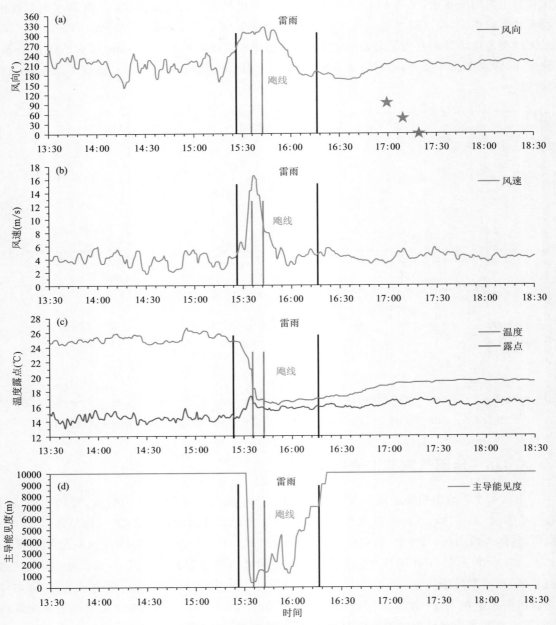

图 8.4.9　2018 年 8 月 20 日机场地面气象要素演变图
((a)风向;(b)风速;(c)温度露点;(d)主导能见度)

以内,湿度较大。雷雨结束后温度缓慢增大到 19 ℃并维持,露点稳定维持在 16 ℃左右,温度露点差趋于稳定。温度及露点在雷雨发生前有 2 ℃左右的波动,雷雨发生后迅速减小,结束后缓慢增大并趋于稳定。

　　8 月 20 日 13:30—18:30 主导能见度变化如图 8.4.9d 所示。在雷雨发生之前,能见度为最大值 10000 m,开始后 5 min 左右的时间能见度迅速降低至 1000 m 以下,最低达 400 m。飑线过程中能见度在 500～1500 m,过程结束后能见度波动上升到 4500 m 左右随后又有一次下降,达 1200 m,之后再次上升。雷雨过程结束时为 7000 m,在 5 min 后恢复到 10000 m。

8.4.7　激光雷达产品分析

据机场气象记录,2018 年 8 月 20 日飑线影响机场的时间为 15:36—15:42,强雷雨出现时间为 15:26—16:15,大风(风速超过 12 m/s)出现时间为 15:30—15:37,其中最大风速 21 m/s,风向 310°。机场周边环境和激光测风雷达安装位置见图 8.4.10。

图 8.4.10　昆明机场周边环境(6 km 圆圈)和激光测风雷达安装位置(右图黄点)

下面分析昆明机场 8 月 20 日飑线影响前后风场变化特征,按照昆明地区的日出日落时刻,结合飑线系统的影响时刻(15:00—16:30),来确定分析研究的时段。8 月 20 日日出、日落和研究时段划分见表 8.4.1。

表 8.4.1　昆明 2018 年 8 月 20 日日出日落时间表和研究时段划分表

天亮	日出	日中	日落	天黑	昼长
06:21:16	06:44:50	13:12:05	19:39:21	20:02:55	12:54:31
后半夜	拂晓	上午	正午	系统影响	傍晚	前半夜
00—05 时	06—07 时	08—11 时	12—14 时	15—17 时	18—20 时	21—24 时

(1)飑线影响前风场(12—14 时)

图 8.4.11 给出了昆明机场飑线影响前(12—14 时)的风场。从图 8.4.11(a)可以看出,机场及周边的气流基本上转为西风,但存在多处西南风与西风的辐合区,风速为 8~10 m/s,与上午阶段类似。探测范围由上午阶段的 8 km 左右缩小到 6 km 左右。

从图 8.4.11(b)中可见,测站周边的风向由西风明显减弱,呈现出南风转西南风的特征。西部区域正西方向上下,分别出现南风与西南风的风向辐合线。在测站的南北方向 2 km 以内保持南风,2 km 以外,南部有西南风和东南风的辐合线,北部有东南风和西南风的辐散线存在。探测范围由 6 km 开始,逐步缩小到 4 km。

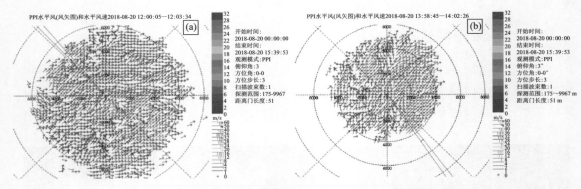

图 8.4.11　2018 年 8 月 20 日昆明机场 820 飑线前(正午期间)风场特征

(2)飑线影响期间风场(15—17 时)

图 8.4.12 给出了昆明机场飑线影响期间(15—17 时)的风场特征。图中红线表示飑线后部气流走向,绿线表示飑线前方气流走向。利用降水对激光波束造成严重衰减,故从激光探测范围减小位置,可以分析判断降水前沿的位置。

从图 8.4.12 可以看出,机场西北首先出现两处超过 20 m/s 的大风区,位于正北距离 4~6 km 处为西风大风区,位于西北距离 4~6 km 处的为东北大风区,并与从测站西南方向的南风构成气流辐合线(红线与棕色线汇集)。西北方向两个大风区和中间区域的北北西风一起构成飑线前沿,由西北向东南推进。飑线前方区域的风向为南风和西南风(见棕色线)。分析还可以看出,在测站东北方向 2~4 km,存在南风和西风的小辐散区。在正东方向 3 km 处由北风和南风形成的辐合区。

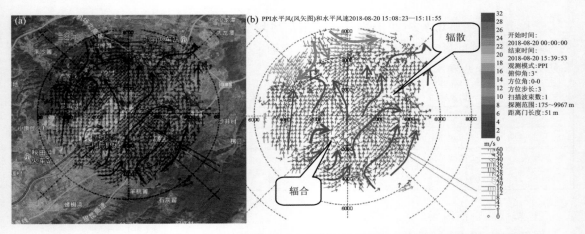

图 8.4.12　2018 年 8 月 20 日飑线距机场 6 km 时刻风场特征((a)叠加机场地形;(b)流场)

从图 8.4.13 中可见,测站东北到正西区域出现了北和西北大风,飑线前沿位于 60°~270°方向。飑线前方为西南风。在测站正东 4 km 外,气流南风与北风混合,意味飑线前后不同性质气流已经渗透到该区域。探测范围在西北方向缩减到 4 km,意味着降水前沿距离测站中心只有 4 km 了。需要注意的是,在测站偏东 4 km 处,存在气流向四周的小辐散区,应该是微下击暴流造成的。

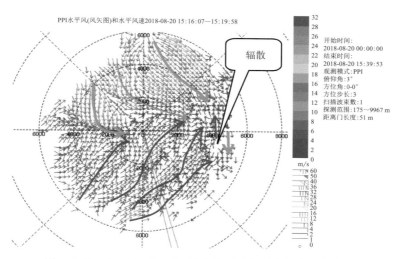

图 8.4.13　2018 年 8 月 20 日飑线影响机场北部的风场特征

从图 8.4.14 中可见,飑线后部偏北大风已经出现在测站西北、东北大部和西南偏北部分。并在正西 4 km 处出现尺度为 4～500 m 范围小涡旋。飑线前部为西南风控制。测站东部 3 km 处,存在偏北气流和偏南气流交织,互有渗透。

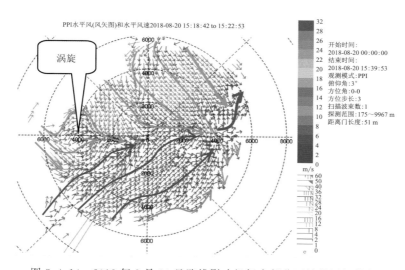

图 8.4.14　2018 年 8 月 20 日飑线影响机场大部分区域的风场特征

从图 8.4.15 中可见,测站西北方向为飑线后部西北大风区。除受建筑物(候机楼)的影响,部分气流转为南风外,机场其他区域已经转为西风。值得注意的是在测站西北方向 4～6 km 处,存在一处气旋性旋转区。在东部沿 90°线,存在西北风和西南风的气流辐合线。在 230°方向存在西北风和南风的气流辐合线。测站西北方向的探测距离已经降到了 3 km,根据激光雷达受降水衰减的事实,这就是强降水前沿位置。

从图 8.4.16(a)中可见,15:31:33 时,测站东部为偏北风和西风,其西部为无数据区,意味着强降水前沿已经西北到达测站西部,即将覆盖机场。从图 8.4.16(b)中可见,到 15:31:36 时探测距离降到 0.5 km 内,风速维持 18～22 m/s。此时强降水已经覆盖机场。

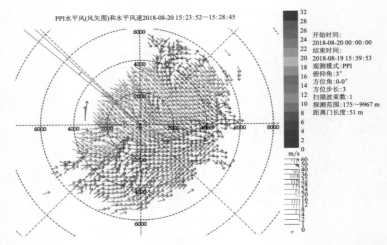

图 8.4.15 2018 年 8 月 20 日强降水前沿到达机场西北 4 km 时刻的风场特征

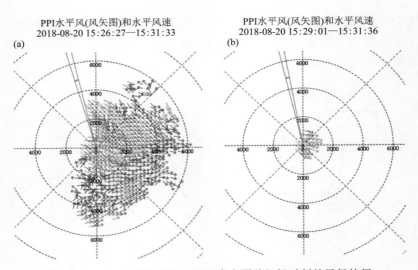

图 8.4.16 2018 年 8 月 20 日强降水覆盖机场时刻的风场特征

从图 8.4.17(a)中可见,15:35:51 时,雷达的探测范围下降到 1 km 左右,这表示暴雨已经覆盖机场,此时大部分区域的风速为 22 m/s。

随着伴随飑线的强降水减弱并东移,雷达探测范围逐步恢复。到 16:19:40 时(图 8.4.17(b)),机场转为南风控制,在正南方向 2～3 km 区域内,气流呈辐合状。此时飑线系统离开机场区域。

因此可见,在飑线天气系统影响时,随着飑线的靠近、压站和过境的不同过程中,测站风向由西南风、南风逐步转为西北风和北风,很好地反映了飑线前后的空中风场结构。在飑线前与特殊地形配合,会有局部微气旋和微辐散(强度接近微下击暴流),飑线附近有强风,和强降水区伴随。强降水导致雷达探测距离强烈衰减,从激光雷达探测距离的变化反映了强降水区域位置的变化。利用这一特点,可以进一步讨论对降水强度、降水位置以及与空中气流的关系。

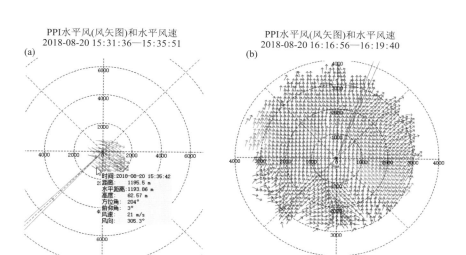

PPI水平风(风矢图)和水平风速
2018-08-20 15:31:36—15:35:51

PPI水平风(风矢图)和水平风速
2018-08-20 16:16:56—16:19:40

图 8.4.17　2018 年 8 月 20 日强降水减弱并移出机场期间风场特征

(3)飑线过境时刻风廓线产品特征

由于 PPI 扫描特点是不同距离为不同高度,所以 PPI 水平风场反应的是激光测风雷达中心位置开始的周边风场。为了了解设备顶空不同高度风场特征,下面分析风廓线扫描模式的廓线水平风和垂直速度产品。

图 8.4.18 给出了飑线过境期间(20 日 15:44:23—15:51:51)昆明机场激光雷达风廓线图,它反映了不同高度上水平风特征。从风廓线产品可以看出:飑线雷暴开始时的 15:44:28—15:44:59,从地面到 1000 m 高度内垂直高度上的水平风变化很大。28 s 时在 200 m 高度附近出现南南西风 24 m/s。43 s 左右,在 600 m 以上出现 20 m/s 左右的西北风。这表明在 15时 44 分左右,测站由上向下存在大风能量的"动量下传"现象。在 15:44:59—15:48:04,测站整层维持 6~8 m/s 的偏西风,中间交织一些小波动,体现了飑线前阵风特征。

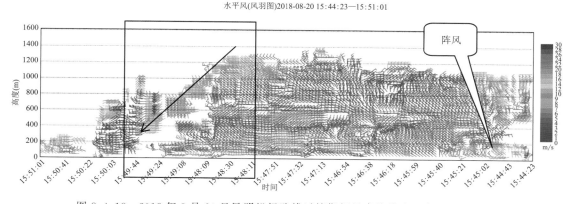

水平风(风羽图)2018-08-20 15:44:23—15:51:01

图 8.4.18　2018 年 8 月 20 日昆明机场飑线过境期间风廓线模式下水平风场特征

从 15:48:04 以后,在 1200 m 高度出现 20 m/s 的偏西风,从 35 s 起,大风区迅速下移,使得 1200 m 高度以下水平风由原来的西北风变为东南风和西南风,风速都迅速增加到 20 m/s甚至以上。并在 15:49:24 左右到达地面。

在此期间,值得注意和进一步分析的现象(图7.4.18中方框)有3点:

① 顶部强风随时间向下传递到地面期间(15:48:11—15:49:44),风向并非都是西北大风,而是与东南大风(风速超 20 m/s)交替出现。

② 在 15:49:20 前后风向迅速由东南大风变到西南大风,是否意味着空中能量下传为崩塌式下传。

③ 在能量下传的同时,有数据空白伴随,这提醒气象人员,数据空白的下传现象或许能作为地面大风的预报指标。需要重视的是,类似现象在风廓线雷达风廓线产品上也多次出现。

图 8.4.19 给出了 20 日 15:44:23—15:51:51 昆明机场飑线过境期间的垂直气流特征。

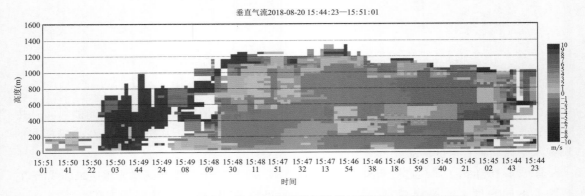

垂直气流2018-08-20 15:44:23—15:51:01

图 8.4.19 2018 年 8 月 20 日昆明机场飑线过境期间垂直气流特征

根据激光探测原理,垂直气流中的负值表示空气的上升运动,正值表示空气的下沉运动,当正值大于一定值后(风廓线雷达为 4 m/s。根据验证,激光测风雷达的风廓线扫描得到 1 的垂直速度定为 6 m/s 为宜),可以表示空中出现降水运动。从图 8.4.19 中可见,在 15:44:23—15:45:02 测站地面出现了降水。随后,从 15:48:49 开始,测站上空出现降水,表示降水运动的强下沉气流的底部位于 220 m 高度附近,从 15:49:24 开始,测站地面又出现了强降水,垂直速度图上显示,从 1000 m 到地面都是强烈的下沉运动。随后,激光雷达的垂直探测能力迅速减弱,在 200 m 高度以上完全被衰减,200 m 高度以下为微弱(±2 m/s 以内)的垂直运动。从 15:50:15 左右,垂直气流探测高度迅速递减到 300 m 以下,应该表示空中垂直运动的变化程度已经超越激光雷达的受衰减能力。

(4)飑线影响后风场

图 8.4.20 给出了昆明机场实测的 8 月 19 日傍晚期间(18—20 时)的风场。从图 8.4.20(a)可以看出,北风控制了机场北部,来自东南方向东南风的一支与来自北方的西北风相交于 45°线附近,即测站 45°方向存在气流辐合线。来自东南方向东南风的另一支方向变为东北风,经过测站南部向东部拓展。沿 4 km 距离圈外,气流以 250°为界形成辐散区域。

从图 8.4.20(b)中可见,测站基本转为南风。测站南部为稳定的 8~10 m/s 的南风。测站以北在 2 km 距离圈内形成右侧逆时针,左侧顺时针的两股弱选择气流向外拓展,到 6 km 左右汇合成西南风。

　　因此可见,飑线过境后,机场及周边区域的空中流场逐步回复到日变化影响的傍晚风流场态势。

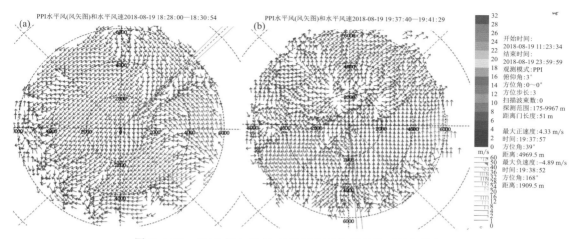

图 8.4.20　2018 年 8 月 19 日昆明机场飑线过境后风场特征

第9章

探测性能讨论

■ 9.1 不同天气类型下激光测风雷达探测性能

9.1.1 风场探测精准度分析

全光纤相干多普勒激光雷达和风廓线雷达都利用多普勒原理得到大气风场信息,但两种雷达的探测示踪物不同:激光测风雷达的示踪物是大气中的气溶胶粒子,而风廓线雷达的示踪物是大气湍流。由于示踪物的差别,不同的天气类型对雷达测风性能的影响也就不一样,最终表现在不同天类型下不同雷达在同一区域、同一时刻的测风精准度有所差异。

为了分析不同天气类型下激光雷达和风廓线雷达的测风性能,我们对在渤海湾某地2015年7—9月的逐小时地面实况资料进行统计,并按照晴天、阴天、雨天、雾和霾天对这三个月的激光雷达、风廓线雷达和双经纬仪测风资料进行分类,随后在相同的天气类型中,选取时间、高度都对应的三者测风数据,以双经纬仪测得的风场数据为大气风场信息基准值,用激光雷达和风廓线雷达数据分别与双经纬仪测风数据进行风速和风向的一元线性拟合,拟合结果如图9.1.1所示。

从图9.1.1(a)和图9.1.1(b)中可看出,在晴天条件下,激光雷达与双经纬仪的风速相关系数为0.963,风向相关系数为0.981,而风廓线雷达与双经纬仪的风速相关系数仅为0.601,风向相关系数为0.931。可见同样都是晴空探测雷达,激光雷达在晴天风速和风向探测的精准度远优于风廓线雷达,而风廓线雷达在晴天风向探测精准度优于风速。从图9.1.1(g)和9.1.1(h)中看出,两种雷达风向在100°~150°(东南方向)均出现空白。分析原因是:该地区属于沿海地区,其东南方向为海湾,当有暖湿的空气从海面吹向冷的陆地,风速在2~7 m/s时容易形成平流雾,7月、8月、9这三个月是平流雾频发季节,在晴天时不出现东南风。

从图9.1.1(c)、图9.1.1(d)和图9.1.1(i)、图9.1.1(j)可看出,在阴天条件下,激光雷达与双经纬仪的风速相关系数为0.951,风向相关系数为0.984,而风廓线雷达与双经纬仪的风速相关系数为0.679,风向相关系数为0.898。可见在阴天条件下,激光雷达的风场探测精准度仍要优于风廓线雷达,且风廓线雷达在阴天的风向探测精准度依优于风速。

从图9.1.1(e)、图9.1.1(f)和图9.1.1(k)、图9.1.1(l)可看出,在雾-霾天条件下,激光雷达与双经纬仪的风速相关系数为0.959,风向相关系数为0.941,而风廓线雷达与双经纬仪的风速相关系数为0.716,风向相关系数为0.782。即在雾-霾天激光雷达的风场探测精准度仍

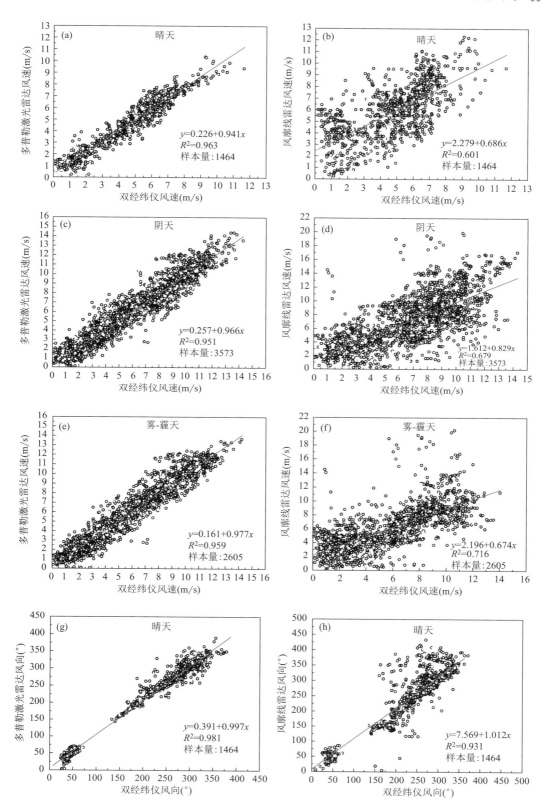

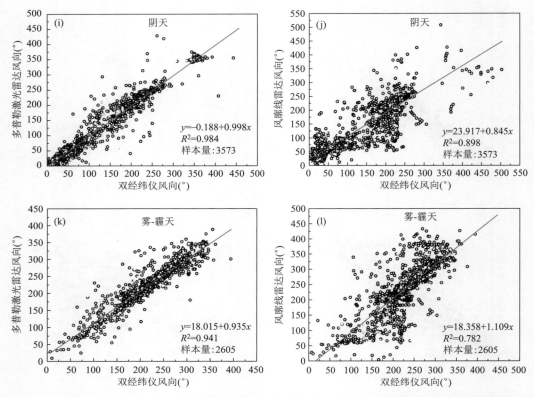

图 9.1.1　不同天气类型下相干多普勒激光雷达和风廓线雷达与双经纬仪测风数据的一元线性拟合
((a)(b)晴天风速线性拟合;(c)(d)阴天风速线性拟合;(e)(f)雾-霾天风速线性拟合;
(g)(h)晴天风向线性拟合;(i)(j)阴天风向线性拟合;(k)(l)雾-霾天风向线性拟合)

要比风廓线雷达大。但值得注意的是,两种雷达在雾-霾天,风向的精准度与晴天和阴天相比都产生了突降。其原因是:雾-霾天时大气层结稳定,大气湍流和风速都很小,当大气风速很小时,不同设备间的风向差异会很大的,这导致激光雷达和风廓线雷达在雾-霾天的风向探测精准度发生突降。此外从图中还可看出,无论是晴天、阴天还是雾-霾天,当大气风速较小时,风廓线雷达与双经纬仪的风速点分布都特别分散,这说明大气风速较小时可能会影响风廓线雷达的风速探测精准度,那么大气风速较大时会不会影响风廓线雷达的风速探测精准度?而气象中,$V \leqslant 5$ m/s 时被认为是低风速,$V \geqslant 12$ m/s 时为高风速,因此之后会以 5 m/s 和 12 m/s 为分界点详细探究大气风速大小对两种雷达风场探测精准度的影响。

　　2015 年 7—9 月,降水发生的时次不多,且如有发生也多在凌晨或者午夜,恰处于两种雷达的非工作时段,导致这三个月中降水时段数据偏少,因样本容量不足,对两种雷达雨天数据进行统计分析代表性不强,下面只从雷达软件截图上分析两种雷达雨天的探测性能。选取 2015 年 9 月 18 日一次雷暴小降水过程,此次降水开始于 14:30,持续一个小时左右,两种雷达的软件如图 9.1.2 所示。

　　从图 9.1.2(a) 和图 9.1.2(b) 中可以很明显的看出,雨天激光雷达探测高度较低,最大探测高度为 1725 m,最小探测高度仅有 345 m,而雨天风廓线雷达探测高度却稳定在 3000 m 左右,其基本不受降水衰减影响,这是因为 1550 nm 的激光属于近红外波段,而水汽分子是红外辐射的主要吸收体,且 1550 nm 恰好位于较强的水汽吸收带,因此雨天激光雷达受降水衰减

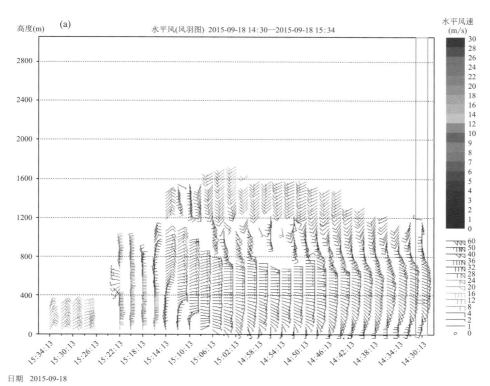

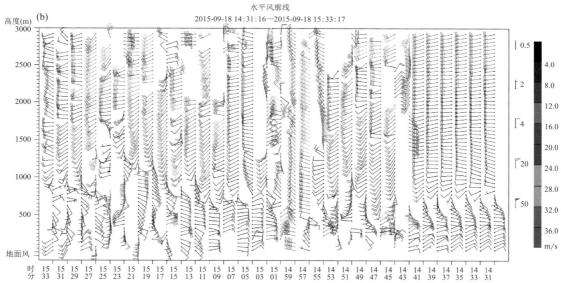

图 9.1.2　两种雷达雨天水平风的时间-高度剖面图

(a)相干多普勒激光雷达;(b)风廓线雷达

很大,导致其探测距离变短,甚至为零。而风廓线雷达反射率与大气折射率结构常数 C_n^2 呈正比,C_n^2 的大小又取决于温度和水汽含量,降水天气来临时,由于大气中水汽含量增加,导致 C_n^2 增大,使得风廓线雷达探测高度基本不变,甚至增加。可见,风廓线雷达比激光雷达更适用于雨天探测,且国内外已经在风廓线雷达雨天应用方面进行了大量的研究,研究表明,风廓线雷达在降水过程分析以及降水预报方面都具有较好的应用能力。

9.1.2 风场探测稳定度分析

我国幅员辽阔、地形复杂,很多机场依山而建,这对飞行安全提出了考验,而 2015 年我国开始实行低空空域开放政策,允许私人飞机使用 1000 m 以下空域,这使得未来目视飞行安全变得更加迫在眉睫。在众多影响飞机安全飞行的天气现象中,发生在 600 m 以下的低空风切变无疑是危害最大。中国科学院大气物理研究所根据 1979 年 8 月至 1980 年 7 月的低空测风资料,统计了不同强度风切变出现的频率,其中"中等"等级的风切变都出现在 280 m 高度下;"强烈"等级的风切变主要出现在 120 m 高度下;"严重"等级的风切变基本只出现在 65 m 高度以下。而飞行的决断高度通常为 60 m,所谓决断高度是决定飞机是否复飞的规定高度。由此可见,风随高度的探测精准度和稳定度对飞机的安全飞行保障很重要,其中 600 m 以下的风场精准探测更重要,这中间 60 m 附近的风场精准探测最为重要。

由于参与验证雷达精准度的双经纬仪的最低探测高度为 60 m,所以下面以 60 m 为起始高度,每隔 30 m 增加一个高度来验证参试激光雷达和风廓线雷达在不同天气类型下,水平风速风向探测精准度和稳定度随高度的变化情况,其结果如图 9.1.3 所示。

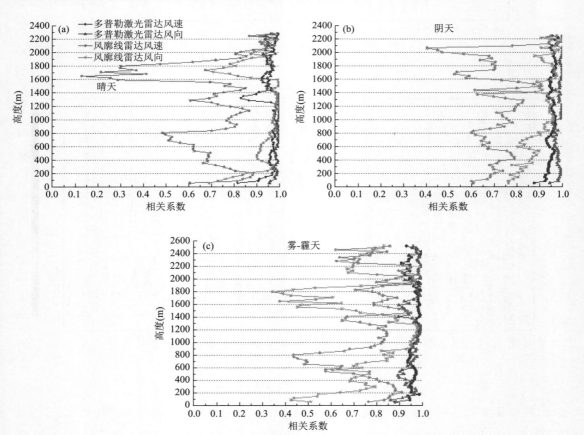

图 9.1.3　不同天气类型下测风相关系数随探测高度增加的变化
((a)晴天;(b)阴天;(c)雾-霾天)

从图 9.1.3a 中可看出,在晴天条件下,60 m 高度处,激光雷达风速相关系数为 0.815,风向相关系数为 0.955,而风廓线雷达风速相关系数仅为 0.604,风向相关系数为 0.690。可见晴天在决断高度处,激光雷达风场探测精准度比风廓线雷达高很多。随着探测高度的增加,风廓线雷达风速和风向相关系数随高度增加波动剧烈,且风速波动比风向剧烈,而激光雷达风速和风向的相关系数却稳定少动,数值基本稳定在 0.95 左右,其风场探测稳定度明显高于风廓线雷达。而在 1320 m 处,风廓线雷达和激光雷达的风速相关系数都出现突降,分别为 0.607 和 0.829,统计分析该高度处双经纬仪的风速数据发现:$V \leqslant 5$ m/s 的风速点数占该高度处样本容量的 60.7%。在 1650 m 处,风廓线雷达风速相关系数突降到最低为 0.128,在 1740 m 处,风廓线雷达风向相关系数突降到最低为 0.672,统计分析这两个高度处双经纬仪的风速数据发现:$V \leqslant 5$ m/s 的点数都达到了 62% 以上。

从图 9.1.3b 和图 9.1.3c 中可看出,阴天与雾-霾天条件下,在决断高度处,激光雷达风场测量精准度依旧优于风廓线雷达;从 90 m 往后,激光雷达风速和风向相关系数随高度的增加稳定少动,风廓线雷达风速和风向相关系数波动依旧剧烈,激光雷达风场探测稳定度依旧明显优于风廓线雷达。对两种雷达自身而言,激光雷达在雾-霾天测风稳定度稍逊于阴天和晴天,风廓线雷达在阴天风速波动比风向剧烈,但在雾-霾天,其风向波动比风速剧烈,分析原因是:雾-霾天大气风速偏小影响风廓线雷达风向的探测精度。阴天在 2070 m 高度处,风廓线雷达风速相关系数突降到最小,其值仅有 0.404,统计分析这个高度处双经纬仪的风速数据发现:$V \leqslant 5$ m/s 的点数达到了 52% 以上,且 $V \geqslant 12$ m/s 的点数有 28.6%。雾-霾天,在 810 m 风廓线雷达风速相关系数突降到最小为 0.437,在 1800 m 风廓线雷达风向相关系数突降到最小为 0.345,统计分析这两个高度处双经纬仪测风数据发现:$V \leqslant 5$ m/s 的个数分别占该高度处样本容量的 51.8% 和 55.7%。

9.1.3　测风精准度的影响因子

前面已知,在晴天、阴天、雾-霾天条件下,当大气风速 $V \leqslant 5$ m/s 时,风廓线雷达与双经纬仪的风速点分布特别分散,而在两种雷达风速和风向相关系数发生突降的高度,以双经纬仪测得的风场数据为当时的大气风场信息基准值,统计双经纬仪的风速数据发现:$V \leqslant 5$ m/s 和 $V \geqslant 12$ m/s 的个数都占该高度处样本容量的 50% 以上,这说明大气风速大小的变化可能会影响激光雷达和风廓线雷达风速、风向的探测精度。

但大气风速大小的变化对激光雷达测风精准度影响大还是对风廓线雷达影响大?对风速的探测精准度影响大还是对风向的影响大?由于气象业务工作中,近地层常常以 5 m/s 作为是否微小风速的区别阈值,以 12 m/s 作为是否大风的阈值,所以这里取 5 m/s 和 12 m/s 作为风速分界点来分析不同天气类型下大气风速大小对两种雷达测风精准度的影响是否合适?针对以上疑问,依旧以双经纬仪测得的风场数据为当时的大气风场信息基准值,分晴天、阴天、雾-霾天条件,对双经纬仪风速进行区间划分:0 m/s $\leqslant V <$ 1 m/s,1 m/s $\leqslant V <$ 2 m/s,2 m/s $\leqslant V <$ 3 m/s,…,11 m/s $\leqslant V <$ 12 m/s,…。以 0 m/s $\leqslant V <$ 1 m/s 的风速区间为例:区间里面每一个点都对应着激光雷达、风廓线雷达和双经纬仪三者的测风数据,求出此区间激光雷达与双经纬仪风速的均方根误差 d、风向的均方根误差 D,风廓线雷达和双经纬仪风速的均方根误差 e、风向的均方根误差 E。依此思路求出 0 m/s $\leqslant V <$ 1 m/s,1 m/s $\leqslant V <$ 2 m/s,2 m/s $\leqslant V <$ 3 m/s,…,11 m/s $\leqslant V <$ 12 m/s,…,各区间的 d、e、D、E,以双经纬仪风速区间为横坐标,对不

同天气类型下两种雷达测风精准度随大气风速增加而变化进行分析,具体如图 9.1.4 所示。

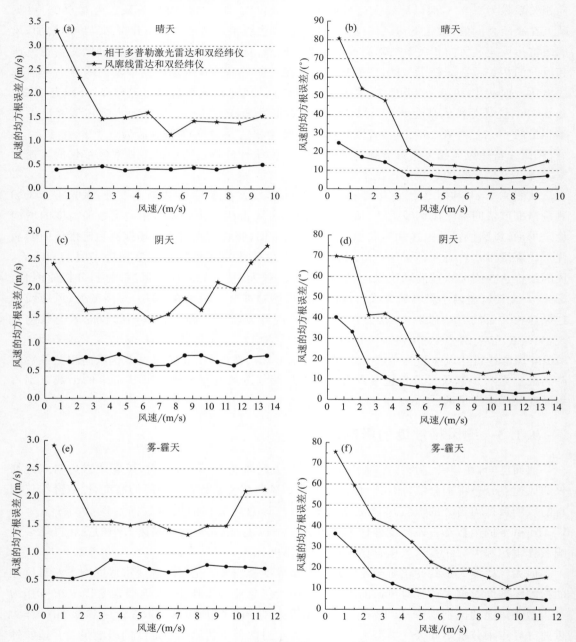

图 9.1.4 不同天气类型下风速和风向均方根误差随大气风速增大的变化

(a)(b)晴天;(c)(d)阴天;(e)(f)雾-霾天

从图 9.1.4(a)和 9.1.4(b)中看出,晴天条件下,激光雷达风速均方根误差比风廓线雷达小很多,其值少变稳定在 0.5 m/s 以下,其风速探测精准度非常的高基本不受大气风速变化的影响。当 $V < 2$ m/s 时,风廓线雷达风速均方根误差却突变明显,其风速探测精准度受小风速影响较大。之后随着大气风速的增加,风廓线雷达风速均方根误差稳定在 1.5 m/s 左右。晴天条件下,激光雷达风向均方根误差明显小于风廓线雷达,随着大气风速的增加两种雷达风向

均方根误差都呈逐渐减小趋势。且当 $V<3$ m/s 时,两种雷达风向均方根误差都出现明显突变,其风向探测精准度受小风速影响。即大气风速较小时会影响到雷达风速和风向的探测精准度,这是因为:风速较小时,雷达探测的目标回波信号很微弱,极易受到杂波污染,如不能精准的从杂波信号中提取目标回波信号,会给风场探测带来不确定性,从而影响雷达的风速风向探测精准度。

从图 9.1.4(c)、图 9.1.4(d) 和图 9.1.4(e)、图 9.1.4(f) 中看出,阴天与雾-霾天条件下一样,激光雷达风速均方根误差稳定在 0.7m/s 左右,基本不受大气风速变化的影响。当 $V<2$ m/s 时,风廓线雷达风速探测精度依旧受小风速影响较大,但由于阴天、雾-霾天大气风速相比晴天明显偏大,使得当 $V \geqslant 10$ m/s 时,风廓线雷达的风速均方根误差突变明显,其风速探测精准度受到大风速影响变大,分析原因主要是:大气风速较大时,湍流旺盛,风廓线雷达有效探测体积内大气不满足局地均匀各向同性,且较大风速一般出现在高层大气,此时大气回波信号较弱,信噪比较小,使得大气风速较大时风廓线雷达风速探测误差变大,而这种误差会严重威胁对风速大小很敏感的空中起降活动安全。阴天与雾-霾天条件下,激光雷达风向均方根误差依旧明显小于风廓线雷达,且随着大气风速的增加两种雷达风向探测精准度都逐渐增大。当 $V<3$ m/s,激光雷达风向探测精准度依旧受小风速影响较大,但只有当 $V \geqslant 6$ m/s 时,风廓线雷达风向探测精准度受小风速影响才逐渐变小。

9.2 径向风反演水平风的算法

多普勒激光测风雷达的风场反演方法大致可以分为以下几类:以速度方位显示(VAD)为代表的空间几何类反演法;以速度体积处理(VVP)为代表的统计拟合法;以四维变分同化和涡度-散度为代表的动力学方法等,以下分别对这几种方法做介绍。

9.2.1 VAD 技术反演风场

多普勒激光雷达探测到的是风的径向速度分量,而我们实际需要的是水平风和垂直风,已知在假设水平风场为均匀分布前提下,径向速度随方位角的变化为一条余弦曲线,若获得的径向速度足够多,就可以反演出雷达周围的平均风场,得到水平风和垂直风,这种技术就是 VAD(Velocity-Azimuth-Display)技术。VAD 技术最早在 20 世纪 60 年代初期由 Lhermitte 和 Atlas 等人提出,20 世纪 80 年代末期,国内学者也开始关注和研究这种风场反演算法,汤达章、忻翎艳和陶祖钰率先研究了利用 VAD 技术获取平均风信息的方法,随着这种技术的不断发展完善被广泛用于多普勒天气雷达中,之后多普勒激光雷达崛起并蓬勃发展,VAD 技术也就被引入了激光雷达中。胡企铨和胡宏伟(2000,2001)理论的推导出用四波束圆锥扫描反演平均风的 VAD 方法,之后他们又变化推导出了地基多普勒激光雷达和星载多普勒激光雷达的 VAD 方法,刘金涛等(2003)把激光雷达用 VAD 技术探测到的平均风与小球探空的结果进行了对比,表明两种探测结果大体一致,2006 年由中国海洋大学和中国气象科学研究院研制的非相干多普勒激光测风雷达在青岛奥帆赛赛场进行了实地测验,结果表明激光测风雷达可以很好地反映赛场附近海风风向的变化和垂直结构(盛春岩 等,2007),王邦新等(2007)详细推导出了三波束圆锥扫描平均风的 VAD 方法,并对合肥对流层的风场进行了探测,这次探测所用的激光雷达是由中科院安徽光机所研制的双 Fabry-Perot 标准具多普勒激光测风雷达,王春晖、李彦超(2008)把数据质量控制加入到了VAD反演算法中,即先对径向速度进行缺测点插值、剔除奇异点和小幅值速度,再用VAD反演出平均风场、沈法华、王忠纯(2010)把VAD反演算法用于米散射和瑞利散射多普勒激光雷达中,并把探测的风矢量与微波雷达进行比对,结果表明激光雷达探测风场性能良好,可以长期用于低对流层大气风场的观测,而沈法华、孙东松(2012)又尝试把VAD反演算法用于移动式多普勒激光雷达中,自此完善了移动式多普勒激光雷达风场扫描和反演技术。

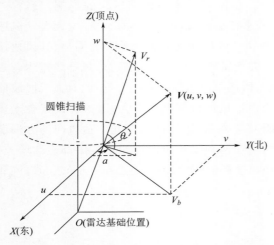

图 9.2.1 多普勒激光测风雷达三波束扫描示意图

与传统的VAD方法不同的是,激光测风雷达是采用相同间隔方位角和固定仰角的扫描方式,这种扫描方式分为三波束和四波束两种。两种波束的扫描区别不大,下面主要分别介绍三波束扫描方法,并给出了这种方法的风向和风速误差。激光雷达风场扫描速度很快,最多只要3~4 s时间就可对风场完成一次扫描,目前激光雷达都可做到1 s内完成风场扫描,在这么短的扫描时间内完全可以假设大气风场是线性分布的,扫描方式如图 9.2.1 所示。X 轴指向正东方向,Y 轴指向正北方向,Z 轴指向天顶建立直角坐标系。设激光雷达测得的径向速度为 V_r,雷达扫描的方位角为 θ,雷达扫描的仰角为 ψ,矢量在直角坐标系各个轴上的分量分别为 u、v 和 w。因此可知它们的几何关系为:

$$V_r = u\cos\theta\cos\psi + v\sin\theta\cos\psi + w\sin\psi \tag{9.2.1}$$

三波束扫描所对应的方位角是 θ_1、θ_2、θ_3,其扫描方向所对应的径向速度是 V_{r1}、V_{r2}、V_{r3},于是有:

$$\begin{cases} V_{r1} = u\cos\theta_1\cos\psi + v\sin\theta_1\cos\psi + w\sin\psi \\ V_{r2} = u\cos\theta_2\cos\psi + v\sin\theta_2\cos\psi + w\sin\psi \\ V_{r3} = u\cos\theta_3\cos\psi + v\sin\theta_3\cos\psi + w\sin\psi \end{cases} \tag{9.2.2}$$

经过转化得到 u、v、w 三个分量为:

$$\begin{cases} u = \dfrac{(V_{r1} - V_{r2})(\sin\theta_3 - \sin\theta_1) - (V_{r1} - V_{r3})(\sin\theta_2 - \sin\theta_1)}{\cos\psi[\sin(\theta_1 - \theta_2) + \sin(\theta_2 - \theta_3) + \sin(\theta_3 - \theta_1)]} \\ v = \dfrac{(V_{r1} - V_{r2})(\cos\theta_1 - \cos\theta_3) - (V_{r1} - V_{r3})(\cos\theta_1 - \cos\theta_2)}{\cos\psi[\sin9(\theta_1 - \theta_2) + \sin(\theta_2 - \theta_3) + \sin(\theta_3 - \theta_1)]} \\ w = \dfrac{V_{r1}\sin(\theta_2 - \theta_3) + V_{r2}\sin(\theta_3 - \theta_1) + V_{r3}\sin(\theta_1 - \theta_2)}{\sin\psi[\sin(\theta_1 - \theta_2) + \sin(\theta_2 - \theta_3) + \sin(\theta_3 - \theta_1)]} \end{cases} \tag{9.2.3}$$

于是可知道水平风速和水平风向 V_h 和 α(风向的起点是正北方向,顺时针旋转为正)分别为:

$$V_h = \sqrt{u^2 + v^2} \tag{9.2.4}$$

$$\alpha = \arctan(v/u) \tag{9.2.5}$$

若激光雷达三波束扫描的仰角固定为 45°,三个波束对应的方位角为 0°、120°、240°,于是

风矢量的 u、v、w 三个分量化简为：

$$\begin{cases} u = \dfrac{\sqrt{2}}{3}(2V_{r1} - V_{r2} - V_{r3}) \\[2mm] v = \dfrac{\sqrt{6}}{3}(V_{r3} - V_{r2}) \\[2mm] w = \dfrac{\sqrt{2}}{3}(V_{r1} + V_{r2} + V_{r3}) \end{cases} \tag{9.2.6}$$

风速误差和风向误差分析：

假设三波束扫描中每个波束沿径向的速度误差分别为 ΔV_{r1}、ΔV_{r2}、ΔV_{r3}，则合成的水平风速误差 ΔV_h 为：

$$\Delta V_h^2 = \sum_{i=1}^{3} \left(\frac{\partial V_h}{\partial V_{ri}} \Delta V_{ri} \right)^2 \tag{9.2.7}$$

由公式(9.2.4)和(9.2.6)可得：

$$\frac{\partial V_h}{\partial V_{ri}} = \frac{\partial V_h}{\partial u} \frac{\partial u}{\partial V_{ri}} + \frac{\partial V_h}{\partial v} \frac{\partial v}{\partial V_{ri}} \tag{9.2.8}$$

其中：

$$\frac{\partial V_h}{\partial u} = \frac{u}{V_h} \tag{9.2.9}$$

$$\frac{\partial V_h}{\partial v} = \frac{v}{V_h} \tag{9.2.10}$$

则最终水平风误差为：

$$\Delta V_h = \sqrt{\sum_{i=1}^{3} \left[\left(\frac{u}{V_h} \frac{\partial u}{\partial V_{ri}} + \frac{v}{V_h} \frac{\partial v}{\partial V_{ri}} \right) \Delta V_{ri} \right]^2} \tag{9.2.11}$$

再假设三波束扫描每个波束方位角误差分别为 $\Delta\theta_1$、$\Delta\theta_2$、$\Delta\theta_3$，则合成水平风向误差 $\Delta\alpha$ 为：

$$\Delta\alpha^2 = \sum_{i=1}^{3} \left(\frac{\partial\alpha}{\partial\theta_i} \Delta\theta_i \right)^2 \tag{9.2.12}$$

由公式(9.2.3)和(9.2.5)可得：

$$\frac{\partial\alpha}{\partial\theta_i} = \frac{\partial\alpha}{\partial u} \frac{\partial u}{\partial\theta_i} + \frac{\partial\alpha}{\partial v} \frac{\partial v}{\partial\theta_i} \tag{9.2.13}$$

其中：

$$\frac{\partial\alpha}{\partial u} = \frac{v}{-V_h^2} \tag{9.2.14}$$

$$\frac{\partial\alpha}{\partial v} = \frac{u}{V_h^2} \tag{9.2.15}$$

则最终水平风向误差为：

$$\Delta\alpha = \sum_{i=1}^{3} \left[\left(\frac{v}{-V_h^2} \frac{\partial u}{\partial\theta_i} + \frac{u}{V_h^2} \frac{\partial v}{\partial\theta_i} \right) \Delta\theta_i \right]^2 \tag{9.2.16}$$

9.2.2　VVP 技术反演风场

速度体积处理 VVP(Volume Velocity Processing)技术，是让雷达先做一个仰角为 ψ_1 探

测距离为 r 和 $r+\Delta r$ 的扫描,此时雷达扫过的方位角范围是 $\Delta\theta$,然后抬高雷达使得仰角变为 ψ_2,重复上面的扫描过程,就得到了一个体积为 ΔV 的分析体积块,$\Delta V = \Delta r \times \Delta\theta \times \Delta\psi(\Delta\psi = \psi_1 - \psi_2)$,假设分析体积中风场为线性分布,把雷达获取的径向速度进行线性展开处理,接着就可以用最小二乘拟合法反演出雷达探测范围内的二维或者三维风场信息,理论上可以反演出三维风速、风向、变形场、辐散场、切变项等 12 个变量,VVP 技术最大的难点在于矩阵求解的复杂性,尤其是由垂直速度引起的线性方程组的病态矩阵问题,因此 VVP 方法长期以来只能反演得到部分变量。VVP 技术最早是由 Waldteuful 和 Corbin 在 1979 年提出的,当时他们只反演求算出了 9 个变量,Albert 等发现变量相互之间的关系以及算法中参数的设置会影响反演的结果,于是他们对以前的 VVP 方法做了相应的简化与改善处理,去掉了垂直风切项和垂直风速这两项,使得反演得到的变量减少到了 7 个,Boccippio 利用奇异矩阵分解(SVD)方法反演出了 6 个参数,并指出了忽略的参数会给反演带来潜在的误差,在国内,魏鸣年从数学上对 VVP 算法的求解进行了改进,把修正矩阵的平衡技术运用到了病态矩阵的判别中去,有效地克服了病态矩阵问题对于矩阵求解的干扰,张少波、胡明宝等用预处理共轭梯度法处理 VVP 技术中的病态矩阵问题,并提出相对于高斯分解法,这种预处理共轭梯度法的效果更好,蒋立辉、范道兵把 VVP 技术运用于多普勒激光雷达中,并探究了对于机场这种小尺度的风场反演的效果,通过与原始数据进行比较再分析误差,表明 VVP 方法反演机场小尺度风场效果比较好。

VVP 技术在激光测风雷达中的扫描如图 9.2.2 所示,即从径向、切向、垂直三个方向构成一个空间分析体积。通过一定的假设条件可以求得水平风速、水平风向、辐散场等待求变量。

在反演之前先做基本假设:空间中的径向风场呈线性分布,激光雷达扫描期间,风场不随时间变化。如图 9.2.3 所示,以雷达中心为直角坐标系的原点,分析体积的中心一般选为 $O(x_0, y_0, z_0)$,这点的风速大小为 $V_0 = (u_0, v_0, w_0)$,而中心周围各点的风速为 $V = (u, v, w)$,各观测点到分析体积中心点的距离分别表示为 $\mathrm{d}x = x - x_0$、$\mathrm{d}y = y - y_0$、$\mathrm{d}z = z - z_0$。则分析体积内 V 和 V_0 的关系如下:

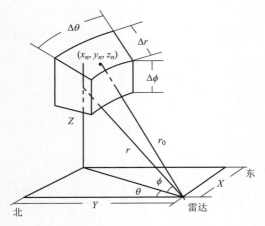

图 9.2.2　VVP 分析体积示意图

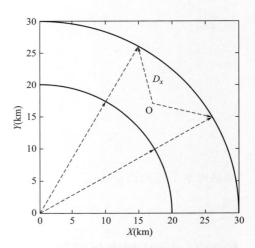

图 9.2.3　分析体积的二维平面示意图

$$\begin{cases} u = u_0 + u_x(x - x_0) + u_y(y - y_0) + u_z(z - z_0) \\ v = v_0 + v_x(x - x_0) + v_y(y - y_0) + v_z(z - z_0) \\ w = w_0 + w_x(x - x_0) + w_y(y - y_0) + w_z(z - z_0) \end{cases} \tag{9.2.17}$$

取正北方向为起点，θ 为方位角，V 为仰角，则雷达径向速度 V_r 为：

$$V_r = u\cos V\sin\theta + v\cos V\cos\theta + w\sin V \tag{9.2.18}$$

并且：

$$\begin{cases} x = R\sin\theta\cos V \\ y = R\cos\theta\cos V \\ z = R\sin V \end{cases} \tag{9.2.19}$$

式（9.2.17）中 R 为雷达中心点到观测点的距离，把式（9.2.17）、（9.2.19）带入（9.2.18）中，并且由于 $w_x \ll u_z$、$w_y \ll v_z$，则忽略 w_x、w_y，化简之后的 V_r 为：

$$\begin{aligned} V_r &= \sin\theta\cos V(u_0 + u_x dx + u_y dy + u_z dz) + \\ &\quad \cos\theta\cos V(v_0 + v_x dx + v_y dy + v_z dz) + \\ &\quad \sin V(w_0 + w_z dz) \end{aligned} \tag{9.2.20}$$

此时可以看到，我们需要求得变量有 10 个，它们分别为：u_0、v_0、w_0、u_x、u_y、u_z、v_x、v_y、V_z、W_z，则这 10 个变量对应的系数分别为：

$$\begin{aligned} P &= [P_1, P_2, P_3, P_4, P_5, P_6, P_7, P_8, P_9, P_{10}] \\ &= [H_x, H_y, H_z, dxH_x, dyH_x, dzH_x, dxH_y, dyH_y, dzH_y, dxH_z, dyH_z, dzH_z] \end{aligned} \tag{9.2.21}$$

其中

$$\begin{bmatrix} H_x \\ H_y \\ H_z \end{bmatrix} = \begin{bmatrix} \cos V\sin\theta \\ \cos V\cos\theta \\ \sin\theta \end{bmatrix}, \quad \begin{bmatrix} dx \\ dy \\ dz \end{bmatrix} = \begin{bmatrix} x - x_0 \\ y - y_0 \\ z - z_0 \end{bmatrix} \tag{9.2.22}$$

为了防止病态方程造成的无解或者无定解情况出现，一般使用最小二乘拟合的方法代替直接求解方程来估测风场矢量，所以这里假设估计风场矢量为 $\boldsymbol{F}$，实际观测的风场矢量为 $\boldsymbol{V}_r$，它们两个差的平方和为 H，则：

$$\boldsymbol{F} = \sum_{j=1}^{10} \frac{\partial F}{\partial u_j} u_j \tag{9.2.23}$$

$$\boldsymbol{H} = \sum_{i=1}^{10} (V_{ri} - F_i)^2 \tag{9.2.24}$$

此时只需差值的平方和达到最小就好，即对 H 求偏导，让 H 的偏导数为 0 即可，于是有：

$$\frac{\partial \boldsymbol{H}}{\partial u_k} = -2\sum_{i=1}^{N}\left(V_{ri} - \sum_{j=1}^{10}\frac{\partial F_j}{\partial u_j}u_j\right)\frac{\partial F_j}{\partial u_k} = 0 \tag{9.2.25}$$

展开即有：

$$\sum_{i=1}^{N}\left(\sum_{j=1}^{N}\frac{\partial F_i}{\partial u_j}\frac{\partial F_i}{\partial u_k}\right)u_j = \sum_{i=1}^{N}\frac{\partial F_i}{\partial u_k}V_{ri} \tag{9.2.26}$$

令 $M_{jk} = \sum_{j} m_j m_k$，则：

$$\sum_{i=1}^{N} M_{jk} u_j = \sum_{i=1}^{N} \frac{\partial F_i}{\partial u_k} V_{ri}$$

$$u_j = \left(\frac{1}{N}\sum_{i=1}^{N} M_{jk}^{-1}\right)\left(\frac{1}{N}\sum_{i=1}^{N}\frac{\partial F_i}{\partial u_k}V_{ri}\right) \tag{9.2.27}$$

即：

$$X = (P^T P)^{-1} P^T V_r \tag{9.2.28}$$

则在一个分析体积内有：

$$X = A^{-1} B \tag{9.2.29}$$

其中：

$$\boldsymbol{A} = \sum_{i=1}^{N} (P_i^T P_i) = \sum_{i=1}^{N} \begin{vmatrix} p_{1i} \times p_{1i} & p_{1i} \times p_{2i} & \cdots & p_{1i} \times p_{9i} & p_{1i} \times p_{10i} \\ p_{2i} \times p_{1i} & p_{2i} \times p_{2i} & \cdots & p_{2i} \times p_{9i} & p_{2i} \times p_{10i} \\ \cdots & \cdots & \cdots & \cdots & \cdots \\ \cdots & \cdots & \cdots & \cdots & \cdots \\ p_{9i} \times p_{1i} & p_{9i} \times p_{2i} & \cdots & p_{9i} \times p_{9i} & p_{10i} \times p_{10i} \\ p_{10i} \times p_{1i} & p_{10i} \times p_{2i} & \cdots & p_{10i} \times p_{9i} & p_{10i} \times p_{10i} \end{vmatrix},$$

$$\boldsymbol{B} = \sum_{i=1}^{N} (P_i^T \times V_{ri}) = \sum_{i=1}^{N} \begin{vmatrix} p1_i \times V_{ri} \\ p2_i \times V_{ri} \\ \cdots \\ \cdots \\ p9_i \times V_{ri} \\ p10_i \times V_{ri} \end{vmatrix}, \tag{9.2.30}$$

$$X^T = [u_0, v_0, w_0, u_x, u_y, u_z, v_x, v_y, v_z, w_x, w_y, w_z]$$

最后利用分析体积内足够的观测点求解这个矩阵，就可以得到以上所需的 10 个变量。

9.2.3 涡度—散度技术反演风场

涡度—散度方法是利用大气连续方程做限制条件，联合涡度方程、散度方程一起求解大气三维风场的大气风场反演方法。已知中小尺度天气系统的发生、发展和消亡与大气的辐合辐散有着密切的关系，因此用这种方法是反演中小尺度风场十分有优势，可以反映出实际风场的细微结构。这种动力学方法最早是由姜海燕和葛润生提出，此时只能反演出二维风场，王东峰等把大气连续方程作为约束条件加入了只能反演出二维风场的涡度—散度方程中，从而反演出了三维大气风场，并应用到微波雷达中证明这种能反演出三维风场的涡度—散度方法是切实可行的，王红艳等进一步把降水粒子的下落速度对垂直速度的影响考虑进了涡度—散度反演方法中去，蒋立辉等把这种方法运用于激光测风雷达中，由于此方法很适合探测反演中小尺度的风场，因此蒋立辉等人用这种方法探测反演了机场的风场，最后通过仿真分析了这种方法反演机场上空风场的可行性和误差。

由于大气水平面上的旋转和辐散远远大于大气垂直面上的旋转和辐散，因此在反演的过程中只考虑水平面的旋转和辐散，此时设 $V = (u, v, w)$，D 为水平散度，ξ 为垂直涡度，则有：

$$\xi = \frac{\partial v}{\partial x} - \frac{\partial u}{\partial y} \qquad\qquad (9.2.31)$$

$$D = \frac{\partial u}{\partial x} + \frac{\partial v}{\partial y} \qquad\qquad (9.2.32)$$

已知涡度变化的动力学方程为：

$$\frac{\partial \xi}{\partial t} = -\left(u\,\frac{\partial \xi}{\partial x} + v\,\frac{\partial \xi}{\partial y} + w\,\frac{\partial \xi}{\partial z}\right) - v\,\frac{\partial f}{\partial y} - (f+\xi)D + \left(\frac{\partial w}{\partial y}\,\frac{\partial u}{\partial z} - \frac{\partial w}{\partial x}\,\frac{\partial v}{\partial z}\right) +$$

$$\frac{1}{\rho^2}\left(\frac{\partial \rho}{\partial x}\,\frac{\partial p}{\partial y} - \frac{\partial \rho}{\partial y}\,\frac{\partial p}{\partial x}\right) \qquad\qquad (9.2.33)$$

对于式(9.2.33)有：

(1)由于激光雷达扫描速度很快，一次时扫用时都不超过数秒，因此可以假设涡度场在反演中为定常量，则涡度的局地变化项 $\frac{\partial \xi}{\partial t} = 0$。

(2)已知对于中小尺度天气系统来说 f 为常量，则 $-v\,\frac{\partial f}{\partial y} = 0$。

(3)假设反演中密度 ρ 只是高度 h 的函数，则有 $\frac{\partial \rho}{\partial x} = \frac{\partial \rho}{\partial y} = 0$，因此 $\frac{1}{\rho^2}\left(\frac{\partial \rho}{\partial x}\,\frac{\partial p}{\partial y} - \frac{\partial \rho}{\partial y}\,\frac{\partial p}{\partial x}\right)$ 也就为零。

于是化简后的涡度方程为：

$$u\,\frac{\partial \xi}{\partial x} + v\,\frac{\partial \xi}{\partial y} + w\,\frac{\partial \xi}{\partial z} = -(f+\xi)D + \left(\frac{\partial w}{\partial y}\,\frac{\partial u}{\partial z} - \frac{\partial w}{\partial x}\,\frac{\partial v}{\partial z}\right) \qquad (9.2.34)$$

已知大气不可压条件下的大气连续方程如下：

$$\frac{\partial u}{\partial x} + \frac{\partial v}{\partial y} + \frac{\partial w}{\partial z} = 0 \qquad\qquad (9.2.35)$$

假设雷达所在点的坐标为 $V_0(x_0, y_0, z_0)$，r 为探测点到雷达坐在点的距离，则雷达测得的径向速度 V_r 与雷达原点 V_0 的关系可表示为：

$$V_r = \frac{x-x_0}{r}u + \frac{y-y_0}{r}v + \frac{z-z_0}{r}w \qquad\qquad (9.3.36)$$

于是可以得到直角坐标系下，反演风场的基本方程为：

$$\begin{cases} u\,\dfrac{\partial \xi}{\partial x} + v\,\dfrac{\partial \xi}{\partial y} + w\,\dfrac{\partial \xi}{\partial z} = -(f+\xi)D + \left(\dfrac{\partial w}{\partial y}\,\dfrac{\partial u}{\partial z} - \dfrac{\partial w}{\partial x}\,\dfrac{\partial v}{\partial z}\right) \\[2mm] \xi = \dfrac{\partial v}{\partial x} - \dfrac{\partial u}{\partial y} \\[2mm] D = \dfrac{\partial u}{\partial x} + \dfrac{\partial v}{\partial y} \\[2mm] \dfrac{\partial u}{\partial x} + \dfrac{\partial v}{\partial y} + \dfrac{\partial w}{\partial z} = 0 \\[2mm] V_r = \dfrac{x-x_0}{r}u + \dfrac{y-y_0}{r}v + \dfrac{z-z_0}{r}w \end{cases} \qquad (9.2.37)$$

以上有 5 个方程，也有 u、v、w、ξ、D 5 个未知量，此时构成了一个闭合方程组，通过解这个方程即可求出这 5 个未知量，从而反演出三维风场。

9.2.4　DVAR 方法反演大气风场

天气预报有很多预报手段,其中数值天气预报无疑为非常重要的一种。要满足数值天气预报的准确性必须要注意两点:第一点是预报模式的选取;第二点是模式初值的选取。早期为了获取能精确反映大气初始状态的模式初值,一般使用常规气象观测资料,比如地面观测和探空等,但是常规气象观测资料的分辨率非常得低,远远不能满足数值模式预报所要求的精度,后来随着遥感技术的发展,卫星和雷达等获取的非常规气象观测资料由于其宽广的探测范围广、时间和空间分辨率高而被运用到数值模式预报中去,有效地提高了数值预报水平。1978年 Gal-Chen 首次把微波雷达数据应用到四维变分同化中去,Sun 等把多普勒雷达探测获得的径向速度和反射率运用到了四维变分同化中去,通过极小化价值函数得到了最优初始场,Sun等对四维变分同化方法的公式进行了详细的分析,并采用三维云模式与四维变分同化技术相结合来反演三维风场和其他微物理量场。而在 20 世纪 90 年代之前,国内对于把多普勒雷达数据用于云模式的四维变分同化技术的研究基本处于空白状态,随后在 2004 年,杨艳蓉等、顾建峰等对多普勒雷达资料在四维变分同化技术中的应用做了详细的论述,特别是许小永等通过 16 组不同研究条件的试验验证了四维变分同化技术应用多普勒雷达数据反演三维风场是切实可行的,蒋立辉等把多普勒激光雷达数据用于四维变分同化技术中,去反演小尺度风场,分析了平滑罚函数在提高风场和微物理场反演精度中的作用,结果表明,平滑罚函数可以提高风场反演效果和反演精度,王改利等分别用四维变分同化和三维变分同化法结合激光雷达数据对 2008 年残奥会赛场的三维风场进行反演,并与浮标探测结果进行对比,此次所用的激光雷达是由中国气象科学研究院和青岛海洋大学共同研发的移动式直接探测多普勒测风激光雷达,最终对比结果表明,变分方法能够很好地对海上三维风场进行精细化反演,并且四维变分同化的反演效果好于三维变分同化的反演效果。随着天气雷达全国布网的完成,风廓线雷达也会迎来全国性的布网,非常规气象资料的密度和精度也会更高,这也将会推动四维变分同化技术的蓬勃发展,使得四维变分同化技术成后以后微波雷达和激光雷达的主流反演技术,图9.2.4 给出了四维变分同化的计算流程。

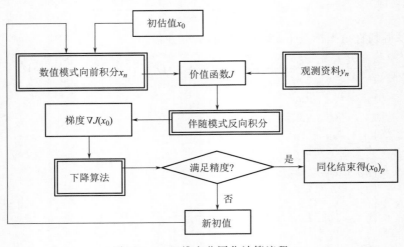

图 9.2.4　四维变分同化计算流程

　　此时的四维变分同化模式为一个不考虑湿物理量过程的云模式,这个模式建立在笛卡尔坐标系中,因为激光雷达是晴空探测雷达,在雨天衰减很大,所以四维变分同化模式运用于激光雷达时,它的模式预报方程里面不包含雨水方程和总水方程,即方程由原来的六个减为了四个,其中三个为动量方程,一个为热力学方程,有 (u,v,w) 和位温 θ 四个变量,四个预报方程如下所示:

$$\begin{cases} \dfrac{\mathrm{d}\overline{\rho}u}{\mathrm{d}t} = -\dfrac{\partial p'}{\partial x} + \nu\ \nabla^2\overline{\rho}u \\[2mm] \dfrac{\mathrm{d}\overline{\rho}v}{\mathrm{d}t} = -\dfrac{\partial p'}{\partial y} + \nu\ \nabla^2\overline{\rho}v \\[2mm] \dfrac{\mathrm{d}\overline{\rho}w}{\mathrm{d}t} = -\dfrac{\partial p'}{\partial z}g\overline{\rho}\left(\dfrac{T'}{T} + 0.61q'_v - q_c - q_r\right) + \nu\ \nabla^2\overline{\rho}w \\[2mm] \dfrac{\mathrm{d}\overline{\rho}\theta_l}{\mathrm{d}t} = -\dfrac{L_v\overline{\rho}}{c_pT}\dfrac{\theta_l^2}{\theta}\dfrac{\mathrm{d}V_{Tm}q_r}{\mathrm{d}z} + k\ \nabla^2\overline{\rho}\theta_l \end{cases} \tag{9.2.38}$$

其中,T 为温度、ρ 为空气密度、p 为大气压,ν 和 k 为涡动黏滞系数,V_{Tm} 为质量权重末速度,L_v 为蒸发潜热。

　　接着构建价值函数,因为研究表明反射率对四维变分同化反演风场的结果影响很小,所以此处的价值函数也相应的不包含与反射率有关的相应项,则价值函数表示为:

$$J = J_B + \sum_{\sigma,\tau,i}\left[\eta_v(V_{ri} - V_{ri}^{\mathrm{ob}})^2\right] + J_p \tag{9.2.39}$$

其中,J_B 为背景场,σ 为需要求和的空间区域,τ 为同化窗,令 η_v 的取值为 1,V_{ri} 为模式预报的激光雷达径向速度,V_{ri}^{ob} 为观测的激光雷达径向速度,J_p 为平滑罚项,它可以使价值函数的收敛速度加快。得到价值函数后,对价值函数求梯度得到 ∇J,通过下降算法进行 J 的极小化计算过程,其中最常使用的下降算法为准牛顿迭代法。

9.3　风切变和大风告警阈值

9.3.1　风切变定义和识别算法

　　航空气象学中,常把在 $600\ \mathrm{m}$ 以下空气层中的风切变概括为低空风切变。其中 $500\ \mathrm{m}$ 以下的低空风切变是目前国际航空和气象界公认的对飞行有重要影响的天气形势之一。客机在起降过程中,处于低速飞行阶段,环境风场的变化,对飞行速度而言是小量级对相对大量级;必然引起客机速度的明显变化;导致客机升力的剧烈变化,使客机姿态升降起伏,偏离正常的飞行航道;出现客机剧烈颠簸,掉高度甚至难以操纵;由于起降过程属于超低空飞行,遭遇强风切变时,采取措施的裕度非常有限,将危及起飞或着陆安全。图 9.3.1 给出了综合多种关系建立风切变发生及告警模型。

　　大气运动中最易产生风切变的天气现象为雷暴、积雨云等强对流天气。特别是在雷暴云体中的强烈下降气

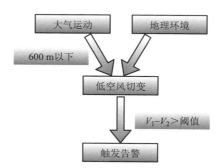

图 9.3.1　风切变告警模型

流区以及积雨云的前缘阵风锋区。其中十分强烈的下降气流定义为微下击暴流,是以垂直风为主要特点的综合风切变区。微下击暴流对飞行安全的危害极大,如图 9.3.2 所示。

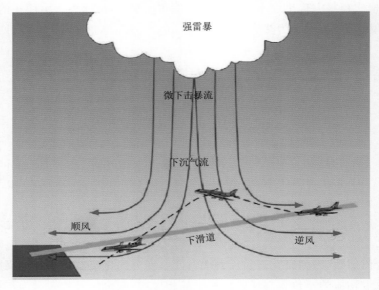

图 9.3.2　微下击暴流示意图

此外锋面天气和辐射逆温层也易引起风切变。秋冬夜晚由于强烈的地面辐射降温形成逆温层,1000 m 以下逆温层阻挡了上面与近地面空气之间的动量交换,该逆温层上面有动量堆集,风速较大形成常见的低空急流,而逆温层下面的风速偏小,近地面往往是静风,故有逆温风切变形成。这种类型的风切变强度一般较小,易被忽视,且处理不当容易发生危险。图 9.3.3 给出了由辐射逆温现象形成的低空急流风,以及对飞机飞行的影响。

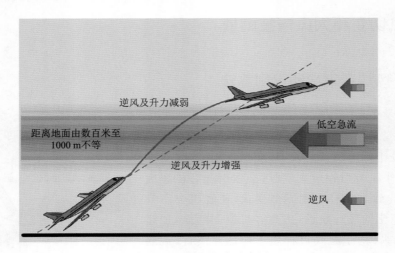

图 9.3.3　低空急流示意图

地理环境引起的低空风切变一般有特殊的山地地形、水陆界面、高大建筑物、成片树林等自然的或人工的因素,其风切变状态与该时的盛行风情况(方向和大小)有关,也与山地地形的大小、复杂程度、迎风背风位置,水面的大小、与机场的距离,建筑物的大小、外形等有关。

图 9.3.4 和图 9.3.5 为由山脉和海风引起的风切变现象。

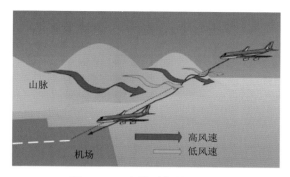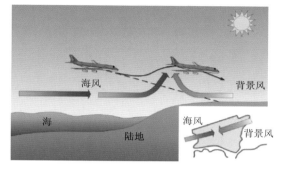

图 9.3.4　山脉引起的风切变　　　　　图 9.3.5　海风引起的风切变

风切变的分类有多种不同的形式。

第一,按风的切变类型:可分为水平风切变和垂直风切变。

第二,根据航空气象学中,飞机相对于风向(即航迹)的不同,风切变可以分为顺风切变、逆风切变、侧风切变以及垂直气流切变 4 种类型。

顺风切变指的是沿飞机航迹方向顺风增大或逆风减小,也可能是飞机从逆风区进入到无风区或者顺风区,顺风切变对飞行有很大的影响。

逆风切变指的是沿飞机航迹方向逆风增大或顺风减小,也可能是飞机从顺风区域进入到无风或者逆风区域,会直接导致空速增大、升力上升,致使飞机被抬升。

侧风切变指的是飞机由某一种侧风状态进入到另外一种明显不同的侧风状态的情况,侧风切变将对飞机产生更为严重的影响。

垂直气流类的低空风切变危害最大,并具有很强的突发性。它是指飞机从无明显升降运动区进入到强烈的下冲气流区的情况。

第三,按天气背景分:风切变可以分为锋面型风切变、低空急流型风切变、辐射逆温型风切变以及雷暴型风切变。

第四,按强度来分,风切变分为 5 个等级,国际民航组织所使用的低空风切变强度等级标准如表 9.3.1 所示,我国同样采用此标准来划分风切变等级。

表 9.3.1　风切变强度标准

风切变等级	数值标准		
	(m/s)/30 m	(n mile/h)/30 m	s^{-1}
微弱	<1.0	<2.0	<0.033
轻度	1.1~2.0	2.0~4.0	0.034~0.067
中度	2.1~4.0	5.0~8.0	0.068~0.133
强烈	4.0~6.0	9.0~12.0	0.134~0.200
严重	>6.0	>12.0	>0.200

不同类型的低空风切变具有不同的时空尺度特征和强度特征,这与产生风切变的天气系统和地理环境密切相关,而且对飞机影响的程度也不同。各种类型低空风切变的时空尺度特征及其对飞行的危害程度见表 9.3.2。

表 9.3.2　风切变的时空尺度特征及其对飞行的危害程度

类型	水平尺度（km）	时间尺度（h）	危害程度
微下冲气流	0.04～4.0	0.11～0.3	大
下冲气流	4.0～10.0	0.3～0.7	大
雷暴阵风锋	10.0	1.0	中
冷锋	100.0	10.0	中
暖锋	100.0	10.0	中
逆温层附近急流	0.1～1.0	1.0	中
地形风切变	0.1～1.0	1.0	小
水陆界面风切变	0.1～1.0	1.0	小

为验证识别算法的有效性，需要在仿真环境下构建风切变样本库。在忽略地形、气象因素条件下，采用基于 CFD 的 FLUENT 软件构造微下击暴流、低空急流、顺逆风以及侧风低空风切变的三维风场模型，获取了风切变的三维数据。

图 9.3.6 为微下击暴流、低空急流、顺逆风以及侧风四种风切变的 FLUENT 三维风场建模，切变区为 8000 m×8000 m×2000 m 的立方体。

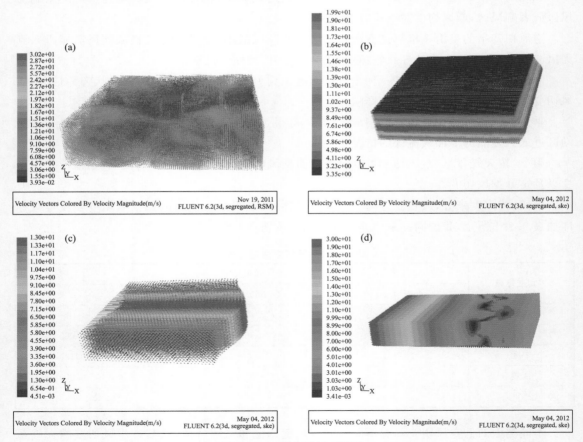

图 9.3.6　低空风切变模型

（a. 微下击暴流；b. 低空急流；c. 侧风切变；d. 顺逆风切变）

从三维风场图中可以看出,图 9.3.6(a)微下击暴流几何模型中心区域产生下降气流,冲击地面后向四周辐散,在水平方向上形成大范围风场。图 9.3.6(b)低空急流几何模型在较低高度层上,水平风速随高度的增加而升高,到达一定高度时风速迅速减小然后再平稳缓慢增大。图 9.3.6(c)侧风切变几何模型为全波长余弦模型,随着距离 y 的增大,水平风速先增大后减小,其特征与实际侧风切变保持一致。图 9.3.6(d)中顺逆风切变几何模型在 x 方向上随距离的增大,其水平风速逐渐减小,变化趋势与实际逆风切变中逆风减小的风场情形保持一致。

对获取的三维风场数据,采用激光雷达的速度方位扫描方式进行扫描,从而得到切变区的径向速度资料信息。图 9.3.7(a)为激光雷达的 VAD 扫描方式。

雷达波束在一个固定仰角 α 上,沿方向角 θ 进行扫描。设去向的径向速度为正,来向的径向速度为负,雷达位于坐标原点。其中,V_h 为水平风,V_f 为垂直风,θ_0 为水平风和 X 轴的夹角。由图 9.3.7 可以得到雷达径向速度 v 的表达式:

$$v = V_h \cos\alpha \cos(\theta - \theta_0) + V_f \sin\alpha \qquad (9.3.1)$$

其中,V_h 可以由 x、y 方向分量表示:

$$V_h = V_x \cos\theta_0 + V_y \sin\theta_0 \qquad (9.3.2)$$

将式(9.3.2)代入式(9.3.1)可得径向速度 v:

$$\begin{aligned} v &= V_f \sin\alpha + V_h \cos\alpha \cos(\theta - \theta_0) \\ &= V_f \sin\alpha + V_x \cos\alpha \cos\theta_0 \cos(\theta - \theta_0) + V_y \cos\alpha \sin\theta_0 \cos(\theta - \theta_0) \end{aligned} \qquad (9.3.3)$$

式(9.3.3)描述了径向风速与实际风场的水平方向的两个分量以及垂直方向分量之间的关系。因此,只要选取一个固定的雷达仰角 α,对模拟的三维风场进行扫描,就得到了基于激光雷达的风切变探测数据。将激光雷达(图 9.3.7b 红色的点)放在切变区及周围多个不同位置探测低空风切变。

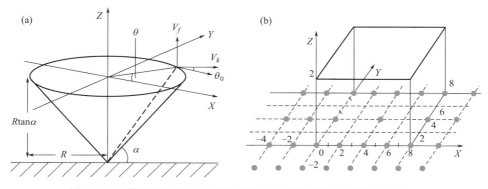

图 9.3.7　激光雷达 VAD 扫描示意(a)和激光雷达相对风场位置(b)

风切变模型的激光雷达扫描结果模拟如下:雷达仰角设为 10,通过基于 CFD 的 FLUENT 软件获取数据后,使用 MATLAB 工具扫描风场数据,构建了一定扫描半径内的风场径向速度图像,最后将切变区的径向速度资料信息分割出来。经过预处理后,得到 X-Y 平面的样本图像,如图 9.3.8 所示。

图 9.3.8 为四种风切变径向速度的俯视二维图像,红色区域代表径向速度为正,蓝色区域表示径向速度为负,颜色越深代表速度大小越大。当雷达位置离切变区较远时,扫描获取的图像存在径向速度信息缺失的现象,严重时缺失度可达 60% 左右。从样本图像中可以看出,微

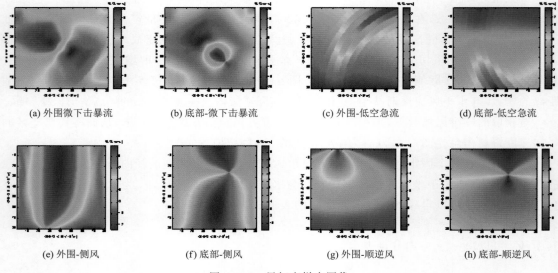

(a) 外围微下击暴流　(b) 底部-微下击暴流　(c) 外围-低空急流　(d) 底部-低空急流

(e) 外围-侧风　(f) 底部-侧风　(g) 外围-顺逆风　(h) 底部-顺逆风

图 9.3.8　风切变样本图像

下击暴流径向速度形状呈向四周辐射的状态;低空急流径向速度表现为一个准管状的狭长强风带,其中心带风速较大;侧风风速为从侧面先增大后减小状态;顺逆风为逐渐增大或逐渐减小状态。径向速度全面时,4 种风切变的样本图像形状差别较大。径向速度不全面时,缺失部分的图像信息会严重干扰风切变的识别。

　　基于雷达的扫描方式和不同的风切变类型共建立下击暴流、低空急流、侧风切变及顺逆风切变样本 4000 个,设计了 3 种算法对风切变进行类型识别,第一种算法是提取雷达图像的形状特征,即矩特征,采用基于人工神经网络分类算法进行识别;第二种算法是提取图像的奇异值特征,特征值数目为 30 个,采用基于支持向量机的分类算法进行识别;第三种算法是提取图像的多个特征结合识别,及提取形状特征和纹理特征,并采用基于 SOM-SVM 的分步识别算法进行识别。

　　同时,为对比 3 种算法,在识别实验中,每种算法采用两套样本库分别实验。其中,第一次采用的样本库中,低空风切变的雷达扫描图像信息较为完整;第二次采用的样本库中,存在雷达图像信息丢失较严重的样本,即发生低空风切变的区域在雷达扫描区域的边缘地带,使雷达没有完整的扫描到整体风切变。

　　在这种样本库下,3 种方法的实验效果对比如表 9.3.3 和表 9.3.4 所示。

表 9.3.3　完整信息样本库下 3 种算法的识别率对比

	基于形状特征算法(%)	基于奇异值特征算法(%)	基于多特征算法(%)
下击暴流	96.00	96.00	100.00
侧风切变	92.00	96.00	100.00
低空急流	88.00	92.00	96.00
顺逆风切变	84.00	88.00	96.00
整体	90.00	93.00	98.00

表 9.3.4　完整信息样本库下三种算法的误识率对比

	基于形状特征算法(%)	基于奇异值特征算法(%)	基于多特征算法(%)
下击暴流	4.00	4.00	0
侧风切变	8.00	4.00	0
低空急流	12.00	8.00	4.00
顺逆风切变	16.00	12.00	4.00

　　由实验结果可以看出,由于选用的样本库中每种类型风切变的雷达扫描图都比较完整,能够完整体现每种风切变各自的特征,因此三种算法都取得了较高的识别率,整体识别率均达到90%及以上。其中,相对后两种算法,基于形状特征的识别算法识别率最低,这主要是由于本文样本数目有限,而基于支持向量机的分类器算法更适合小样本的识别。

　　同时可以看出,前两种算法下,低空急流风切变和顺逆风切变的识别率相对较低,二者之间出现了一定的误识率。这一方面是由于同一种风切变不同雷达位置的扫描图差异较大,另一方面是由于低空急流风切变与顺逆风切变在雷达图像上具有较高的相似度,而且前两种算法均提取了单一的图像特征,并采用常用的较为简单的分类算法,导致这两种风切变的类型识别率稍差一些。

　　但是基于多特征的分类算法充分考虑到了相关因素,采用了多特征的提取,使图像特征更加突出,并采用人工神经网络和支持向量机相结合的二次识别算法,解决了上述问题,使整体识别率达到了98%。

　　然后是采用含有缺失信息图像的样本库进行实验,该样本库中存在雷达位置较偏,对风场扫描不完整,信息缺失较严重的风切变图像,

　　采用这种样本库时,3 种方法的实验效果对比如表 9.3.5 和表 9.3.6 所示。

表 9.3.5　含缺失信息样本库下三种算法的识别率对比

	基于形状特征算法(%)	基于奇异值特征算法(%)	基于多特征算法(%)
下击暴流	88.00	88.00	100.00
侧风切变	84.00	96.00	100.00
低空急流	52.00	52.00	96.00
顺逆风切变	52.00	60.00	92.00
整体	69.00	74.00	97.00

表 9.3.6　含缺失信息样本库下三种算法的识别率对比

	基于形状特征算法(%)	基于奇异值特征算法(%)	基于多特征算法(%)
下击暴流	12.00	12.00	0
侧风切变	16.00	4.00	0
低空急流	48.00	48.00	4.00
顺逆风切变	48.00	40.00	8.00

由实验结果对比可以看出,由于所采用的样本库中含有缺失信息较严重的雷达图像,导致三种算法的识别率都有所下降。尤其是前两种算法识别率急剧下降,由于图像信息缺失严重,特征已经不明显,提取单一的图像特征难以满足识别的要求,同时单一的分类器算法也无法达到很好的分类效果,使整体识别率只有69.00%和74.00%。

但是,在基于多特征分类算法实验中,即使雷达图像扫描不完整,信息有所丢失,但仍能够有较高的识别率,达到97%。这一方面是由于提取图像的多种特征相当于提取了相对较多的图像信息,来弥补图像信息的缺失。另一方面是在分类过程中,采用的二次分步识别算法中,可以灵活调整两步分类时的相关参数,保证整体的识别率。

9.3.2 风切变告警阈值设置

(1)基于斜坡算法的风切变识别

从本质上讲,低空两点间在上下或左右的很短距离内,风向或风速发生较大变化,就应该触发风切变告警。首先,对测风激光雷达获取的有效数据进行质量控制并且筛选出下滑道附近、对飞机起飞与着陆有影响的径向风速数据点;其次,重组数据形成逆风廓线;之后对逆风廓线进行斜坡检测,当斜坡变化率超过低空风切变告警触发阈值时产生告警,并且应用风切变判别公式计算出局部最强风切变的强度和发生位置,提供给报告使用者,图9.3.9为斜坡算法告警步骤。

图9.3.9　斜坡算法风切变探测告警步骤

(2)质量控制

使用下滑道扫描方式得到的径向风速数据可能存在异常点,这些异常点可经过质量控制程序来进行排除,基本原理是比较相邻两个数据点的值,若差值超过预设的阈值,则用中值滤波器的值来代替此值,阈值是由激光雷达相邻距离门的频率分布所决定的,具体做法不详细赘述。

(3)数据筛选

对于PPI扫描模式下的风切变探测,整条径向上的数据都是有效数据,不必做数据筛选。下面详细介绍下滑道扫描模式下的风切变探测的数据筛选方法:

激光雷达的探测原理是发射探测激光,然后通过接收机接收探测信号,因此雷达每次采集到回波数据都能得到目标相对于雷达本身的方向角θ和仰角ϕ以及斜距r这几个位置信息。通过这3个参数,雷达就可确定目标与雷达的相对位置,即采用的是一个以雷达本身位置为原点的球坐标系。在后续的下滑道逆风廓线提取时,需要将雷达坐标转换成三维笛卡尔坐标,并求出跑道和下滑道的直线方程,从而根据跑道和目标的相对位置,找到符合条件的回波数据点。为了计算和提取风廓线方便,将雷达位置也作为三维笛卡尔坐标的原点,三维坐标与笛卡尔坐标的转换公式如下:

$$\begin{cases} x = r\sin\theta\cos\psi \\ y = r\sin\theta\sin\psi \\ z = r\cos\theta \end{cases}$$

(9.3.4)

其中：r,θ,ψ 分别为径向数据点到雷达的距离、方位角和仰角度数，以飞机着陆进场为例，此时下滑道与跑道夹角为 $3°$，经过将管道分别对 xoy,yoz,xoz 平面进行投影，并根据激光光束与跑道方向的夹角小于 $30°$ 作为条件可求出 x 轴，y 轴，z 轴的坐标范围：

$$\begin{cases} d - 150 \leqslant x \leqslant d + 150 \\ l \leqslant y \leqslant \dfrac{d}{\tan\alpha} \\ |z - h| \leqslant 30 \end{cases}$$

(9.3.5)

其中：d 是激光雷达到跑道的距离，l 是激光雷达到跑道的垂足到着陆点的距离，α 是激光光束与跑道方向的夹角，h 是在下滑道上的径向数据点到 y 轴的垂足距离 $h = \tan3°(y - l)$，由上面公式得到的坐标范围可以将管道内的有效径向数据点筛选出来。

将这些径向数据点投影到跑道上进行依次排序，然后将在雷达距离分辨率内的数据点取平均值，将在距离分辨率内取得的平均值作为该点径向风速值，最后得到重组逆风廓线，然后在此风廓线的基础上进行斜坡检测算法。

（4）斜坡检测

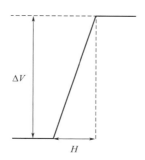

图 9.3.10 风切变斜坡示意图

激光雷达建立的逆风廓线接着会输入识别风切变的运算程序，以找出逆风廓线中风切变的位置和强度，此运算程序所采用的斜坡算法是由 A. A. Woodfield 和 J. G. Jones 提出的方法，建立逆风廓线之后，风速的改变称为 Δv，在一定距离 H（斜坡长度）组合而成叫作斜坡，如图 9.3.10 所示，探测斜坡按斜坡长度 2 倍取值，也就是 H 取 300 m，600 m，1200 m，2400 m，探测到斜坡长度在第 n 步，叫作 H_n，速度增量风廓线（斜坡提取风廓线）被平滑过滤掉小于尺度 H_n 的速度波动也就是说在 H_n 范围之内的斜坡长度被探测，由于在每次平滑过程中风廓线尾部附近的点都会被移除，1980 年 Haynes 的文章中提出了一种人为延长的方法，这样就不会产生数据丢失的情况，也不会错过捕捉风切变。风切变斜坡实际上就是经过平滑的速度增量风廓线的峰值和低谷值初步从逆风廓线中找出速度增加或者减少的地方，称之为斜坡（ramps），然后利用一系列不同长度的斜坡跟逆风廓线配对，期间经过一些扩张或者收缩的程序使这些斜坡尽量与逆风廓线相近，在计算风切变时我们只考虑单一的斜坡。其中，平滑逆风廓线公式如下：

$$UI(d) = \frac{1}{4}U(d - \Delta d) + \frac{1}{2}U(d) + \frac{1}{4}U(d + \Delta d) \tag{9.3.6}$$

公式(9.3.6)中 Δd 是数据样本采样间隔,即距离分辨率。这个平滑公式作用相当于一个低通滤波器,移除高频部分从而达到平滑的部分,在平滑公式的基础上进行插值,公式如下:

$$UID(\tilde{d}) =$$
$$\frac{1}{NR}\{[UI(d + D) - UI(d)] - (NR - 1)[UI(d + 2D + D_s) - UI(d + D + D_s)]\} \tag{9.3.7}$$

其中: $\tilde{d} = \left(d + \frac{D}{2}\right) + (NR - 1)\left[\frac{D + D_s}{2}\right]$

式中: $\tilde{d}$ 是产生斜坡的中心位置, D 为探测间隔,这里根据飞机的响应时间将探测间隔取值为 300 m,600 m,1200 m,2400 m, D_s 为双斜坡之间的距离间隔,取值为 0, $\frac{D}{2}$, NR 当为单斜坡时取值为 1,可探测到单斜坡,双斜坡时取值为 2,可探测到斜坡梯度的速度变化率,以上差值公式作用相当于一个高通滤波器,移除低频部分。

在逆风廓线上应用普遍差值公式,逆风廓线会发生丢失有效数据点的情况,为了避免这一情况发生,采取人为延长逆风廓线,数据值等于逆风廓线两侧边缘值,为了后期不让人为延长的数据影响风切变告警判断,需要后期截取有效数据长度,即剔除人为延长的径向数据点,本节人为延长长度定为 1200 m,以便于后期截取有效判别风切变的径向数据长度。

经过普遍差值公式形成的极值点就是局部最强风切变发生的中心位置,同时超过阈值的点也是发生风切变的中心位置,为了能得到风切变发生的最大速度变化率,对斜坡长度进行收缩与扩张进而得到最大风切变发生范围,如图 9.3.11 所示。

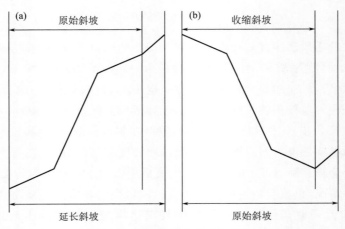

图 9.3.11 斜坡的扩张与收缩
(a)斜坡扩张示意图;(b)斜坡收缩示意图

扩张收缩流程见图 3.3.12。

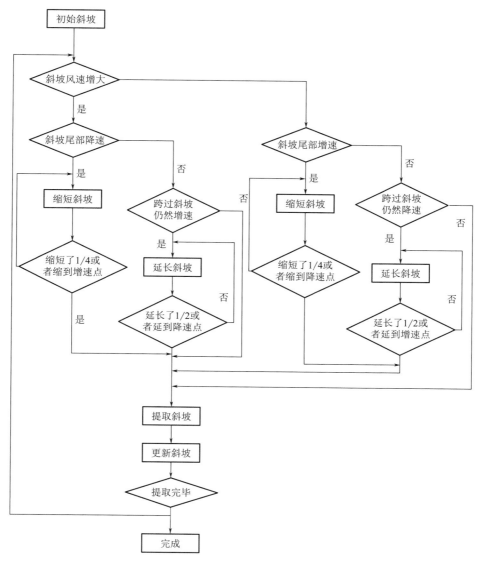

图 9.3.12　提取斜坡流程图

（5）风切变强度因子判别公式

1983 年 Woodfield 和 Woods 建议风切变强度因子 I 定义如下：

$$I = \frac{\mathrm{d}V}{\mathrm{d}t}\left(\frac{\Delta V}{V_{app}}\right)^2 = \frac{1}{V_{app}}\left|\frac{\Delta V}{R^{1/3}}\right|^3 \tag{9.3.8}$$

其中：$\dfrac{\mathrm{d}V}{\mathrm{d}t}$ 是风速变化率；ΔV 是风速变化总量；R 是斜坡长度；V_{app} 是飞机标准进近速度。这里局部最强风切变通过参数 $\dfrac{\Delta V}{R^{1/3}}$ 来判断。

（6）斜坡算法仿真试验

为了验证斜坡算法探测低空风切变的效果，使用模拟测风激光雷达数据进行了仿真试验。模拟数据中在 3000 m 附近人为设定差值较大的风速点，以触发风切变告警。

为了防止数据丢失，对逆风廓线进行了人为延长。延长值与边缘两侧值相等，故图中逆风廓线的两端位置风速为平直线，如图 9.3.13 所示。图 9.3.13 下部斜线表明下滑道高度与到跑道着陆点距离的关系。

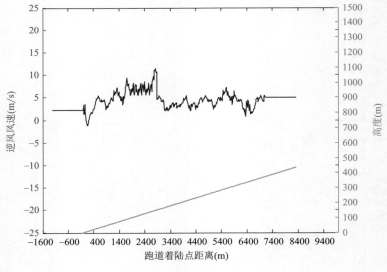

图 9.3.13 逆风廓线

将延长后的逆风廓线进行平滑处理如图 9.3.14 所示。从图中可以看出经过平滑的逆风廓线滤除了原风廓线的微小波动。进行平滑过程影响的数据是人为延长的数据，不是真实数据。

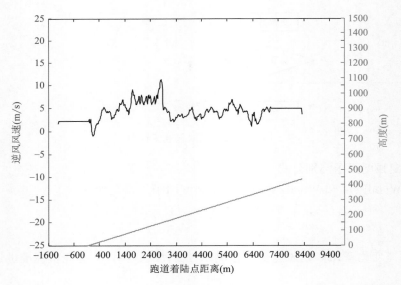

图 9.3.14 平滑逆风廓线

在经过平滑的逆风廓线上使用单斜坡检测公式，即让公式（9.3.7）中 $NR=1$，仿真示意图如图 9.3.15 所示。图中蓝＋表明超过风切变告警触发阈值的位置，红＊代表极点值，表明特定范围内发生风切变最强处。

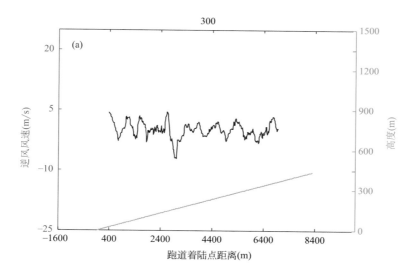

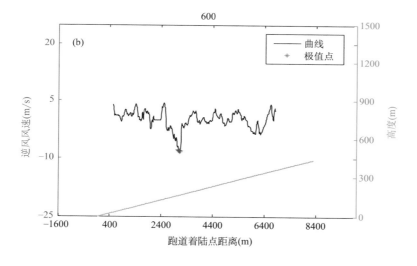

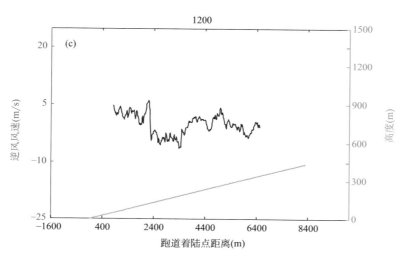

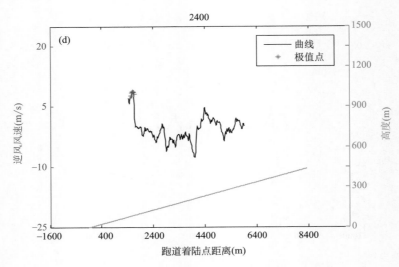

图 9.3.15　逆风廓线的斜坡检测

（a）300 m 距离间隔的斜坡检测结果；（b）600 m 距离间隔的斜坡检测结果；
（c）1200 m 距离间隔的斜坡检测结果；（d）2400 m 距离间隔的斜坡检测结果

图 9.3.15 表明,在使用 300 m 以及 1200 m 距离间隔进行斜坡检测时,探测范围内未触发风切变告警,而 600 m 以及 2400 m 距离间隔进行斜坡检测时,检测到 2820~3420 m 和 330~2730 m 均出现达到告警阈值的风切变。经过叠加整合处理后,说明风切变告警范围主要集中在 330~3420 m 范围,而根据风切变判别公式 2820~3420 m 产生局部最强风切变,$\dfrac{\Delta V}{R^{1/3}}$ 值为 0.99,风速变化值为 8.35 m/s。

修正 F 因子的风切变检测算法

运用理论模型将垂直速度分量转换为径向风速梯度的函数,课题组提出一种修正 F 因子来检测低空小尺度风切变的算法。首先,提取激光雷达下滑道扫描方式下获取的有效晴空风场数据,接着在雷达距离分辨率内挑选离飞机下滑道最近的数据进行重构得到风速廓线,用最小二乘法计算下滑道风速廓线的径向梯度,最后计算修正 F 因子并使用国际上规定的经验阈值进行低空小尺度风切变的检测。

产生风切变的原因主要有两大类,一类是大气运动变化本身造成的,另一类则是复杂地理、环境因素所造成的。现有的单双斜坡预警算法是根据斜坡长度和风速变化量来判断风切变局部最强风切变发生的中心位置,但这种算法适合预警较大尺度的低空风切变。对于由复杂地形或环境因素引发气流扰动所带来的小尺度低空风切变,可以考虑用修正后 F 因子的变化来检测。

1990 年 R. L. Bowles 结合飞行动力学和风切变理论知识,提出使用 F 因子对风切变进行检测。F 因子的物理意义在于反映变化风场对飞机飞行过程中总能量影响程度,F 因子的数值越大,表明风切变对飞机飞行的危害就越大。飞机的质心在风场中运动情况如图 9.3.12 所示,飞机在飞行过程中,除了受发动机提供的推力 T 和自身的重力 W 作用之外,还有外界风场对飞机产生阻力 D 以及由此获得飞行的升力 L。

在变化风场中,飞机质心动力学方程为:

$$m(V + W_h \sin\gamma_a + W_x \cos\gamma_a) = T\cos\alpha - D - mg\sin\gamma_a \tag{9.3.9}$$

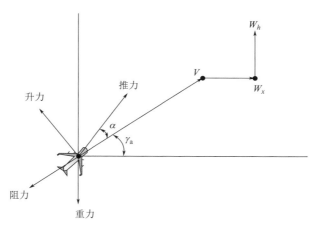

图 9.3.16　飞机质心在风场中运动情况

式中：W_x、W_h 分别为水平风速分量和垂直风速分量；γ_a 为航迹角；α 为推力矢量与航迹之间的夹角。辅助动力学方程为：

$$H = V\sin\gamma_a + W_h \tag{9.3.10}$$

能量变化率是评定飞机能量特性的一个指标，其表达形式为：

$$\dot{H}_E = \dot{H} + \frac{V}{g}\dot{V} \tag{9.3.11}$$

式中：$\dot{H}$ 表征飞机潜在的爬升率。根据公式（9.3.9）、（9.3.10）和（9.3.11），可以得到：

$$\dot{H}_E = \left[\frac{T\cos\alpha - D}{mg} - \left(\frac{\dot{W}_x}{g}\cos\gamma_a + \frac{W_h}{g}\sin\gamma_a - \frac{W_h}{V}\right)\right]V \tag{9.3.12}$$

令

$$F = \frac{\dot{W}_x}{g}\cos\gamma_a + \frac{W_h}{g}\sin\gamma_a - \frac{W_h}{V} \tag{9.3.13}$$

$\dot{W}_x$ 为水平风速分量加速度，在飞机起降阶段 γ_a 很小，可以近似为 0，做近似处理后得到 F 因子的表达式为：

$$F = \frac{\dot{W}_x}{g} - \frac{W_h}{V} = \frac{V_a}{g}\frac{\mathrm{d}U_x}{\mathrm{d}R} - \frac{W_h}{V_a} \tag{9.3.14}$$

在下滑道扫描算法中，上式 g 是重力加速度；$\dfrac{\mathrm{d}U_x}{\mathrm{d}t}$ 表示沿下滑道方向的风速变化梯度；W_h 是垂直风速分量，V_a 为飞机进近时的速度，通过分析表达式，可以看出 F 因子是一个无量纲的标量。F 因子是从变化风场对飞机飞行性能影响的角度出发，通过飞机的能量状态变化情况来反映风场变化，间接达到检测低空风切变的目的，因此使用 F 因子检测低空风切变与风场本身是没有关系的，并不局限于风切变类型。

F 因子表达式主要由两部分组成，第一部分是径向风速梯度，第二部分则是垂直方向的风速分量。当 $F<0$ 时，飞机飞行性能增加，表明飞机可能遭遇逆风或上升气流；当 $F>0$ 时，飞机飞行性能减小，表明飞机可能遭遇顺风或下沉气流。公式（9.3.14）的第二部分存在垂直方向的风速分量，由于此分量方向与激光雷达的探测波束垂直，所以无法直接测量。FAA（美国联邦航空管理局）和 NASA（美国国家航空航天局）长期以来通过对大量风切变模型及实际飞行数据进行分析，证明 $\dot{W}_x$ 和 W_h 对 F 因子的数值大小影响程度是相近的，因此考虑垂直风速分量是十分有必要的。

垂直风速分量不能直接测量,本节对这个量进行工程上的近似。假设一个轴对称的微下击暴流理论模型,利用质量连续性方程,在能量无损耗条件下,可以认为:

$$W_h = \lambda h \frac{\partial U_x}{\partial R} \tag{9.3.15}$$

上式中,$\lambda = -2$ 表示遭遇使飞行性能下降的风切变,$\lambda = -1$ 表示遭遇使飞行性能上升的风切变,h 表示飞机距离地面的高度。将式(9.3.14)代入式(9.3.15)可以得到修正 F 因子的表达式为:

$$F = \frac{V_a}{g}\left(1 - \frac{\lambda g h}{V_a^2}\right)\frac{\mathrm{d}U_x}{\mathrm{d}R} \tag{9.3.16}$$

从表达式中可以看出,求解修正 F 因子的关键在于求得下滑道上的径向风速梯度,其表征了风速随距离的变化率,可以采用最小二乘拟合思想。在一个二维平面中,采用分段拟合的思想进行直线拟合,得到的直线斜率即为该直线的梯度,最小二乘拟合示意图如图 9.3.17 所示。最小二乘方法所选择的回归模型是使所有观察值的残差平方和最小,样本回归模型为:

$$V^* = aR + b \tag{9.3.17}$$

则由回归模型得到的理论值和实测值之间的误差为:

$$\begin{cases} e_i = V_i - V_i^* = V_i - aR_i - b \\ E = \sum_{i=1}^{n} e_i^2 = \sum_{i=1}^{n}(V_i - aR_i - b)^2 \end{cases} \tag{9.3.18}$$

其中:V_i 表示参与最小二乘拟合的第 i 点沿下滑道方向的速度分量;R_i 表示第 i 点的水平距离;n 表示参与拟合最小二乘拟合的数据点个数;a 表示拟合直线斜率,即径向风速梯度,b 是直线截距。

为满足误差平方和最小的要求,即让 E 分别对 a、b 求偏导,得到拟合直线表达式为:

$$a = \frac{n\sum_{i=1}^{n}V_iR_i - \sum_{i=1}^{n}V_i\sum_{i=1}^{n}R_i}{n\sum_{i=1}^{n}R_i^2 - \sum_{i=1}^{n}R_i^2} \tag{9.3.19}$$

得到径向风速梯度之后,可以知道修正 F 因子的正负性,再由修正 F 因子的正负判断飞机遭遇的是上升气流还是下沉气流,由此得到 λ 的值,计算修正 F 因子的数值,最后根据经验阈值进行风切变检测。

如图 9.3.17 所示,采用最小二乘法的识别算法,选取合适的拟合窗口,窗口内包含 m 个资料点,用最小二乘拟合法计算的曲线斜率 β。

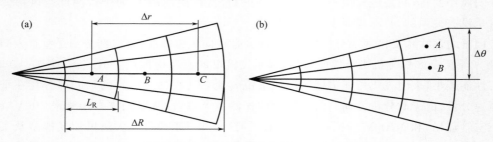

图 9.3.17 最小二乘法示意图(a. 径向风切变;b. 切向风切变)

A、C 两点之间的径向切变为 $(v_C - v_A)$ 与资料点总长度 ΔR 之比,而斜率 β 是 $(v_C - v_A)$ 与 A、C 两点之间距离 Δr 的比值。则计算一维径向切变值:

$$C_{Rs} = \frac{\Delta v}{\Delta R} = \frac{\beta \Delta r}{\Delta r + L_R} \qquad (9.3.20)$$

由最小二乘法计算得 $\beta = (v_C - v_A)/(r \triangle \theta)$,一维方位风风切变值 C_{As} 为

$$C_{As} = \frac{\partial v}{r \partial \theta} = \frac{\beta \cdot r \Delta \theta}{r \Delta \theta + \dfrac{\pi r \times \varphi}{180°}} \qquad (9.3.21)$$

同理,可以算出切向切变。雷达径向速度沿径向、方位的综合变化,即一维径向风切变与一维方位风切变的合成,得到二维合成风切变:

$$C_s = \sqrt{C_{Rs}^2 + C_{As}^2} \qquad (9.3.22)$$

风场数据经过提取和挑选后得到的下滑道风速廓线如图 9.3.18 所示。横坐标原点在着陆点处,表示下滑道上各点在跑道上的投影点到飞机着陆点的水平距离,单位是 nm,纵坐标表示下滑道上各点的逆风风速,单位是 kt。国际上规定两点间风速差值超过 7.7 m/s(15 kt) 判定发生了风切变,接着选用 400 m 和 800 m 两个尺度范围搜索下滑道上风速差值超过 15 kt 的切变段,用"+"表示切变起始点位置,"o"表示结束位置,搜索结果如图 9.3.17、图 9.3.18 所示。搜索结果表明,在 400 m 范围内发现一处风切变区域,距着陆点 3.4~3.6 nm;在 800 m 范围内则存在两处,分别离着陆点 1.4~1.8 nm 和 3.7~4.1 nm(图 9.3.19)。

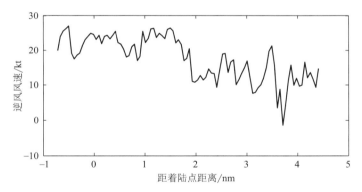

图 9.3.17　下滑道风速廓线图

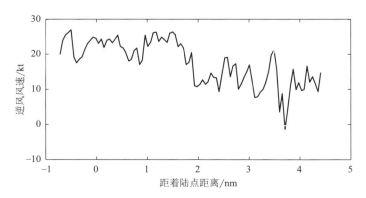

图 9.3.18　400 m 范围内风速变化情况图

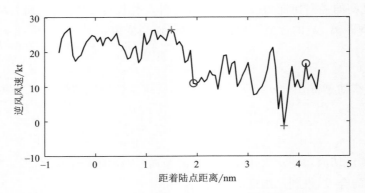

图 9.3.19　800 m 范围内风速变化情况图

使用修正 F 因子算法对重构的风速廓线进行检测,结果如图 9.3.20 所示。图中黑色虚线表示下滑道风速廓线,蓝色实线表示修正 F 因子曲线,红色标记处表示检测到切变段的起始位置,红色方框内表示检测到的风场切变区域。

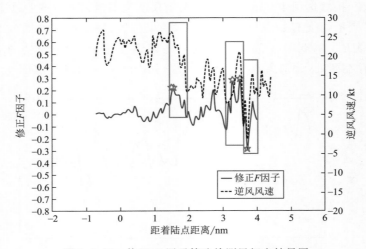

图 9.3.20　修正 F 因子算法检测风切变结果图

接着使用斜坡算法对同一条下滑道风速廓线进行处理,斜坡长度分别选取 400 m 和 800 m,处理结果如图 9.3.21、图 9.3.22 所示,黑色虚线为下滑道风速廓线,蓝色实线表示斜坡算法检测结果,红色方框内为检测到风切变区域,用"＊"表示检测到风切变的起始位置。

由图 9.3.21 可以看出,修正 F 因子检测算法对三处最强切变处均能捕获到,而图 9.3.22 表明斜坡算法会对 800 m 范围内的两处风切变产生漏报,说明修正 F 因子能更加全面地检测到切变长度在 400～800 m 的风切变;使用斜坡算法检测时,风切变检测范围仅在 3～4 nm,而修正 F 因子算法将检测范围扩大到 1～4 nm,有利于提高风切变预警率和降低漏报率;斜坡算法和修正 F 因子算法均能检测到发生在前面图中 3.4～3.6 nm 处的 400 m 范围内的风切变,从风速廓线上读取此风切变的起始位置是 3.4922 nm,经斜坡算法检测到这个风切变的起始位置是 3.4844 nm,而使用修正 F 因子算法检测到此处风切变的起始位置是 3.4922 nm,证明了修正 F 因子算法捕获到的风切变位置比斜坡算法更接近真实发生位置,增大了低空风切变预警的准确性。

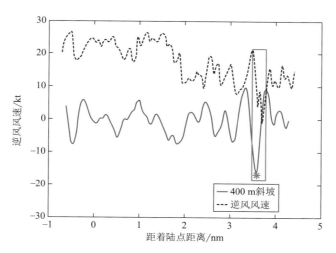

图 9.3.21　400 m 斜坡检测风切变结果图

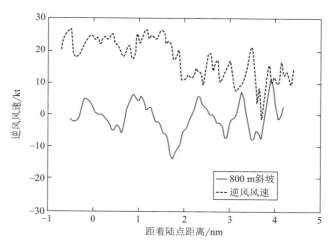

图 9.3.22　800 m 斜坡检测风切变结果图

　　斜坡算法是从风速差值的大小来预警风切变的有无,而修正 F 因子可以反映变化风场对飞机性能的影响程度。在图 9.3.22 中,以着陆飞机为例,下滑道风速廓线上在 1.4～1.8 nm 处,飞机接触到的风场风速从 26 kt 下降到 11 kt,说明飞机遭遇了严重的顺风切变或下沉气流,实际数据计算得到此处的修正 F 因子数值为 0.22;而在 3.7～4.1 nm 处,风速值从 -1.4 kt 上升到 16.6 kt,风速的突然增加证明此处的飞机会遇到了逆风切变或上升气流,计算此处的修正 F 因子数值为 -0.28。由此说明修正 F 因子除了通过它的经验阈值检测风切变的有无之外,还能由它的正负性判断飞机遭遇到顺风切变还是逆风切变,在实际应用中可以方便飞行员对飞行状态做出正确判断和调整。

9.3.3　识别效果分析方法

　　任何一个识别系统的识别性能都应该通过三个指标:命中率(HR)、漏报率(MR)及虚警率(FAR)进行检验。

对于基于激光雷达的低空风切变识别性能的评价一直存在较大的争议。核心问题为:是否以飞行员的报告作为评价雷达风切变识别能力的评价标准。

若以飞行员的报告为评价标准,则命中率为飞行员报告中记录有风切变同时此切变也被切变识别系统捕获并告警;虚警率为飞行员报告中没有记录遭遇低空风切变但切变识别系统却发出警告;漏报率为飞行员报告中记录飞机遭遇风切变,但切变识别系统未告警,见表 9.3.7。

表 9.3.7　风切变识别评价

实况预报	雷达有告警	雷达无告警
飞机报告有风切变	N_a	N_c
飞机无风切变报告	N_b	--

$$HR = \frac{N_a}{N_a + N_b + N_c} \times 100\% \qquad (9.3.23)$$

$$MR = \frac{N_c}{N_a + N_c} \times 100\% \qquad (9.3.24)$$

$$FAR = \frac{N_b}{N_a + N_b} \times 100\% \qquad (9.3.25)$$

影响飞行员报告的风切变的因素主要有如下三个方面:

(1)具有一定的人为性,靠飞行员的主观意识来判断是否具有风切变,飞行实际遭遇了风切变,但飞行员没有报,或者报告了颠簸(局地的风切导致飞机升力的变化引起飞机颠簸)之类的其他天气,形成飞行员对风切变的漏报。

(2)不同机型(轻、中、重型)的飞机或者同机型的飞机其翼载荷不同时,对于同等强度的风切变其机组感受不同,会出现不同的飞行员报告,造成机组对风切变的漏报。

(3)不同机型(轻、中、重型)的飞机或者同机型的飞机飞行速度不同时,对于同等强度的风切变其机组感受不同,会出现不同的飞行员报告,造成机组对风切变的漏报。

基于激光雷达的风切变识别系统是对风场本身的识别,只要探测区域内风场变化达到风切变阈值就会识别为风切变并发出风切变告警。有几个方面影响了激光雷达风切变识别:

(1)雷达的扫描方式(PPI、下滑道扫描等)造成的对所探测风场的局限性,造成对风切变的漏报。

(2)风切变识别算法本身造成的对某一尺度的风切变的漏报。

(3)由雷达扫描方式和识别算法共同造成的实际大气无风切变而识别为风切变的虚报。

(4)雷达系统识别出了风切变,但该空间或该时段无飞机经过,造成与飞行员报告对比后的"假虚报"。

综合考虑飞行员报告和激光雷达风切变识别系统的特点,以验证激光雷达对风切变的捕获能力为出发点,应以飞行员的风切变报告为验证激光雷达风切变探测和识别能力的标准。数据选取应该以有飞行员的风切变报告的样本,并对应该时段内激光雷达对该处风场有探测数据的部分进行风切变识别性能分析。则命中率:

$$命中率 = \frac{激光雷达识别的风切变次数}{飞行员报告的风切变次数} \qquad (9.3.26)$$

此处,激光雷达识别的风切变次数为飞行员报告时段内风切变数据。

（1）攀枝花机场机组报告与识别效果统计

2018 年 3—6 月,攀枝花保安营机场提供的航空器语音报告中共有 7 次记录,其中判断为风切变的有 5 例,其他两例为侧风和乱流。在 5 例风切变样本中,此激光雷达可命中 5 例,漏报 0 例,命中率 100％,漏报率 0％,见表 9.3.8。

表 9.3.8　风切变日期和识别效果

序号	日期及时间(年/月/日/时:分)	航空器报告内容	风切变	切变警告
1	2018/4/2/15:04	15:04 CA4461 机组在跑道入口处遇见乱流返航	有	有
2	2018/4/12/13:05	13:05 CA4463 机组在跑道入口处遇见乱流,返航	有	有
3	2018/4/25/14:42	15:02 塔台通知 ZH9950 机场起飞(14:42)后,风比较乱,气流不稳定。	无	有
4	2018/5/6/13:30	CA4463 机组报告本场五边有颠簸,返航成都	有	有
5	2018/5/6/14:52	CA4461 机组报告在进决断高度处有风切变,返航成都	有	有
6	2018/5/8/14:48	CA4461 报告侧风大,飞机左右摇摆		有
7	2018/6/19/12:54	CA4463 机组报告,下滑至决断高度时气流比较乱,后复飞于 13:09 降落		有

（2）云南丽江机场机组报告与识别效果统计

2020 年 1—4 月,云南丽江机场提供的航空器语音报告和识别结果见表 9.3.9。其总结如下:

① 激光测风雷达风廓线模式可以监测低空风场 42 m 以上垂直风的切变情况,但只能监测雷达顶空的风场信息,与风切变事件时的跑道上空的风场无法对应,其告警信息无法验证,但对低层风场的变化有良好的监测效果,对低空风切变的预测有参考作用。

② 激光测风雷达 PPI 模式可以对水平风场切变情况进行探测,其主要作用是对环境风场进行扫描,加强预报员对机场周围风向风速变化的把握能力,为风切变预测提供环境风场的参考。

③ 激光测风雷达下滑道模式可以很好的监测出低空风切变。据统计,激光测风雷达的强烈或严重的风切变告警命中率为 80％,强烈或严重的告警高度有 46％ 与风切变报告高度相近。1 h 内风切变强烈及严重警告超过一半,则出现风切变的概率高,风切变发生前频繁告警信息能对风切变预测起到提示作用。

表 9.3.9　丽江机场激光测风雷达告警情况验证统计表

日期	种类	ADS-B复飞时间	报告高度(m)	最近一次告警时间	最近一次告警高度(强烈及严重)(m)	1 h 内告警次数(强烈及严重)/高度范围(m)
1 月 17 日	低空风切变	16:15	6	16:13:16	138～141	6/106～165
1 月 18 日	气流紊乱	13:25	150	13:23:18	2～5、154～157	4/2～160
1 月 20 日	气流紊乱	13:32	2	13:31:47	无	8/24～229
1 月 22 日	气流紊乱	14:28	100	14:26:08	无	4/50～154
1 月 23 日	气流紊乱	16:05	6	16:06:31	5～8	6/5～114
3 月 13 日	低空风切变	10:19	267	10:20:46	无	6/136～224

续表

日期	种类	ADS-B复飞时间	报告高度（m）	最近一次告警时间	最近一次告警高度（强烈及严重）(m)	1 h内告警次数（强烈及严重）/高度范围(m)
3月28日	气流紊乱	14:27	33	14:26:44	202～205	3/2～205
3月29日	低空风切变	11:18	152	11:18:54	154～157	7/77～301
3月29日	低空风切变	11:38	152	11:38:28	40～42	7/40～229
3月29日	低空风切变	13:01	20	13:01:40	45～48	12/2～259
3月29日	低空风切变	13:47	46	13:45:44	192～235	8/2～243
3月29日	低空风切变	13:52	55	13:50:37	18～130	6/2～237
3月29日	气流紊乱	16:06	60	16:08:27	37～40、53～56、160～162	9/2～251
3月30日	气流紊乱	13:37	244	13:39:42	16～18、130～133、144～146、216～219	10/5～253
4月2日	气流紊乱	14:45	91-122	14:46:42	80～82、333～336	5/114～357

（3）西宁机场机组报告与识别效果统计

根据西宁曹家堡机场提供的2018年1月—2019年11月的话音方式航空器报告统计共有84次，见表9.3.10。除去在激光雷达强烈衰减或显著超出可探测范围之外的个例，可用于分析风切变识别效果的个例共34个，其风切变日期和识别系统警告状态统计，见表9.3.11。

表9.3.10 语音方式航空器空中报告次数表（西宁机场）

年份\月份	1	2	3	4	5	6	7	8	9	10	11	12	合计
2018	1	3	4	4	2	5	1	2	3	3	3	9	40
2019	0	1	1	6	6	4	8	6	9	1	2	/	44

表9.3.11 风切变日期和识别效果统计

序号	日期及时间（年/月/日/时:分）	航空器空中报告内容	风切变	切变告警
1	2018/02/19 20:56	东航7385机组在11号跑道以西、高度121.92 m遇到风切变	有	有告警，未见明显切变区域
2	2018/02/19 17:30	东方3246机组在机场以东、高度4800 m遇到风切变	有	设备未通电
3	2018/02/19 17:40	东方2314机组在机场以东7～20海里（1 nmile=1852 m）、高度3600～5100 m遇到风切变	有	设备未通电
4	2018/03/01 19:01	国航8280机组在一边起飞时，真高600～700 ft遇到风切变	有	设备未通电
5	2018/04/05 15:15	国航1265机组在五边、高度304.8～457.2 m遇到风切变	有	有告警，受沙暴影响，测程衰减

序号	日期及时间 （年/月/日/时：分）	航空器空中报告内容	风切变	切变告警
6	2018/04/05 16：26	国航 460 机组在 29 号跑道进近以东、高度 609.6 m 遇到风切变	有	有告警,受沙暴影响,测程衰减
7	2018/04/26 13：28	川航 8821 机组在跑道入口、高度 15.24 m 遇到风切变,航班复飞	有	有告警,可见明显切变区域
8	2018/05/14 14：49	华龙 8789 机组降落时于跑道入口处遇乱流		有告警,可见明显切变区域
9	2018/06/01 12：18	东航 2436 机组在五边 4 海里处 遇到风切变,造成该航班变更飞行高度	有	未告警,未见明显切变区域
10	2018/06/05 20：01	南航 6453 机组在 11 号跑道以西、高度 2500 m 遇到风切变,航班复飞	有	有告警,可见明显切变区域
11	2018/06/10 15：36	东航 2443 机组在 29 号跑道起飞 1 边 1300 英尺处、高度 396.24 m 遇到风切变	有	有告警,有明显切变区域
12	2018/09/20 17：21	深航 9739 机组在 11 号跑道五边、高度 2400 m 遇到风切变	有	有告警,可见明显切变区域
13	2018/10/02 17：03	川航 8902 机组在 11 号跑道以西 3.5 海里、高度 304.8 m 遇到风切变	有	有告警,有明显切变区域
14	2018/11/20 19：38	国航 4212 机组在一边、高度 2987～4400 m 遇到风切变	有	有告警,未见明显切变区域
15	2018/12/05 08：10	东航 9027 机组在 11 号跑道以东、高度 4000 m 遇到风切变	有	有告警,可见切变区域
16	2018/12/05 09：52	东航 2199 机组在五边、高度 3048 m 遇到风切变（顺风 30 节转逆风 25 节）	有	有告警,可见切变区域
17	2019/3/29 18：48	国航 1261 机组在距离跑道头 5 km、修正海压 2500 m 处遭遇风切变,航班备降	有	未告警,但可见切变区域
18	2019/4/10 18：48	华龙 8831 机组在 11 号跑道入口 4 km 高度 2529.84 m 处遭遇风切变,航班复飞	有	有告警
19	2019/04/15 15：58	川航 8156 机组在距离 1.6 海里,决断高高度遭遇风切变,航班复飞	有	未告警,但可见切变区域
20	2019/04/15 16：29	南航 3245 机组在 11 号跑道五边 10 海里,高度修正海压 3000 m 高度处遭遇风切变,航班复飞	有	未告警(超范围)
21	2019/04/25 17：27	国航 6531 机组在 11 号跑道以东 1～2 km、真高 500 英尺遭遇风切变	有	有告警
22	2019/05/25 10：03	川航 8687 机组在 29 号跑道以西,304.8～457.2 m 高度处遭遇风切变	有	未告警,但可见切变区域
23	2019/06/05/ 17：11	深航 9739 机组在 29 号跑道以东 2 海里,高度 152.4 m 处遭遇风切变,航班复飞	有	设备未通电

序号	日期及时间 (年/月/日/时：分)	航空器空中报告内容	风切变	切变告警
24	2019/06/05/ 17：19	红土 7124 机组在 29 号跑道上空遭遇风切变，航班复飞	有	设备未通电
25	2019/06/07/ 17：35	四川 8374 机组在 11 号跑道以东 4 km，高度 365.76 m 处遭遇风切变，航班复飞	有	未告警，但可见切变区域
26	2019/07/03/ 14：13	通航 2204 机组在 11 跑道入口 5 km 高度 2480 m 处遭遇风切变	有	未告警，期间有中到大降水，量程衰减严重
27	2019/07/24/ 15：41	南航 3629 机组在 11 跑道入口，高度 2200 m 处遭遇风切变，航班复飞	有	未告警，但可见切变区域
28	2019/07/26/ 21：37	南航 3412 机组在跑道入口端 2 海里，高度 52.4 m 处，遭遇顺风切变，航班复飞	有	有告警
29	2019/08/13/ 18：40	东方 2146 机组在跑道入口，高度 2200～2300 m 处大顺风拉升，航班复飞	有	有告警
30	2019/08/14/ 15：13	东航 2439 机组在一边起飞时遭遇风切变	有	有告警
31	2019/09/28/ 19：37	国航 1261 机组在 11 号五边，高度 3000 m，遭遇风切变	有	有告警
32	2019/10/29/ 18：30	南方 6991 机组在 29 号跑道五边 7.5 km、高度 416 m 处遭遇顺风切变，航班复飞	有	未告警，但可见切变区域
33	2019/11/09/ 12：33	东方 2346 机组在 29 号跑道短五边，高度 304.8 m 处遭遇风切变	有	有告警
34	2019/11/09/ 12：38	东方 9657 机组在 29 号跑道短五边、高度 304.8 m 处遭遇风切变	有	有告警

参考文献

陈一峰,杨小丽,2007. 机载激光雷达风切变探测研究[J]. 红外与激光工程,36:617-619.

陈远洪,1995. 浅谈雷暴天气的下击暴流对飞行安全的危害[J]. 山西气象(01):7-8.

陈震,2015. 全光纤相干测风激光雷达研究[D]. 青岛:中国海洋大学.

戴丽莉,2010. 探测微尺度风切变场的多普勒激光雷达研究[D]. 南京:南京理工大学.

戴逸飞,王慧,李栋梁,2016. 卫星遥感结合气象资料计算的青藏高原地面感热特征分析[J]. 大气科学,40
    (05):1009-1021.

戴永江,2010. 激光雷达技术[M]. 北京:电子工程出版社:1-922.

冯力天,郭弘其,陈涌,等,2011. 1.55μm 全光纤多普勒测风雷达系统与试验[J]. 红外与激光工程,40(5):
    844-847.

冯力天,周杰,范琪,等,2019. 应用于民航机场风切变探测与预警的三维激光雷达[J]. 光子学报,48(5):
    1-11.

顾建峰,薛纪善,颜宏,2004. 多普勒雷达四维变分分析系统概述[J]. 热带气象学报,20(1):1-13.

何平,2006. 相控阵风廓线雷达[M]. 北京:气象出版社:98-140.

胡明宝,谈曙青,汤达章,等,2000. 单部多普勒天气雷达探测低空风切变方法[J]. 南京气象学院学报(01):
    113-118.

胡企铨,胡宏伟,2000. 激光雷达对大气风场的光束扫描及风场反演[J]. 应用激光,20(5):212-215.

胡企铨,胡宏伟,2001. 地基激光测风雷达的光束扫描及风场反演[J]. 强激光与粒子束,13(1):24-26.

胡企铨,胡宏伟,2001. 星载激光测风雷达的光束扫描及风场反演[J]. 光学学报,21(6):720-723.

胡芩,姜大膀,范广洲,2014. CMIP5 全球气候模式对青藏高原地区气候模拟能力评估[J]. 大气科学,38(05):
    924-938.

黄铃光,2012. 基于雷达数据的强对流天气的识别算法及实现[D]. 南京:南京信息工程大学.

姜海燕,葛润生,1997. 一种新的单部多普勒雷达反演技术[J]. 应用气象学报,8(2):219-213.

蒋立辉,陈红,庄子波,2014. 基于小波矩的改进遗传算法风切变识别[J]. 计算机应用,34(3):898-901,906.

蒋立辉,陈红,庄子波,2014. 小波不变矩的低空风切变识别[J]. 红外与激光工程,43(11):3783-3787.

蒋立辉,范道兵,2010. 单多普勒激光雷达机场小尺度风场反演研究[J]. 激光与红外,40(11):1168-1172.

蒋立辉,高志光,熊兴隆,2012. 基于激光雷达图像处理的低空风切变类型识别研究[J]. 红外与激光工程,41
    (12):3410-3415.

蒋立辉,田百全,熊兴隆,2012. 基于多普勒激光雷达低空风切变的数值仿真[J]. 红外与激光工程,41(7):
    1761-1766.

蒋立辉,张春庆,熊兴隆,2013. 基于仿真雷达图像的低空风切变类型识别研究[J]. 激光与红外,43(3):
    334-338.

蒋天俊,2008. 结冰对飞机飞行性能影响的研究[D]. 南京:南京航空航天大学.

金维明,王学永,洪钟祥,等,1983. 夜间逆温条件下超低空急流的间歇性特征[J]. 大气科学(03):296-302.

李崇福,2009. 气象系统自动观测设备远程监控的技术现状和发展趋势[J]. 第26届中国气象学会年会大气
    成分与天气气候及环境变化分会场论文集.

李宏海,欧进萍,2015. 我国下击暴流的时空分布特性[J]. 自然灾害学报,24(6):9-18.

梁海河,张沛源,葛润生,2002. 多普勒天气雷达风场退模糊方法的研究[J]. 应用气象学报(05):591-599,
    643-644.

刘金涛,陈卫标,刘智深,2003. 高光谱分辨率激光雷达同时测量大气风和气溶胶光学性质的模拟研究[J]. 大气科学,27(1):115-122.

罗辉,张杰,朱克云,等,2015. 下击暴流的雷达预警量化指标研究[J]. 气象学报(05):853-867.

马婷,2013. 九黄机场重要天气形势下边界层特征分析[D]. 德阳:中国民用航空飞行学院.

马艳,黄俊齐,2015. 昆明长水国际机场的选址与雾天天气分析[J]. 交通科技与经济(04):13-15.

彭笑非,2010. 低空风切变对飞机进近着陆的影响分析[J]. 科技、经济、市场(7):34-36.

沈法华,孙东松,2012. 移动式多普勒激光雷达光束扫描及风场反演技术研究[J]. 光学学报,32(3):1-5.

沈法华,王忠纯,2010. 米氏散射多普勒激光雷达探测大气风场[J]. 光学学报,30(6):1537-1541.

沈法华,王忠纯,2011. 瑞利散射多普勒激光雷达风场反演方法[J]. 物理学报,60(6):1-6.

沈宏彬,赵润华,张潇,等,2013. 西南地区低空风切变事件分析[J]. 高原山地气象研究(03):37-42.

盛春岩,王建林,刁秀广,2007. 2006年8月青岛国际帆船赛期间海陆风特征及三维结构分析[J]. 中国海洋大学学报,37(4):609-614.

盛裴轩,毛节泰,李建国,等,2003. 大气物理学[M]. 北京,北京大学出版社.

索渺清,丁一汇,2016. 昆明准静止锋的发现和研究[J]. 气象科技展(03):6-16.

陶祖钰,1992. 从单Doppler速度场反演风矢量的VAD方法[J]. 气象学报,50:81-90.

王邦新,孙东松,钟志庆,等,2007. 多普勒测风激光雷达数据处理方法分析[J]. 红外与激光工程,36(3):373-376.

王春晖,李彦超,徐博,等,2008. 激光测风雷达速度方位显示反演中数据质量的控制方法与仿真[J]. 中国激光,35(4):515-518.

王东峰,1999. 单多普勒天气雷达三维风场反演技术的研究[D]. 北京:中国气象科学研究院.

王改利,刘黎平,邱崇践,2010. 多普勒激光雷达风场反演方法研究[J]. 大气科学,34(1):143-153.

王红艳,葛润生,徐宝祥,2001. 单部多普勒雷达反演三维风场涡度—散度方法的初步研究. 气象科技(3),22-25.

王倩倩,余晔,董龙翔,等,2020. 基于激光测风雷达的兰州冬季风场特征及其与大气污染的关系[J]. 高原气象,39(3):641-650.

王蓉,2014. 干旱区边界层对流及示踪物垂直传输的大涡模拟研究[D]. 兰州:兰州大学.

王珊珊,黄兴友,苏磊,等,2008. 利用雷达回波自动识别锋线的方法. 南京气象学院学报(04):563-573.

王英俭,胡顺星,周军,等,2014. 激光雷达大气参数测量[M]. 北京:科学出版社.

王玉琦,鲍艳,南素兰,2019. 青藏高原未来气候变化的热动力成因分析[J]. 高原气象,38(01):29-41.

魏鸣,1998. 单多普勒天气雷达资料的变分同化三维风场反演和WP三维风场反演[D]. 南京:南京大学:97-105.

魏耀,张兴敢,2010. 多普勒天气雷达合成切变算法及改进方法的研究[J]. 电子与信息学报(01):43-47.

徐群玉,宁焕生,陈唯实,等,2010. 气象雷达在民航安全中的应用研究[J]. 电子学报(09):2147-2151.

徐群玉,宁焕生,陈唯实,等,2010. 气象雷达在民航安全中的应用研究[J]. 电子学报,38(9):2147-2151.

许小永,郑国光,刘黎平,2008. 多普勒雷达资料4DVAR同化反演的模拟研究[J]. 气象学报,62(4):410-421.

颜玉倩,田维东,李金海,等,2020. 多源数据在高原机场一次低空风切变过程分析中的综合应用[J]. 高原气象.39(6):1329-1338.

杨茂胜,2014. 机场激光雷达风切变监测系统——设计验证软件研究[D]. 成都:电子科技大学.

杨艳蓉,李柏,张沛源,2004. 多普勒雷达资料四维变分同化[J]. 应用气象学报,15(1):95-10.

俞飞,姬鸿丽,2001. 低空风切变的分析与预报[J]. 高原山地气象研究,21(3):18-19.

俞小鼎,姚秀萍,熊廷南,等,2007. 多普勒天气雷达原理与业务应用[M]. 北京:气象出版社.

张杰,2006. 中小尺度天气学[M]. 北京:气象出版社:78-110.

张杰,田密,2014. 航空危险天气多普勒天气雷达回波图集[M]. 北京:中国人民解放军出版社.

张杰,田密,2015. 多普勒天气雷达对航空危险天气监测应用研究[M]. 北京:中国人民解放军出版社.

张冉,2012. 低空风切变下大型飞机建模、危险探测与控制律研究[D]. 上海:上海交通大学.

张少波,胡明宝,2004. 预处理共轭梯度法在VVP三维风场反演中的应用[J]. 气象科学,24(3):303-308.

章国材,2007. 强对流天气分析与预报[M]. 北京:气象出版社.

赵康源,1992. 美国关于风切变研究的进展情况[J]. 国际科技交流(10):9-11.

赵树海. 超低空急流的形成及其对飞机起落飞行的影响. 飞行力学,1992,(03):81-84.

周天军,李立娟,李红梅,等,2008. 气候变化的归因和预估模拟研究[J]. 大气科学(04):906-922.

庄子波,陈星,高浩,2014. 基于概率支持向量机的激光雷达风切变图像的识别. 北京理工大学学报,34(4):412-416.

ANDO T,KAMEYANIA S,HIRANO Y,2008. All-fiber coherent Doppler lidar technologies at Mitsubishi Electric Corporation[C]//IOP Conference Series: Earth and Environmental Science. IOP Publishing,1(1):012011.

ASAKA K,YANAGISAWA T,HIRANO Y,2001. 1.5-μm eye-safe coherent lidar system for wind velocity measurement[C]//Second International Asia-Pacific Symposium on Remote Sensing of the Atmosphere,Environment,and Space. International Society for Optics and Photonics:321-328.

AUGROS C,TABARY P,ANQUEZ A,et al,2013. Development of a Nationwide, Low-Level Wind Shear Mosaic in France[J]. Weather & Forecasting,28(5):1241.

BOCCIPPIO D J,1995. A diagnostic analysis of the VVP single-Doppler retrieval technique[J]. Journal of Atmospheric and Oceanic technology,12(2):230-248.

BROWNING K A,1982. Nowcasting[M]. New York:Academic Press Inc.

CARIOU J P,PARMENTIER R,VALLA M,et al,2007. An Innovative and autonomous 1.5μm coherent LIDAR for PBL wind profiling[C]//Proceedings of 14th Coherent Laser Radar Conference.

CARIOU J P,SAUVAGE L,THOBOIS L,et al,2011. Long range scanning pulsed Coherent Lidar for real time wind monitoring in the Planetary Boundary Layer[J]. 16th CLRC.

CARTHY MC,BLICK G,BENSCH J,et al,1989. A high resolution spatial and temporal multiple. Doppler Analysis of Microburst and Its Application to Aircraft Flight Simulation[J]. Climate Appl. Meteor. ,45:18-22.

CHAN P W, SHUN C M, KUO M L,2010. Latest developments of windshear alerting services at the Hong Kong International Airport[C]. 14th Conference on Aviation, Range, and Aerospace Meteorology, American Meteorological Society, Atlanta, Georgia. .

CHAN P W, SHUN C M, WU K C,2002. Operational LIDAR-based system for automatic windshear alerting at the Hong Kong International Airport[Z].

CHAN P W,LEE Y F,2011. Application of a ground-based, multi-channel microwave radiometer to the alerting of low-level windshear at an airport[J]. Meteorologische Zeitschrift,20(4):423-429.

CHANIN M L,GARNIER A,HAUCHECORNE A,et al,1989. A Doppler lidar for measuring winds in the middle atmosphere[J]. Geophys. Res. Lett. , 16:1273-1276.

CHOY B L,SHUN C M,CHENG C M,et al,2004. Prototype Automatic LIDAR-based Wind Shear Detection Algorithms[Z].

DOLFI-BOUTEYRE A,CANAT G,VALLA M,et al,2009. Pulsed 1.5μm LIDAR for axial aircraft wake vortex detection based on high-brightness large-core fiber amplifier[J]. IEEE Journal of Selected Topics in Quantum Electronics, 15(2):441-450.

FREHLICH R G,KAVAYA M J,1991. Coherent laser radar performance for general atmospheric refractive turbulence[J]. Applied Optics, 30(36):5325-5352.

FRIEDMAN J S, TEPLEY C,CASTLEBERG P,et al,1997. Middle-atmosphere Doppler lidar using a iodinevapor edge filter[J]. Opt. Lett. , 22:1648-1650.

FUJII T,FUKUCHI T,2005. . Laser remote sensing[M]. New York: Taylor & Francis Group.

HANNON S M,THOMSON J A L,HENDERSON S W,et al,1995. Windshear,turbulence,and wake vortex characterization using pulsed solid state coherent lidar[J]. SPIE, 2464:94-102.

HANNONSM,2000. Autonomous infrared doppler radar: airport surveillance applications[J]. Physics and Chemistry of the Earth Part B Hydrology Oceans and Atmosphere,25(10-12):1005-1011.

HARRIS F I,GLOVER K M,SMYTHE G R,1985. Gust front detection and prediction[J]. Preprints 14th conference on Severe Local Storms,Bulletin of the American Meteorological Society, Boston:342-345.

HAVERDINGS H, CHAN P W,2010. Quick access recorder(QAR)data analysis software for wind shear and turbulence studies[J]. Journal of Aircraft,47(4):1443-1447.

HENDERSON S W, HALE C P, MAGEE J R,et al,1991. Eye-safe coherent laser radar system at 2. 1 μm using Tm,Ho:YAG lasers[J]. Optics Letters,16(10):773-775.

HENDERSON S W,SYNI P J M,HALE C P,et al,1993. Coherent laser radar at 2 μm using solid-state lasers [J]. Geoscience and Remote Sensing IEEE Transactions on,31(1):4-15.

HERMES L G ,WITT A ,S D SMITH,1993. The gust front detection and wind-shift algorithms for the terminal Doppler Weather Rdar System[J]. Journal of Atmospheric and Oceanic Technology,10:693-708.

HUHFFAKER R M, HARDESTY R M,1996. Remote sensing of atmospheric wind velocities using solid-state and CO/sub 2/ coherent laser systems[J]. Proceedings of the IEEE, 84(2):181-204.

HUHFFAKER R M,1999. Solid state coherent laser radar wind-field measurement systems[J]. Pure and Applied Optics Journal of the European Optical Society Part A,7(4):863.

International Civil Aviation Organization. Manual on Low-level Wind Shear. DOC9817AN/499. 2005.

J K CHIRSTER,A A O FREDRIK,L D IERMAR,et al,2000. ALL-fiber multifunction continuous-wave coherent laser radar at 1. 55um for range, speed, vibration, and wind measurement[J]. Applied Optics,39 (21):3716.

J K Michael,G F Rod,et al,2007. Parameter trade studies for coherent lidar measurements of wind from space [J]. SPIE,6681.

KAMEYAMA S,SAKIMURA T,WATANABE Y,et al,2012. Wind sensing demonstration of more than 30km measurable range with a 1. 5 um coherent Doppler lidar which has the laser amplifier using Er,Yb: glass planar waveguide[J]. SPIE Asia-Pacific Remote Sensing. International Society for Optics and Photonics:85260E-85260E-6.

KAMEYAMA S, YAMAGISAWA T, AMDO T, et al,2013. Development of wind sensing coherent Doppler-Development of wind sensing coherent Doppler LIDAR at Mitsubishi Electric Corporation-from late 1990s to 2013[C]. Proc 17th Coherent Laser Radar Conference, Barcelona, Spain.

KANE T J, KOZLOVSKY W J, BYER R L,et al,1989. Coherent laser radar at 1. 06 microm using Nd:YAG lasers[J]. Optics Letters,12(4):239-41.

KAVAYA M, HENDERSON S, MAGEE J,1989. Remote wind profiling with a solid-state Nd:YAG coherent lidar system[J]. Optics letters,14(15):776-778.

KEOHAN C,2007. Ground-based wind shear detection systems have become vital to safe operations[J]. Icao Journal,62(2):16-19,33-34.

KOPP F, RAHM S, SMALIKHO I,2010. Characterization of Aircraft Wake Vortices by 2-μm Pulsed Doppler Lidar[J]. atmos oceanic Technol,21(2007):194-206.

KOSCIELNY A J,DOVIAK R J,RABIN R,1982. Statistical Considerations in the Estimation of Divergence From Single-Doppler Radar and Application to Prestorm Boundary-Layer Observations[J]. Journal Of Applied Meteorology,21:197-210.

LHERMITTE R M,ATLAS D,1961. Precipitation motion by pulse Doppler. In:American Meteor Society[C]. 9th Weather Radar Conference,218-223.

LI Y X,HU Q,LIU S Q,2012. Wind-shear prediction with airport LIDAR data[J]. Geoscience and Remote Sensing Symposium. IEEE:3704-3707.

MATTHEW J M,WILBERT R S,TODD D I,1997. Validation of wind profiles measured using incoherent Doppler lidar[J]. Applied Optics,36:1928-1939.

P WALDTUFEL,H CORBIN,1979. On the analysis of single-Doppler radar data[J]. Journal of Applied Meteorology and Climatology,18:532-542.

PAUL INGMANN,1999. Status of the Doppler WindLidar Profiling Mission ADM-Aeolus[J]. ESA Report,7: SP-1233(4).

S KAMEYAMA,T ANTO,K ASAKA,et al,2007. Compact all-fiber pulse coherent Doppler lidar system for wind sensing[J]. Appl Opt,46(11):1953-1962.

SHUN C M,LAU S Y,CHI M. Implementation of a Doppler Light Detection And Ranging(LIDAR)system for the Hong Kong International Airport[J].

SHUN C M,CHAN P W,2008. Applications of an infrared Doppler lidar in detection of wind shear[J]. Journal of Atmospheric and Oceanic Technology,25(5):637-655.

SMALIKHO I N,BANAKH V A,2015. Estimation of aircraft wake vortex parameters from data measured with a 1.5μm coherent Doppler lidar[J]. Optics Letters,40(14):3408-3411.

SMALLEY D J,BENNETT B J,FRANKEL R,2005. MIGFA:The Machine Intelligent Gust Front Algorithm for NEXRAD AMS International Conference on Radar Met eorology[J].

SMITH D A,MICHAEL H,COFFEY A S,et al,2006. Wind lidar evaluation at the Danish wind test site in Høvsøre[J]. Wind Energy,9(9):87-93.

SUN J,CROOK A,1997. Dynamical and micorphysical retrieval from Doppler radar obsevvations Using a cloud and its adjoint. Partl:Model development and simuleatd data experiments[J]. J. Atmos. Sei. ,54: 1642-1661.

SUN J,FLIEHER D,LILLY D,1991. Recoveyr of three-dimensional wind and temperature fields from single-Doppler radar data[J]. J. AtmosSei,48:876-890.

UYEDA H,ZRNIC D S,1985. Automatic detection of gust front[J]. J. Atmos. Oceanic Technol. ,3:36-50.

ZHENG J,ZHANG J,ZHU K,et al,2014. Gust Front Statistical Characteristics and Automatic Identification Algorithm for CINRAD[J]. Journal of Meteorological Research,28(04):607-623.

前言
QIANYAN

　　每一年,世界各国和中国各地都会发生各种各样的极端天气气候事件。2021年7月20日,河南郑州的罕见特大暴雨,造成了重大人员伤亡和经济损失;2022年夏天,长江流域出现了持续性极端高温热浪,伴随着严重的气象、水文干旱,给当地人民健康和电力、农业、航运、水利等多个行业带来巨大影响。

　　每一次重大天气气候事件发生后,都会有记者联系采访,他们希望了解事件背后的科学问题。2022年夏天长江流域热浪和干旱发生后,就有《环球时报》《财新周刊》《香港中国通讯社》《南风窗》《解放日报》和《浙江日报》等多家媒体记者陆续采访。这些采访会涉及一些共性问题。例如,这次事件的特点是什么?它在多大程度上是反常的?最近几十年这类事件增多了没有?它发生的直接原因和根本原因分别是什么?它和全球变暖有没有联系?城市化是不是对其发生有一定影响?……

　　于是,笔者产生了一个想法:能否针对媒体和公众的关注,写一本科普小册子,集中介绍一下具有共性的科学问题?这种科普读物,或许对相关媒体记者、高校非气象专业学生、中小学教师和普通公众可以提供一些参考。

　　另一方面,笔者牵头承担的一个国家重点研发计划项目"小冰期以来东亚季风区极端气候变化及机制研究"(2018YFA0605600),目前已接近尾声。这类项目有一个要求,就是重视开展科学普及工作,把项目研究成果及时地向社会和公众宣讲、推介,让科研成果最大限度地发挥社会、经济效益。

　　在过去4年多时间里,上述项目产出了系列成果,其中仅笔者负责的第三课题就发表了百余篇学术论文,很多与记者朋友和公众关注的问题都有密切的联系。应该说,现在有条件去编写这样一本小册子了。

以上是编写本书的初衷。

有了这个想法,马上付诸实施。伴随着2022年夏季这场旷日持久的罕见高温热浪,本书的正式编写工作也开始了。构思、起草提纲、分章撰写、收集图件与照片,每一个步骤都在紧张、有序的忙碌中展开和收拢。由于素材是现成的,研究历程和结果是熟悉的,整个编写过程用时不多,到2022年9月下旬,初稿就完成了。

但是,这本小册子涉及的故事,每一个背后都隐藏着漫长的数据积累,辛勤的劳动汗水,一轮又一轮的寒来暑往,一个又一个的不眠之夜。在这里,笔者首先要向为这些观测数据获取和分析付出辛勤劳动的所有同行、同事、同学表示诚挚的感谢。本书大部分图件来自课题组毕业同学的论文,笔者对他们的贡献表示感谢。

同时感谢课题组在读的博士、硕士研究生和本科生同学。他们包括张思齐、郑翔、张潇丹、何佳骏、张晋韬、任晨晨、李如媛、龙艺文、苏峻、车金凝、王汶力、黄思琦、李骁锐和李柔。初稿完成后,他们协助选配、修改部分插图以及校对文字与查验文献。特别感谢张潇丹同学,她克服重重困难,绘制了多幅简笔画,为本书略偏枯燥的科学内容添色不少。感谢农丽娟女士,协助联络出版事宜。最后,还要感谢气象出版社的责任编辑张媛,在本书撰写和出版过程中,付出了大量工作。

由于笔者水平有限,加之时间仓促,本书难免存在诸多纰缪,恳请读者包涵、指正。

本书主体内容取材于笔者课题组近年来的研究成果。这些研究成果不可避免地存在着这样或那样的局限。有些不足,笔者已经认识到,并在当前和未来的工作中努力加以解决;还有一些问题,笔者自己没有意识到,希望同行读者批评匡正。

好在,我们始终在路上,位卑未敢忘研学,愿与同行者一起,为无限接近极端天气气候变化的真相风雨兼程、砥砺前行。

任国玉

2023年9月10日,于北京

目 录
MULU

一 什么是极端天气

极端天气,通常也称极端天气气候,是一种罕见的、小概率的天气气候现象或过程。极端天气是一个相对性的概念,它们不是经常出现的。在一个特定地方,有些可能不是每一年都会发生。例如,台风、龙卷或冰雹等;或者虽然每年出现,但在每日观测记录里比较稀少,仍然引起人们很大关注。例如,强降水、高温和低温天气;有些极端天气从历史上看是非常罕见的。例如,20年、50年、100年一遇的特大暴雨、持续高温热浪、严重低温寒潮等。

极端天气气候事件可以给人类的生产生活和健康造成各种负面影响,严重的可以引起人员伤亡,是引发自然灾害的主要原因之一。与台风相伴的狂风暴雨给海上船只造成威胁;暴雨或强降水可以引起洪水和泥石流,淹没甚至冲毁低洼地带建筑和设施,阻塞交通,造成人员伤亡和财产损失;干旱导致农业减产甚至绝收,淡水资源短缺,历史上的持久干旱经常引起饥荒,严重时可造成数百万人死亡;低温冰冻天气扰乱海陆空交通秩序,造成大范围旅客滞留;高温热浪和低温寒潮会直接或间接造成健康问题,严重的甚至引起死亡,也对能源安全和农业、水供应造成各种不利影响。

极端天气气候事件历来是天气预报、气候预测、气候变化预估的重点关注对象,也是天气气候、气候变化研究及其自然灾害风险评价的重要内容之一。做好极端天气气候及其变化规律的科学研究,提高各类极端天气气候事件预报、预测、预估准确性,对于各级政府和社会防灾减灾、应对气候变化具有重要的现实意义。

在气候科研和业务上,通常情况下,人们使用各种各样的指标或指数来描述极端天气气候事件及其变化特征。一种简单的指数就是气候要素的极值,是指某一段时间里该要素的极端最大或最小值,例如,月内、夏季或年内极端最高气温,以及月内、冬季或年内极端最低气温等。定义其他的指数需要确定阈值,规定某一特定时间内观测的数据达到或超过这个阈值,就认为发生了该种极端天气气候事件。

这些阈值也分若干种类,主要包括绝对阈值、相对阈值等。绝对阈值是用固定的界限值来确定是不是达到极端事件标准,例如,用日最高气温达到或超过 35 ℃ 来确定高温日,用连续三天日最高气温达到或超过 35 ℃ 来确定热浪过程,以及用日最低气温小于或等于 0 ℃ 来确定霜冻日等;相对阈值是把本站历史上某一气候要素的记录排序,把大于或小于某一百分位值的记录或时间单位确定为极端事件,例如,把日最高气温大于或等于 95% 分位值的日子称为热日或高温日,把日降水量大于或等于 99% 分位值的日子称为强降水日等。

根据绝对阈值确定的极端天气气候事件,有时不是每个地方都会出现,例如,用日降水量大于或等于 50 毫米定义的暴雨,在中国西北干燥区,除了个别地点外,很少发生;青藏高原腹地和北极地区,也极少出现日最高气温大于或等于 35 ℃ 的高温事件。

用相对阈值确定的极端天气气候事件在任何地方都可以发生,例如,用日降水量大于或等于 99% 分位值确定的强降水日在西北干燥区同样可以出现,或者根据最高气温大于或等于 95% 分位值确定的热日在青藏高原腹地和北极地区也会发生。这样定义的极端天气气候事件,只是和本地历史上的正常情况比较,才算罕见。

有时,人们还会使用多个指标来定义一种极端天气气候事件,例如,如果某地气温在一天(24 小时)内降低 10 ℃ 以上,同时该日最低气温达到 5 ℃ 以下,就把这次降温过程叫寒潮;或者不是仅仅用日最高气温,而是采用日最高气温、最低气温和相对湿度(甚至平均风速),当它们连续几日分别达到某一固定或相对阈值时,就认为发生了高温热浪事件。

此外,我国气候学家还发展了区域综合极端气候指数,把中国多种主要极端天气气候(高温、低温、强降水、干旱、台风、大风、沙尘暴)代表性指数整合在一起,用以描述全国极端天气气候的总体特征和变化趋势。

极端天气气候事件的频率、强度和持续时长会随着时间发生变化。极端天气气候变化,是全球、区域和局地气候变化(知识窗 1-1)的重要组成部分,是气候变化检测、归因、预估和影响研究共同关注的科学问题。

知识窗 1-1

在学术界,气候变化(climate change)是指由于气候系统外部驱动因素的改变或者内部自然变率引起的多年代尺度以上气候要素均值、极值或变率的渐进演化过程。从这个定义可以看出,在学术界,是把外部驱动因素和内部自然变率引起的气候长期演化过程都看成气候变化了。

那么外部驱动因素有哪些呢?它包括人类排放二氧化碳等温室气体、气溶胶等,还有一些自然外部驱动因素,比如,太阳输出的辐射变化,或者到达地表的太阳辐射的变化,或者火山活动等。内部自然变率主要是和海洋有关系,是指多年代尺度以上的海洋洋流以及海气相互作用模态的变异性,它会引起某一个时期内气候的趋势性演化。多年代时间尺度一般指两个 30 年(即 60 年),但由于资料长度限制,实际研究中也有采用 30 年左右时期替代的。气候要素一般指关键的气候变量或指标值,如地面气温、降水和风速等。

《联合国气候变化框架公约》对气候变化有一个定义。它是这样说的:气候变化是指由于人类活动影响(单指由于人类活动),特别是人类向大气中排放过量温室气体,导致了全球地表温度上升即全球气候变暖,以及由此引起的气候系统各个分量的相应改变。

这里可以看出,学术界和政治界的定义有较大的区别。《联合国气候变化框架公约》的定义,不包含由于自然外部驱动因素和气候系统内部自然变率引起的气候要素长期演化趋势。

极端天气 更频繁了吗

气候学家根据地面气候观测网络历史数据分析,可以看到,在 20 世纪 60 年代以后,也就是最近的 60 余年,大部分地区高温日数、暴雨或短历时强降水事件发生频率有所增加,而低温日数和小雨日数却明显减少了。利用现代统计学方法,从历史气候观测数据序列中识别极端天气气候变化的趋势信号,是当前气候变化检测研究的主要内容。

极端气候变化检测,即极端气候变化观测研究,是气候变化科学的基础研究内容,其目的是认识过去几十年到几百年,甚至上千年极端天气气候事件的长期变化特征规律,特别要证实,在一个较长时期内,极端天气气候事件频率和强度,是否存在显著的趋势性变化,为极端气候变化归因、气候模式检验、极端气候变化预估和影响研究奠定基础。

气候变化归因是另一个专有名词,通常是指利用历史观测资料和气候模式数据,把过去观测到的气候变化,包括气候要素平均值的变化、极端值以及极端天气气候事件频率的变化,归结为不同的外部驱动因素,研究每一种外部驱动因素的相对贡献各有多大。目前,科学界认识到的外部驱动因素,包括人类活动导致的大气中温室气体增加、气溶胶浓度变化、土地利用与土地覆盖变化、太阳活动和火山活动等。

极端气候变化归因,需要使用模式计算的资料和实际观测的资料,运用复杂的数理统计方法,把这几种外部驱动因素各自的相对贡献估算出来。

现在做得比较多的是针对较大区域或全球范围长时间地面气温序列趋势的归因,比如,全球或中国地表平均温度、极端高温事件频率在过去 100 年不断上升,气候学家通过归因分析希望了解大气中温室气体浓度变化对这种增暖的贡献有多大,火山喷发的贡献有多大,太阳辐射贡献又有多大。

对于极端天气气候事件的个例,一般不能直接把它归结为某一外部驱动因子,但可以把它发生的概率或重现期与不同外部驱动因素作用联系起来,也是极端气候变化归因研究的一个内容。

当前,无论极端气候变化的检测,还是它的归因,在研究上都存在着一定的困难。检测研究上的困难在于长序列历史观测数据,它们不仅存在序列完整性和连续性以及各种人为原因引起的非均一性,而且还包含城市化等局地人为因素引起的序列系统性偏差;归因研究上的困难,除了极端气候历史观测数据的问题外,还有气候模式的局限和偏差,特别是模式对于多年代以上尺度自然气候变率模拟能力的不足,以及外部驱动因子历史观测数据序列的不确定性。

这些困难的存在,以及当前科学界对这些问题影响程度认识的不足,在一定程度上阻滞了气候变化科学的进步,影响了人们对气候与极端天气气候变化的科学认识。

二

东亚季风区极端天气更多吗

亚洲季风是世界上分布面积最大、最典型的季风气候。亚洲季风包括南亚季风和东亚季风两大类,前者主要分布在印度半岛和中印半岛西部;后者则分布在中印半岛东部、中国东南部、朝鲜半岛、俄罗斯远东和日本群岛(图2-1)。

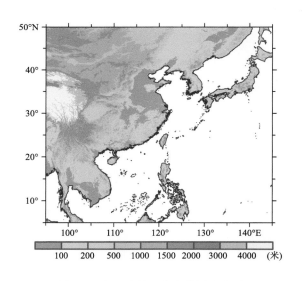

图 2-1 东亚季风区分布范围示意图

东亚季风还可分为热带季风、副热带季风和温带季风三个亚类,其分布范围分别以北回归线(23.5°N)、秦岭—淮河—朝鲜半岛南端—日本群岛中部为界。东亚季风区是全球人口密度最大,经济发展最快,对极端天气气候及其灾害最为敏感和脆弱的地区。这个地区各类极端气候事件及灾害频发,流域性特大洪水、持续性严重干旱、大范围高温热浪和寒潮冷害,对中国及邻近国家社会经济和人类生命财产安全构成重大威胁。

中国绝大多数人口和城市都分布在东亚季风区。东亚季风区的极端天气气候事件,以及它们在各种时间尺度上的波动与变化,对于我国社会经济安全和生态文明建设具有很大的影响。那么,和世界其他地区比较,特别是和同纬度其他地区比较,在常年情况下,东亚季风区是不是拥有更多、更强的极端天气气候事件呢? 对这个问题,简单的回答为:是的。

东亚季风区的冬季,具有北半球和世界同纬度地区最冷的气候(图 2-2)、最频繁的寒潮天气,以及与此相关的副热带雨雪冰冻天气;夏季,又拥有同纬度地区最热的气候、最频繁的高温热浪天气。

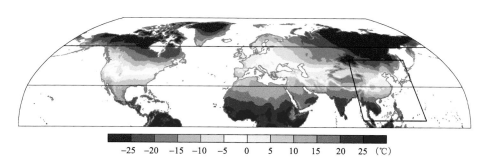

图 2-2　北半球 1 月(冬季)地面平均气温分布(1991—2020 年)

(数据来源:CRU TS4.05;黑色方框表示东亚季风区范围)

地处副热带的长江流域,特别是长江中下游和淮河流域,每年 6 月中旬到 7 月上旬的梅雨期经常出现连续暴雨,引起全流域性大规模洪水、山体滑坡、泥石流和城市洪涝灾害;梅雨期结束后进入伏旱期,在副热带高压控制下,天气晴朗少云、日照强、温度高、湿度大、风速弱,极易形成连续多日的高温、高湿型热浪。华北雨季尽管历时不长,仅有一个半月到两个月,但暴雨频率高、强度大,其中在华北平原西部、太行山脉山前地带不乏暴雨和特大暴雨,导致在辽河、海河和淮河流域形成严重洪涝灾害。

在温带季风区,包括中国西北东部、华北、东北南部和朝鲜等地区,冬季降水非常少,夏季雨季短暂,降水量波动很大,经常发生干旱,对社会经济造成严重的影响。历史上,由于社会经济发展水平低,对灾害的适应能力很弱,中国北方的严重少雨干旱,时而引起农业歉收和大范围饥荒,形成饿殍遍野、流民四散、社会动荡的悲惨景象,这在世界历史上应该是罕见的。例如,1483—1487 年的北方大旱、1637—1641 年的崇祯大旱、1877—1878 年的丁戊奇荒、1928—1930 年西北大旱,以及 1942 年河南大旱,每一次特大干旱-饥荒都夺去了几十万到数百万人的生命。

东亚季风区东临西北太平洋,是世界上遭受热带气旋影响最频繁的区域。热带气旋包括热带低压、热带风暴和台风等,主要发生在西北太平洋及其邻近海域(台风)、北大西洋和东太平洋(飓风)以及印度洋和南太平洋(图 2-3)。每年全球生成的热带气旋大约 80 个,其中西北太平洋生成的热带气旋数量约占1/3,是第二多的北大西洋(加勒比海和墨西哥湾)热带气旋数量的 3 倍以上。中国沿海和菲律宾是全球热带气旋登陆最频繁的地带。

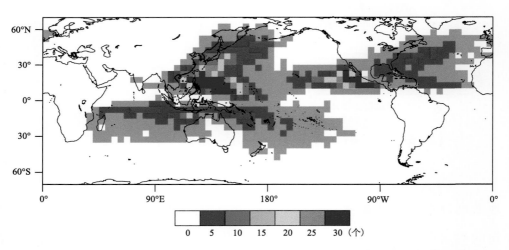

图 2-3 基于 IBTrACS 数据集整合的 5°×5°网格中每 10 年台风数量分布(1980—2019 年)

(西北太平洋地区台风频率最高)

发展强烈的热带气旋,例如,2006 年的"桑美"、2013 年的"海燕"和 2018 年的"山竹"(图 2-4),给东亚季风区沿海、岛屿和边缘海带来罕见的狂风、暴雨、巨浪和风暴潮,形成严重的破坏作用。

与全球同纬度其他大陆相比较,东亚季风区北部是沙尘暴发生频率最高的区域之一。其中,西北东部、黄土高原、内蒙古大部与华北北部、东北西部春季出现

图 2-4　2018 年 9 月 11 日台风"山竹"风云三号卫星云图

沙尘天气日数多,受到影响较大。过去数百万年频繁的浮尘天气,甚至造就了世界上最深厚、最典型的黄土高原黄土层。现代时期,严重沙尘暴造成的浮尘天气和空气污染可以对我国华北、华东以及朝鲜半岛和日本产生影响。

此外,东亚季风区春季、夏季还经常出现雷电、冰雹和龙卷等中小尺度强对流天气现象。雷电在华南和西南地区更为常见,冰雹在青藏高原和东北中西部发生较多,龙卷主要出现在东北中北部、江苏和华南等地区(图 2-5)。这些中小尺度强对流天气空间尺度小,持续时间短,但可以引发罕见的严重局地气象灾害。

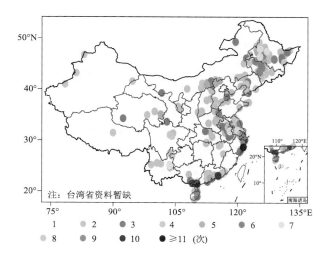

图 2-5　中国龙卷发生频次分布(1961—2013 年)

北方的新疆北部、东北、内蒙古东部和青藏高原东部，以及山东半岛北部沿海，冬半年可能发生暴雪或暴风雪，是寒冷季节强降水的一种特殊形式。山东半岛冬季的降雪又称海效降雪（图2-6），当达到一定强度时，也形成暴雪。这些强降雪事件都可以对农牧业生产、交通运输和社会生活造成明显的负面影响。

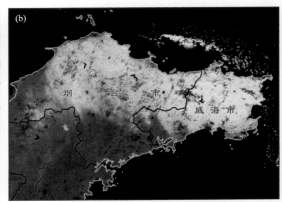

图2-6　卫星观测到的2021年1月7日山东半岛海效降雪云系分布（a）；
地球观测系统（EOS）卫星监测到的2005年12月19日山东半岛降雪（b）

因此，除了少部分种类外，东亚季风区多数影响深远的极端天气气候事件，包括夏季高温热浪、暴雨洪涝、少雨干旱和登陆台风，冬季低温寒潮和雨雪冰冻，其发生频率都是同纬度地区甚至是全球范围内最高的。冬季暴雪或暴风雪出现日数，中国东部没有同纬度的美国东北部多，但位于东亚季风区的日本本州岛西北岸同美国东北部一样频繁；春季、夏季的龙卷发生频率，东亚季风区任何地方都没有美国东部平原地区高。

那么，为什么东亚季风区主要种类的极端天气气候事件发生更频繁呢？

这个问题的答案涉及东亚季风的一个固有特性。与其他的气候类型或气候区相比较，东亚季风气候具有很高的自然变率或自然变异性，也可以说具有很高的善变性，时而温婉恬静，时而暴怒无常（图2-7）。这种强的自然变异性体现在多个时间尺度上，在季节、年际到世纪尺度上，东亚季风气候的善变性都有明显的表现。

由于这种固有的特性，东亚季风区天气气候冷暖、晴雨变幻无常，暴雨、干旱

图 2-7　东亚季风气候十分善变,年际和年代际、多年代尺度变异性高,
冷热、干湿变率都很明显

交替发生,冷的季节可以很冷,热的季节又可以很热,干的年份云淡雨稀,湿的年份则暴雨频频,极端冷暖、严重旱涝天气气候事件时有发生。

　　东亚季风气候这一特性的产生,从根本上说,还是与东亚处于世界上最大的大陆(欧亚大陆)东侧、最大的大洋(太平洋)西侧的位置有关。这样的相对位置,是形成典型季风气候的先决条件;青藏高原地形有助于增强冬季大气底层西北风,以及夏季来自海洋的西南和东南风,因而加强了东亚季风。由于远离大陆冷性反气旋中心,加之青藏高原和喜马拉雅山脉的阻挡,南亚冬季风比较弱,只有夏季风同样较强盛,其冬季气候的自然变异性就没有东亚季风区来得高。

　　更多的热带气旋,也和热带西北太平洋处于世界最大、最宽大洋(太平洋)西侧有关。这一位置特点决定了赤道辐合带(ITCZ)南北两侧的偏东信风,经历了足够长的洋面,推动热带表层海水持续向西流动,不断加热增温,在热带西太平洋堆积,形成暖池(图 2-8)。高温表层海水,加上其他有利的大气和环境条件,有助于生成热带气旋。

　　更多的沙尘天气,则与东亚温带季风区位于欧亚大陆内部荒漠外缘有关。作为世界面积最大的大陆,处于其腹地的中亚,即东亚季风区以西北的广大内陆变

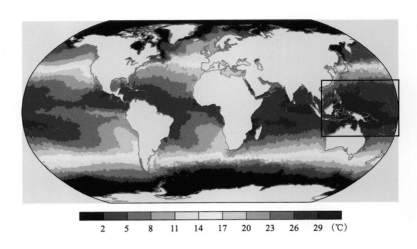

图 2-8 卫星观测的 2020 年 12 月 20 日的全球海表温度

（黑色框表示的区域为热带西太平洋暖池，图片来源：NOAA OI SST V2）

成了距离海洋最远的地区，加之南部有青藏高原和喜马拉雅山脉阻挡，来自海洋的水汽短缺（图 2-9），降水稀少，形成了广袤的沙漠。沙漠及其内部的山地、干河床，是沙尘暴的来源地。因此，中亚沙漠及其东南下风向的东亚温带季风区西北部，就成了全球最主要的沙尘暴肆虐地带之一，沙尘天气发生频率，仅次于撒哈拉沙漠及其西非大西洋沿岸。

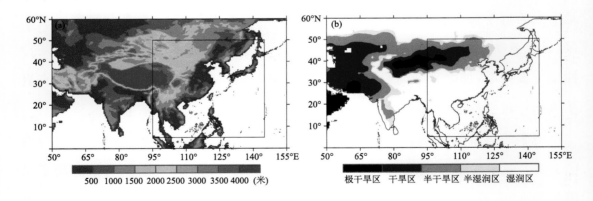

图 2-9 欧亚大陆东部地形（a）和气候干燥度（b）分布

（干燥度根据 1989—2018 年平均干燥度指数，数据来自

http://data.tpdc.ac.cn/zh-hans/data/c9fd9d59-8a5c-4b61-b621-9c4d987d546a/；

干湿气候区的划分标准参照 Huang 等（2016）；黑色框表示东亚季风区范围）

近现代极端天气增多、增强了吗

全球和区域气候已经发生了明显的变化。自从 19 世纪后期或 20 世纪初以来,也就是自人类具有较完整仪器观测数据以来,可以称为近现代时期,全球地表温度上升了 1.0 ℃左右。最近半个世纪左右,也就是自从 20 世纪 70 年代中期以来,可以称为现代时期,全球陆地及北半球中高纬度地区,气温增加更为明显(图 3-1)。这就是全球气候变暖现象,简称全球变暖。

全球变暖是全球气候变化(简称气候变化)和全球变化研究的核心内容,是当前社会普遍关注的科学和政治、能源、经济问题。人们十分关注全球变暖的观测事实、空间特征、升温速率、驱动机制、未来趋势和可能影响,人们也关注如何应对全球变暖,特别是如何采取有效措施减缓和适应未来的气候变化。

在上述人们关切的问题中,都离不开一个热点议题:极端天气气候(知识窗 3-1)。大家希望了解,在全球变暖的同时,全球或各个地区极端天气气候发生了什么变化?如果已经出现了明显变化,其背后的原因和机制是什么?气候模式能不能模拟这种变化?未来还将发生什么变化?观测到的过去、近现代变化和预估的未来变化,都具有什么重大影响或风险?

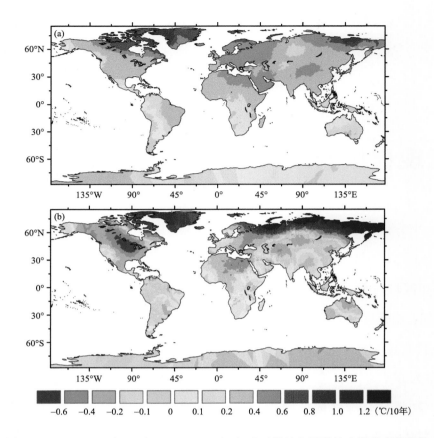

图 3-1　1979—2014 年(a)和 1998—2014 年(b)全球陆地年平均地表温度变化趋势

知识窗3—1

关于极端天气气候,人们希望了解的问题是:

全球、亚洲、东亚和中国极端天气气候发生了什么变化?

极端天气气候变化背后的原因、机制是什么?

气候系统模式能不能模拟观测到的极端天气气候变化?

未来几十年,全球和各个地区极端天气气候将发生什么变化?

过去、近现代和未来的极端天气气候变化会产生什么重大影响或风险?

　　围绕这些科学问题,气候学家开展了长期、大量的研究。但是,相关研究开展起来并不容易。不容易的原因首先是极端天气气候变化研究需要高分辨率、高质量的长序列观测资料,但目前这种观测数据还是比较缺乏的。

分析全球或区域平均温度变化，使用月平均甚至年平均温度数据就可以了。为了整理出月和年平均温度，全球气候学家花了很长时间，开展了持续合作，获得了几乎覆盖全球的、具有100～150年时长的表面温度观测数据，并对数据质量和各种偏差进行客观评估、订正，可以对近现代大尺度气候变化基本事实做出比较确定的结论。

分析极端天气气候变化，一般要求观测资料具有日分辨率，最好具有亚日甚至小时观测数据。这样的观测资料，数据量呈几十倍、上百倍地增加，由于各种技术、政治的原因，不是每个地区都具备。具备数据的区域或国家，其日观测资料历史序列长度常常不够，能够往前延伸半个世纪左右，达到20世纪50—60年代的数据也非常少（图3-2）；具有足够长度观测资料的区域和国家，数据质量不尽如人意，资料中的系统偏差难以评估和订正。

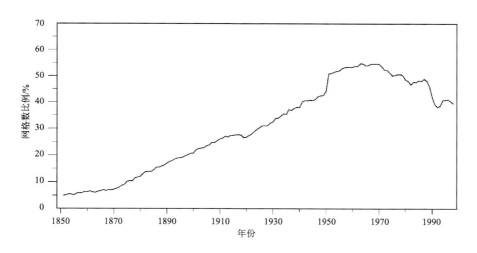

图 3-2　全球陆地温度资料覆盖的网格数比例（1851—1998 年）

（根据 Jones 等（1999）改绘）

根据这些差强人意的长序列观测资料，气候学家对全球陆地，特别是欧洲、北美、澳大利亚和东亚等地区，开展了很多研究。大部分工作限于对某个地区或国家的分析，绝大部分工作限于对20世纪50年代以来变化的分析。研究表明，在现代时期，也是在全球变暖加速的背景下，全球各大陆和东亚季风区极端气候事件频率、强度和持续期发生了一些较明显的变化。例如，极端强降水事件增多且增强了，高温热浪事件频率明显上升了(图 3-3),小雨或弱降水频次显著下降了(图 3-4)。

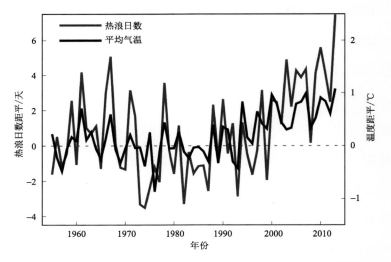

图 3-3 中国东部夏季(6—8 月)热浪日数距平序列和平均温度距平序列

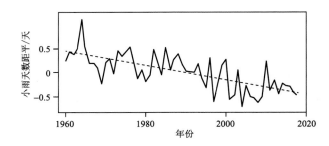

图 3-4 中国平均年累计小雨天数距平序列

(虚线为线性趋势线;小雨是指 24 小时内降水量在 0.1~10 毫米的降水)

但是,迄今为止,还没有回答科学界和公众最关心的一个问题:近现代时期,在全球变暖的背景下,全球、东亚季风区和中国的极端天气气候事件总体上是不是增多了、增强了?

回答这个问题,首先需要定义时间尺度。近现代是指 19 世纪中期或 20 世纪初以来的一百多年,现代是指 20 世纪中期(50—60 年代)以来的半个多世纪。全球变暖发生在"工业革命"后,近似于近现代时期。因此,探讨全球变暖背景下,极端天气气候事件如何变化,需要关注最近一百多年,或者至少最近半个多世纪,各种主要类型极端天气气候事件频率、强度的长期变化趋势。由于具有日分辨率的观测资料很不完善,20 世纪早期和 19 世纪后期资料极其缺少,也可以关注 20 世纪中期以来,也就是最近的半个多世纪里,它们的长期变化趋势。

为什么要研究一个足够长时期内的变化趋势,而不关注年际变率或年代尺度变率?为什么不讨论当年比上年增加了还是减少了,或者近10年比前一个10年增加了还是减少了?这涉及气候变化的定义,也涉及需要考虑全球变暖背景下这个特别的条件句或语境。

气候变化是指在外部驱动因素作用下,气候要素均值、极值或变率在足够长时期内显著的趋势性改变,一般至少要研究最近的30年和前一个30年,两段时期比较,是不是发生了明显的改变。当年相对上年或者近10年相比前一个10年的改变,主要还是年际到年代际气候自然变率的信号,不叫气候变化。同时,如果只讨论当年相对上年、近10年相比前一个10年的差异,与全球变暖背景下的语境也是不一致的,因为后者谈论的至少是过去半个世纪,一般指19世纪末以来或20世纪初以来的全球温度增加。

最后,也要明确,究竟有哪些主要的极端天气气候事件,值得给予关注。如前所述,极端天气气候事件有很多种,对一个地区、一个国家影响比较大的也有多种。不能看到极端低温事件频率减少了,就说极端天气气候事件减少了;也不能看到极端高温事件增多、增强了,就说极端天气气候事件都增多、增强了。选择哪些种类的极端事件开展分析和讨论,一般首先需要考虑它们对社会经济、自然系统的影响程度,或者考虑政府部门和社会的关注程度。

下面,以中国为例,对于主要几种极端天气气候事件的长期变化趋势进行综合评价。

经过对文献和网络调研,选取对中国经济、社会和人们日常生活影响最大、最广泛的七种主要极端天气气候事件(图3-5)。主要极端天气气候事件定义了高温日数、低温日数、强降水日数、沙尘天气日数、大风日数、干旱面积和登陆热带气旋频数七个指标(知识窗3-2)。为了保证全国各地都有极端天气气候事件记录,高温日数、低温日数、强降水日数是按百分位值(即相对阈值)确定的,与根据绝对阈值确定的指数比较,这几个指数的全国平均变化趋势几乎一致。

图 3-5　中国影响最大、最广泛的七种主要极端天气气候事件

知识窗3-2

七种主要极端天气气候事件定义：

高温日数：日最高气温高于 1971—2000 年日最高气温 90% 分位数的总日数。

低温日数：日最低气温低于 1971—2000 年日最低气温 10% 分位数的总日数。

强降水日数：日降水量大于 1971—2000 年日降水量 95% 分位数的总日数。

沙尘天气日数：区域网格内发生沙尘天气的平均日数。

大风日数：瞬时(3 秒)平均风速达到 17 米/秒以上的总日数。

干旱面积：气象干旱面积(或网格)占总区域面积(或网格)的百分比。

登陆热带气旋频数：登陆中国沿海地区的热带气旋总次数。

　　最初的分析是在 2010 年完成的。当时发现,1956—2009 年全国平均高温日数、强降水日数、干旱面积三种极端天气气候事件频率呈上升趋势,但趋势一般并不显著,仅高温日数的增加通过了95％显著性水平检验(图 3-6);全国平均低温日数、沙尘天气日数和大风日数三种极端天气气候事件频率呈下降趋势,且下降趋势均通过了95％显著性水平检验(图 3-7);登陆热带气旋频数仅有轻微减少,趋势变化不明显。

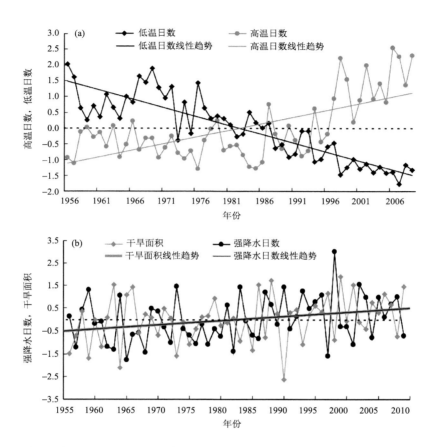

图 3-6   高温日数、低温日数(a)和强降水日数、干旱面积(b)1956—2009 年全国平均时间序列

(虚线为零值线)

把观测数据更新后,从 1956 年或 1960 年 1 月开始到 2021 年 12 月为止,全国平均的高温日数和强降水日数呈上升趋势,而且这种增加趋势通过了95％显著性水平检验,表明 60 多年的增加是显著的。这是因为,最近的十几年,全国高温事件频率增加速度提高了,最近 10 年强降水事件或暴雨日数增加也更快了。但是,在这段更新的时期内,全国平均的低温日数、沙尘天气日数和大风日数仍然呈下降趋势,而且下降趋势非常显著;数据更新后,全国干旱面积和登陆热带气旋频数

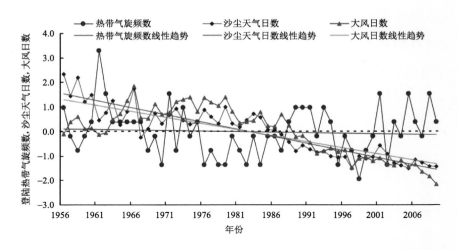

图 3-7　登陆热带气旋频数、沙尘天气日数和大风日数 1956—2009 年全国平均时间序列

（虚线为零值线）

变化趋势仍然不明显，前者略有增加，后者略有减少。

自 20 世纪 50 年代中期以来，中国七种主要极端天气气候事件的指数序列多数（三种）表现为明显下降趋势，少数（两种）表现为明显上升趋势，另外，有两种呈现出不明显的长期变化特征（图 3-8）。

最近几年，中国的雷电、冰雹和龙卷等观测数据可以获得了。最新的分析表明，1960—2013 年全国范围的雷电、冰雹和龙卷频次都显著下降了。如果把这些中小尺度强对流天气事件的变化加上（图 3-8），中国过去 60～70 年主要极端天气气候事件大多数都呈现为明显减少趋势。

2010 年，最初开展这项工作时，研究人员也考虑了七种极端天气气候事件的相对重要程度。根据常年情况下不同极端天气气候事件致灾后的经济损失、死亡人数和社会关注度来确定它们的相对重要性。强降水、干旱和热带气旋位列前 3 位，其次是低温寒潮和高温热浪，最后是沙尘暴和强风，它们依次被赋予 0.30、0.25、0.20、0.08、0.07、0.05 和 0.05 的权重。对七个全国平均指数序列进行标准化，按照上述权重，加权合成一个综合极端天气气候指数。这个指数序列表明，在整个研究时段内，中国具有重大经济社会影响的极端天气气候事件总体上看没有表现出明显的变化（图 3-9）；如果不做加权处理，合成的综合极端天气气候指数序

图 3-8　20世纪50年代中期以来中国主要极端天气气候事件

频次变化趋势及显著性示意图

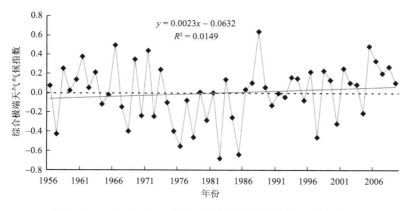

图 3-9　1956—2009年全国平均综合极端天气气候指数变化

（虚线为零值线，实直线为线性趋势线）

列表现出明显下降趋势。

　　过去一百多年，特别是过去半个多世纪，是全球地表温度显著上升时期。多数研究者认为，这个时期的全球变暖，主要是由大气中温室气体浓度升高引起的。

综合以上分析表明,在全球气候显著变暖的背景下,中国地区主要几种极端天气气候事件,其频率(强度、影响面积)多数明显减小了,一些表现出明显增加或者变化不显著。因此,对全国经济社会具有较大影响的极端天气气候事件,总体上看没有明显增多、增强。

全球和区域极端天气气候的变化比目前大多数人的感知要复杂。根据中国的研究,现在还不能笼统地说,在全球变暖背景下,极端天气气候事件增多了,未来还将继续不断增多。在气象观测资料最完整、全球变暖最明显的最近60~70年,多数极端天气气候事件的频次和强度是下降的。

至于大部分极端天气气候事件表现减少、减弱的原因,还需要进一步研究。低温寒潮事件减少,与高温热浪事件增加一样,是容易理解的,都和季节平均气温增加密不可分,也可以说是气候变暖的结果;各种空间尺度上的扰动减弱了,特别是中小尺度强对流天气减少了,不一定是全球变暖的结果,其根本原因可能在于区域性气溶胶排放及其直接和间接的气候效应。因此,目前不能简单地说,最近几十年多数极端天气气候事件减少、减弱是对全球变暖的响应。

四

极端气温变化:观测到了什么

极端气温变化(或者如果包括海表温度,称为极端温度变化),是与全球变暖联系最为密切的。一般情况下,与气候变暖相伴随的,就是极端高温事件增多、增强,而极端低温事件减少、减弱。

极端气温事件及其变化始终是气候学界和社会各界关注的天气气候问题。最近几年,国内外发生的高温事件和寒潮事件,例如,2021 年 1 月华北严重寒潮以及 2022 年 7—8 月长江流域的持续性高温热浪(图 4-1),都引起了研究人员和媒体、公众的广泛注意。

那么,根据长序列观测数据,全球陆地、亚洲、东亚季风区特别是中国,极端气温事件到底发生了什么变化呢?

地面气温是最早使用气象仪器观测的气候要素之一,积累了较为完善的观测数据。16 世纪末(1593 年),意大利科学家伽利略发明了温度计,17 世纪中期南欧和中欧出现了局域尺度地面气温、气压观测网。1817 年,德国气候学家洪堡绘制了首张世界年平均温度分布图。

东亚地区最早的气温记录可以追溯到 1743 年,由法国传教士哥比在北京观测获得,但时间很短,序列不连续。具有连续 1 年以上的气温记录,由另一位法国传教士钱德明(Jean-Joseph Marie,1718—1793 年)观测获得。他于 1757—1762年在北京老北堂(西什库教堂前身)连续观测了 6 年,每天观测两次,积累了宝贵

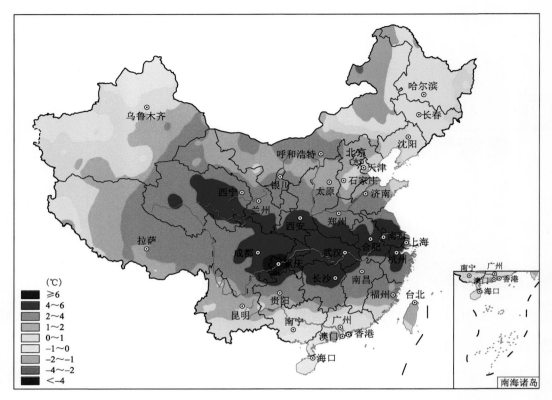

图 4-1　2022 年 8 月 3—20 日中国平均气温距平分布

（这段时间长江流域大部分区域的平均气温比常年高出 4 ℃以上，这次高温热浪

伴随着严重的气象干旱，造成了广泛的社会经济影响）

的高分辨早期气温、气压和天气现象观测数据。

　　这些早期资料经过测点确认、温标转换、质量控制、测时确定、日内极值（最高、最低气温）重建等技术处理，可以用于极端气温指数及其与现代气象数据比较分析。

　　例如，如果把最高气温大于或等于 25 ℃作为热日，最低气温大于或等于 20 ℃作为热夜，那么 1757—1762 年每年的热日数量超过 130 天，热夜数量超过 52 天，而现代（2014—2019 年）同一地点（老北堂附近）分别达到 150 天和 80 天以上，也就是现代比 18 世纪中期热日大约多 20 天，热夜大约多 30 天（图 4-2）。

　　如果把最高气温小于或等于 0 ℃作为结冰日，最低气温小于或等于 0 ℃作为霜冻日，那么 1757—1762 年平均每年的结冰日数为 31 天，霜冻日数为 126 天，而

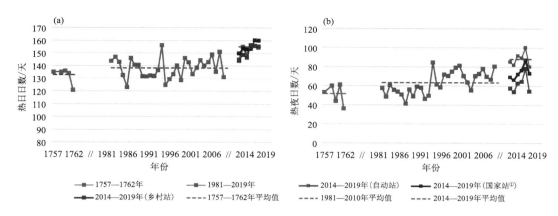

图 4-2　北京市热日(a)和热夜(b)日数在不同时期(1757—1762 年、1981—2019 年和
2014—2019 年)的比较

现代同一地点分别为 10 天和 110 天,现代比 1757—1762 年分别减少 21 天和 16
天(图 4-3)。可见,北京中心城区热日、热夜现代都比 1757—1762 年明显增加了,
结冰日数和霜冻日数现代都比 1757—1762 年明显减少了。

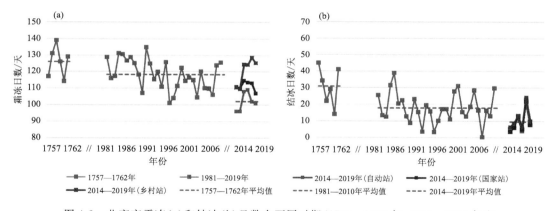

图 4-3　北京市霜冻(a)和结冰(b)日数在不同时期(1757—1762 年、1981—2019 年和
2014—2019 年)的比较

　　但是,北京中心城区最高和最低气温的极端值,1757—1762 年和现代比较,或
者和北京观象台气候基准期(1981—2010 年)比较,均没有超过当前的记录。18
世纪中期北京中心城区极端最低气温为－15.8 ℃(1762 年 1 月 12 日),极端最高
气温达到 43.1 ℃(1760 年 6 月 5 日)。

---

　　① 国家站即国家气象观测站,包括国家基准气候站、基本气象站和一般气象站。

极端天气 更频繁了吗

如果把极端气温和平均气温结合起来、早期观测和最近100多年观测结合起来分析，可以发现，北京中心城区现代相对于18世纪中期的差异，也就是从早期到当前的变化幅度，实际上主要还是发生在20世纪60年代以后，特别是80年代初以后。在那以前的两百年中，北京中心城区平均气温和各极端气温指数序列增加或减少都很弱。

中国东部季风区有20余个城市站，具有19世纪末或20世纪初以来的逐日气温资料。最近根据对长春站和营口站资料的分析，揭示出20世纪初以来极端气温变化的一些特点。1909—2018年，长春冷事件（如冷日、冷夜、霜冻日、冰冻日等）都显著减少了，但热事件并没有都增加，只有暖夜日数显著增加，暖日日数和高温日数略有下降，过渡季节和冬季的寒潮日数增加了（图4-4）。营口站具有相似的变化，1904—2017年，平均最低气温经历着比最高气温更快的增加，气温日较差明显下降，但极端最高和最低气温都发生在20世纪60年代以前（最高在1958年，最低在1920年）。

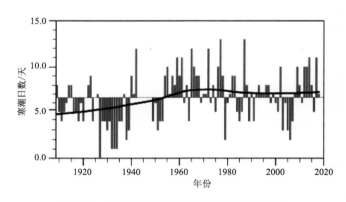

图 4-4　1909—2018年长春站寒潮日数变化

（寒潮日是指日最低气温比前一日下降8℃或更多，同时日最低气温达到4℃以下）

长春站和营口站最低气温上升比最高气温快的特点，在全球陆地和东亚季风区很有代表性。这个现象可以在月平均最高、最低气温序列中表现出来。在1901—2018年，东亚季风区的变暖也在夜间显著，白天比较弱，即最低气温上升速率比最高气温上升快，导致气温日较差普遍下降，全区平均日较差下降速率达到每10年0.60℃。东亚地区年平均气温日较差下降主要发生在20世纪40年代中期以后,此前日较差实际上有明显上升(图 4-5)。20 世纪 50 年代以后,中国北方是东亚地区气温日较差下降最明显的区域。

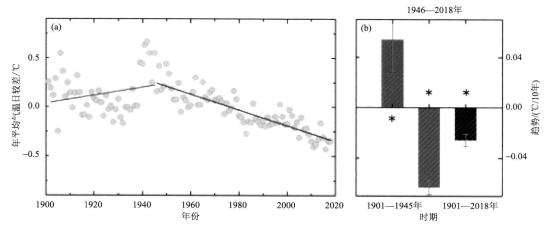

图 4-5　1901—2018 年东亚地区年平均气温日较差变化(a)及其在不同时期内的变化趋势(b)

(b 中红、蓝、黑分别代表 1901—1945 年、1946—2018 年和 1901—2018 年,

＊代表趋势通过了 95％显著性水平检验,竖线代表 2 倍标准差)

全球陆地较为健全的观测网是在 20 世纪 50 年代初以后出现的。2021 年中国气象局和中国地质大学(武汉)发展了一套新的 1951 年以来全球陆地日气温数据集。在原中国气象局数据集基础上,这套数据集融合了新的各主要国家和地区均一化资料,并做了新的质量控制和非均一性订正,数据数量和质量比原来有进一步的提高。

根据这套数据集,对全球陆地 1951—2018 年主要极端气温指数变化进行了分析,发现全球和各大陆平均的主要极端气温指数都经历了明显的变化,冷指数(霜冻日数、冰冻日数、冷夜日数和冷日日数)显著减少,热指数(暖日日数、暖夜日数等)一般增加(图 4-6),并且所有的极值指数(月最高、最低气温极大值,月最高、最低气温极小值)均明显增加。但是,根据最低气温计算的极端气温指数比根据最高气温计算的极端气温指数变化更大、更显著。全球陆地最强的变暖发生在 20 世纪 70 年代中期以后。在全球所有大陆中,欧亚大陆中高纬度地区经历了最明显的变暖趋势。

东亚季风区、中国,20 世纪 50 年代或 60 年代初以来,极端气温事件变化特征

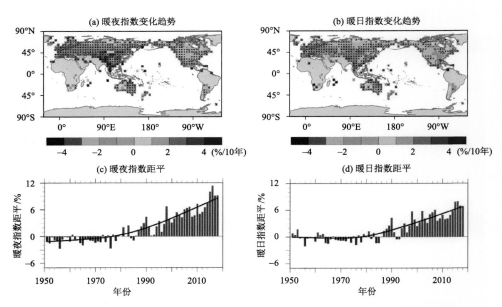

图 4-6　1951—2018 年全球陆地极端事件热指数(暖夜指数①和暖日指数)变化趋势及距平

(距平是与 1961—1990 年平均的差值)

与全球陆地基本一致,但变化速率一般比全球陆地大,最高、最低气温变化的不对称性更突出,气温日较差下降更明显。

例如,1961—2021 年中国暖日(暖夜)日数明显增加,平均每 10 年增加 6 天左右,冷夜日数呈显著减少趋势,平均每 10 年大约减少 8 天(图 4-7)。冷夜日数的减少比暖日日数的增加更持续、更显著。冷夜日数是从 20 世纪 60 年代以后持续减少,而暖日日数增加,主要发生在 20 世纪 90 年代末以后。

1961—2021 年,中国日最高气温大于或等于 35 ℃的极端高温事件,或者连续 3 天出现极端高温的热浪频次变化特征与暖日变化相似,表现出较为显著的上升趋势,是从 20 世纪 90 年代末以后开始增加的;极端低温事件或者寒潮事件发生频次与冷夜日数序列相似,显示出非常明显的下降趋势,是从 20 世纪 70 年代初开始减少的。

1961—2015 年,在大喜马拉雅(兴都库什—喜马拉雅)地区包括青藏高原南亚

---

① 暖夜指数指当年暖夜超出阈值的天数除以当年的总天数,得到当年的暖夜指数。当年的暖夜指数减去参考期(1961—1990 年)平均,得到暖夜指数距平。暖日指数类同。

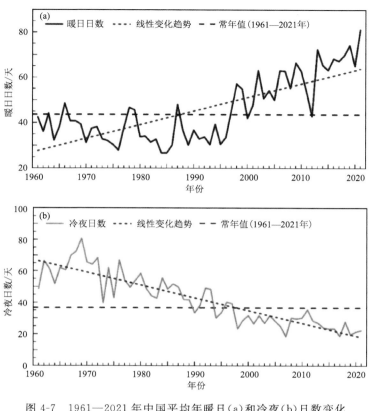

图 4-7　1961—2021 年中国平均年暖日(a)和冷夜(b)日数变化

(中国气象局气候变化中心,2022)

北部和东南亚西北部,也表现出明显的冷事件(冷夜、冷日和霜冻日数等)频次减少,热事件(暖夜、暖日日数等)频次明显增加特点(图 4-8)。尽管暖事件的增加在整个区域都有表现,冷事件的减少却主要发生在青藏高原东部和中国西南地区。另外,部分冷事件频次变化趋势有随高度增加而加强的现象,其中,极端最低气温增加在高处更明显,而霜冻日数减少在高处更明显。

综上所述,在全球陆地、东亚季风区、中国和大喜马拉雅地区,不论是 18 世纪中期以来,还是 20 世纪初期以来,抑或是最近的 60～70 年,极端气温事件均发生了显著的变化,表现为暖热事件增加、寒冷事件减少。这种变化具有以下几个特点:

(1)变化趋势具有不对称性,基于最高气温的暖热事件增加不很明显,但基于最低气温的寒冷事件减少非常显著。

(2)趋势性变化主要发生在 20 世纪 50 年代以后,20 世纪 70 年代中期后更明显,此前变化很小,甚至有相反趋势。

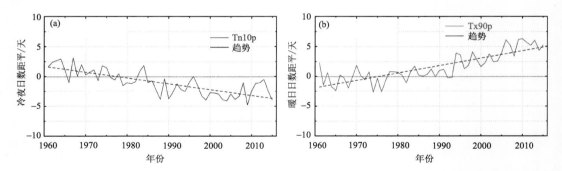

图 4-8　1961—2015 年大喜马拉雅地区冷夜日数(a,Tn10p)和暖日日数(b,Tx90p)距平长期变化

(距平是与 1961—1990 年平均的差值)

　　(3)在空间上,极端气温变化在中国或中国东部季风区更明显,中国东部季风区对东亚地区或全球陆地变化有重要贡献(知识窗 4-1)。

知识窗 4-1

　　极端气温变化的几个主要特点:

　　·极端气温变化具有明显的不对称性,白天的冷、暖事件变化一般不明显,但夜间的冷、暖事件变化非常显著。

　　·极端气温变化主要发生在 20 世纪中期以后,此前的几十年、上百年变化很小,甚至存在相反的趋势。

　　·不论在全球陆地,还是在亚洲地区,中国或中国东部季风区的极端气温变化都是最为明显的。

　　在海洋上,有海表温度(SST)在短时间内异常升高或降低现象,前者称为海洋热浪,后者称为海洋冷涌。海洋热浪和海洋冷涌都可以看作发生在海洋表面的极端天气气候事件。

　　东亚边缘海地区的海洋热浪频次变化近些年受到不少关注。这和进入 21 世纪后几次海洋热浪比较强,对渔业和水产养殖业造成严重影响有关。如 2016 年黄海的海洋热浪可能是 1982 年以后最强的一次,对沿岸地带海洋生态系统和水产养殖造成重大不良影响。

根据船舶和浮标资料，以及卫星遥感获得的海表温度资料，可以分析过去海表温度平均值和海洋热浪指数变化。研究发现，20世纪初以来，特别是20世纪80年代初以来，东亚边缘海地区海表温度也处于不断上升过程中（图4-9）。夏季平均温度的上升，也是导致海洋热浪发生频次增加的原因。

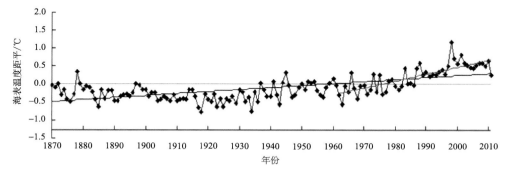

图 4-9 1870—2011 年东亚边缘海（渤海、黄海、东海和南海）年平均海表温度距平变化

（红线代表最后的50年时期，距平是与1961—1990年平均的差值）

分析还发现，在全球变暖减缓期（1998—2013 年），尽管冬季海表温度有所下降，但夏季的海洋热浪发生频次和强度甚至更高，其中频次增加速率达到每10年1.13次。2015年以后，海洋热浪频次增加尤为明显，其中2016年海洋热浪频次、强度仅次于最高年份（1998年）（图4-10）。

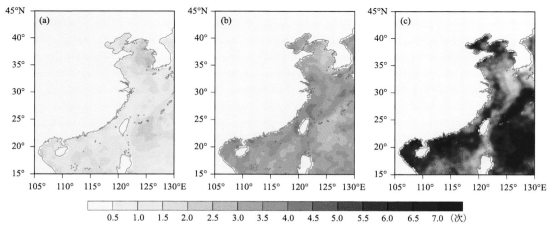

图 4-10 东亚边缘海不同时期年平均海洋热浪频次分布

（a，1982—1997 年；b，1998—2013 年；c，2015—2017 年）

中国海表温度上升,以及海洋热浪频次增加,在空间上存在较大的差异。一个明显的特征是,沿岸地带特别是大河河口附近,包括长江河口及其附近的东海沿岸,以及珠江河口及其附近的南海沿岸,变暖趋势最大,距离海岸线远的大陆架区域增温趋势总体较弱,其海洋热浪发生频次也比较低。

五

极端气温变化:该怎么理解

气候变化研究人员对各种极端气温变化的原因和机制进行了大量的研究。绝大多数研究认为,与全球和区域平均温度变化一样,在过去的一百多年,特别是在过去几十年内,极端暖事件的增多、增强,以及极端冷事件的减少、减弱,主要起因于人类活动持续不断地向大气中排放温室气体。工业革命以后,大气中 CO_2 等温室气体浓度持续上升,它们吸收更多由地表向上反射的长波辐射,加热大气,并增强大气向下的长波辐射,导致地表和地气系统净辐射增加,大气温度上升。这是最近几十年气候学界的共识。

这个科学界的共识结论,在联合国政府间气候变化专门委员会(IPCC)的历次报告(图 5-1)中,已被反复强调。

采用统计方法,比较模式模拟和观测的极端天气气候变化,可以证实观测的极端天气气候变化是否以及在多大程度上由人类活动引起,这种分析方法称为极端气候变化归因。目前归因研究一致认为,过去一百多年特别是过去几十年,观测的极端气温变化主要是大气中温室气体浓度增加造成的。一般还认为,与极端降水变化的归因相比,各种空间尺度极端气温变化的归因研究结果的可信度要高得多。

这个方法实际上要求观测数据质量和模式模拟能力都必须足够高。当前的气候模式(也称气候系统模式或地球系统模式)已经比过去有很大进步,但仍处于

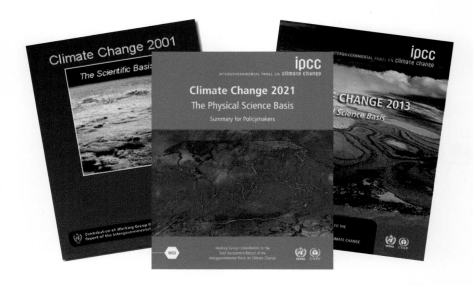

图 5-1　政府间气候变化专门委员会评估报告（2001 年、2013 年、2021 年）

不断改进中；当前的温度观测数据也比过去任何时候都具有更广的覆盖和更高的质量，但仍然存在着各种各样的系统性偏差。

这里，以地面气温观测资料的系统偏差为例，与读者一起了解当前对于极端气温变化事实和原因的理解水平。

观测数据之所以存在误差和系统偏差，其根本原因在于，过去和现在的世界各国和地区气象观测网绝大部分不是为气候变化监测和研究建立的。它们主要服务于天气监测和预报。气候变化研究对观测系统建设和长期持续运行有极高的要求，但满足这一要求的全球和区域观测网目前还不存在。现在可获得的历史气候观测数据不可避免地存在着各种各样的问题和偏差。

以陆地地面气温观测为例，当前的历史观测数据存在早期（20 世纪 50 年代以前）站点稀疏和分布不均匀、等间隔定时观测缺乏、迁站和更换仪器等引起序列非均一性等诸多问题，其中每一个问题都可以造成局地和全球陆地气温趋势估计的偏差。

在 19 世纪后期和 20 世纪初期，全球陆地气温观测站点主要集中在欧洲、北美中南部、澳大利亚和日本等地区，其他广大陆地区域站点很少。如果把全球陆地划分成若干 5°×5° 经纬度网格，那么当时具有气温观测数据的网格占全部网格数的比例不到 20％,19 世纪后期不到 10％(图 3-2)。由于某一年或几年地面气温异常在空间上具有很大差异,用欧美等地少量的观测站点代表全球所有陆地区域的气温距平(知识窗 5-1),就会导致早期平均和极端气温指数估算结果出现误差。

在分析区域和全球温度变化时,一般先把温度值转换成温度距平值,就是某一年温度值相对长期平均值的差值。这样处理的好处是,可以避免一个经纬度网格内山地和平原之间温度的巨大差异,也可以更好地利用观测站点早期残缺不全的数据。平均值的计算,一般采用最近的 30 年,或者 1961—1990 年的 30 年。使用最近 30 年(如 1991—2020 年),因为它是世界气象组织推荐的新的基准气候期;使用 1961—1990 年时期,是因为世界各地数据时空覆盖率比较好,能够得到更可靠的多年平均值。

即使到了 20 世纪 50 年代或 60 年代,南北极地区、非洲、青藏高原和中亚、拉丁美洲等地区观测记录仍然很少、观测不连续、资料质量差,开展这些区域的极端气温事件变化研究还是非常困难。而且,这些地区观测记录的缺失仍然会影响对全球陆地总体变化的准确估算。

迁站、更换仪器、观测时次变化等可以引起地面观测资料序列的非均一性,这是台站地面气温记录中存在的普遍问题。这种非均一性在长时间气温序列中的表现就是一个一个间断点,它们常常引起整个序列的趋势改变。

例如,在中国,由于观测场周围观测环境变化(城市发展)很快,每隔若干年地面观测环境就不再符合气象行业制定的标准,站址迁往其他更开阔的地点。当由城区迁往郊区时,年平均最高、最低气温记录会下降,资料序列会出现断点,年平均最低气温跳跃式下降更明显(图 5-2)。

再如,2003 年前后,中国气象观测站,从原来的人工值守观测转换为自动观测,这个转换是气象现代化的关键步骤,但也造成了多个气候要素观测值的非均一性,致使自动气象站观测的最高气温比过去明显偏高,最低气温则略为偏低

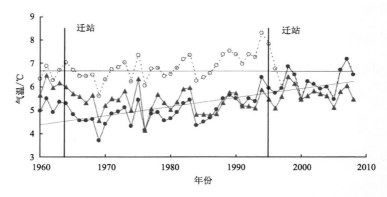

图 5-2　北京怀柔站年平均最低气温原始（蓝圆圈）和订正后（红圆点）序列

（绿色三角是参考站气温序列）

（图 5-3），气温日较差比原来变大。在 21 世纪 10 年代后期，有不少研究者发现夏季最高气温比过去明显上升了，气温日较差也开始回升了，实际上是和观测系统的自动化有关。

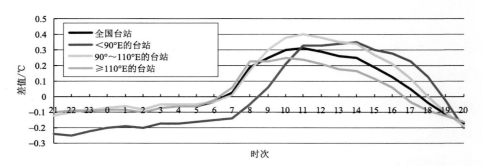

图 5-3　中国自动气象站与人工值守观测气温差值的日变化（王颖 等，2007）

　　对于气温资料的非均一性，数据研究人员一般已经做过检测、剔除或订正，这项工作可称为数据均一化。资料序列中跃变点的检测需要使用各种统计方法，也需要利用历史沿革记录或元数据加以证实；非均一性订正就是把跃变点前后序列结合起来，使其均一，一般是以当前站址观测的气温序列为基准，把跃变点前的序列通过一个补偿值或订正值缝合到当前序列上来。

　　一般情况下，经过均一化的历史气温数据在较大程度上纠正了观测的偏差，它们用于极端气温变化监测和研究应该比原来更可信。但是，由于检测方法的局限性，特别是元数据的缺失，对气温资料中检测到的间断点会有一些误判，即不是人为造成的跃变点被当成非均一性，而由于人为引起的跃变点却被漏掉了。比较常见的情况是，在没有元数据支持时，研究人员通过采用多种统计方法交互验证，或提高统计显著性水平检验的方式，只确认、处理或订正那些最明显的不连续点，即采取保守均一化策略。这样就会有很多真实存在的人为跃变点被保留在资料序列中了。因此，均一化后的气温数据，例如，北京上甸子站在一定程度上仍然保留着非均一性，再均一化才可以予以纠正（图 5-4）。

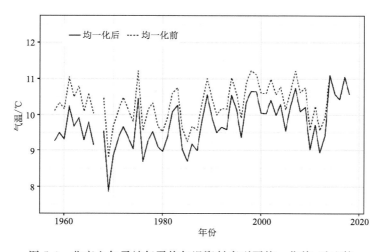

图 5-4　北京上甸子站年平均气温资料序列再均一化前、后比较

但在已经做过均一化的气温资料中出现了一个新的问题。在中国，气象站迁址通常是从城市或近郊迁往远郊或乡村。由于城市热岛效应（UHI）影响，导致气温序列的突变式下降。由于新站址距离建成区不远，城市发展很快，若干年后又被建筑物包围，观测环境恶化，再度迁往新的郊区（或乡村），气温序列产生又一个突变式下降。有的城市站，在过去几十年，这种间断点可以达到两三个，甚至四五个。

这些间断点如果不做订正，整个气温序列的上升趋势是比较小的；但经过订正以后，新的气温序列上升趋势就明显增大了（图 5-5）。之所以出现这种情况，是因为按照目前的订正方法，订正过程中把过去气温序列中由于迁站削弱的城市热岛效应（城市化）影响又被人为恢复过来了。因此，使用均一化的气温资料开展平均和极端气温变化监测、研究，就必须对资料序列中的城市化影响偏差给予更高的关注。

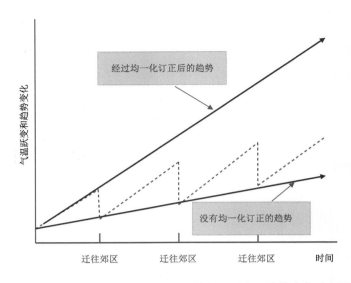

图 5-5　观测站从城市向郊区迁址及其气温跃变和趋势变化示意图

实际上,上述所有的观测气温数据问题,包括资料的非均一性问题,与城市化影响偏差相比,都是微不足道的。观测资料序列中的城市化影响偏差是极端气温变化研究中最大的不确定来源。

城市化影响偏差,是指由于台站周围逐渐城市化,城市热岛效应等局地人为因素影响不断增强,从而产生地面气温资料序列中的系统性增暖偏差。全球和中国绝大多数历史气温资料序列都没有对这个偏差进行订正。因此,现有的全球、区域平均极端气温观测序列中,不同程度地保留着城市化影响偏差。

城市热岛效应,是指城市近地表气温比郊区或周围乡村高的现象。这是由于城市内大量高楼大厦墙壁可以吸收太阳辐射,等同于增加了城区表面积,减小了太阳光的反照率,引起城区近地表气温升高;城市内植物和水体比郊区、乡村少,地表和建筑物吸收的太阳辐射能较少用于蒸发、蒸腾水汽,大部分用于加热近地表的空气;人为活动释放出大量热,也会加热近地表空气,增强城市热岛效应(图 5-6)。

城市热岛效应会造成城镇站地面气温整体上升,但会使夜晚气温及最低气温上升更多,北方城镇站冬季和秋季气温上升更多,春夏季上升较少,导致气温日较差和年较差减小。如果一个气象站位于较大的城市,城市发展又比较快,那么这

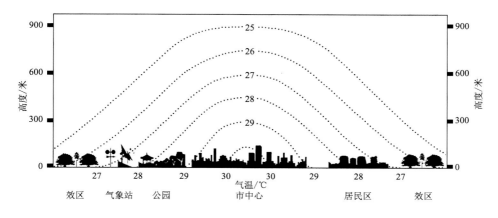

图 5-6　城市热岛效应示意图

（城市上空形成热空气穹窿，并随城市发展不断膨大，使城市记录到比郊区或乡村更快的升温过程）

个站就会记录到更快的最低气温和平均气温上升趋势，以及更快的气温日较差下降趋势。

除了城市热岛效应，城市的空气污染物会更多，这些污染物又称为气溶胶。更高浓度的气溶胶会削弱白天的太阳光，但在夜晚会吸收来自地表的长波辐射，对城区近地表空气具有保温作用。因此，气溶胶的气候效应也会引起最低气温上升，最高气温下降，气温日较差减小。

城市热岛效应和气溶胶效应都会影响城镇气象站的地面气温观测记录及其长期趋势估算，在大尺度气候变化研究中，可以把二者的综合效应以及其他局地人为因子（如温室气体）的额外效应统称为城市化影响偏差。但是，在所有这些城市化影响因子中，城市热岛效应是最重要、最持久的一个增温偏差来源。

有人会问：城市化引起的变暖不也是变暖吗？为什么要把它当成偏差？简单回答就是，因为人们要检测的是大尺度气温变化，而城市气象站记录的气温趋势是大尺度气温变化和局地城市化影响共同造成的，它高估了大尺度气温变化。理解这个问题还需要清楚，城市建成区的面积在一个较大区域，如中国范围内只占很小比例，通常不到 1%～3%。一个区域或者全球陆地更广大的面积是没有车水马龙的旷野。因此，当要检测分析这个区域或全球陆地极端气温变化时，需要把城市气象站记录到的那部分城市化增温看作系统偏差，并予以剔除或订正。

当然,如果不是探讨大尺度气候变化,而是想了解城市内或者城市气象站附近地面气温如何变化,那么城市气象站观测到的地面气温上升趋势就是有代表性的。因为它真实地记录了这个地方多个空间尺度上影响因子共同作用引起的气候变暖,包括由于温室气体引起的全球变暖和城市化引起的本地增温,以及可能的其他区域性因子造成的同时期气候变暖。只有在这种情况下,才不需要把城市化影响当作观测资料序列中的偏差。城市化是城市气候变化的重要驱动因子之一。

在现有的台站地面气温记录中,城市化到底产生了多大的系统偏差呢?在全球陆地、中国和东亚季风区对于这个问题,原来是有学术争论的。争论的主要原因在于,不同研究者对于气温参考站(乡村站)的选取方法不一样,导致有的研究所用参考站具有代表性,有的则代表性不够,通过标准的城市减乡村方法获得的研究结果也就不同了。

经过长期的系统研究,至少在中国,包括中国东部季风区,对于这个问题的认识现在已经非常清晰了。在区域平均和极端气温指数序列中,城市化影响偏差不是一个可以忽略的比例,比人们过去认为的数值大得多,与观测到的区域平均变暖速率在一个数量级上。

根据卫星遥感可见光土地利用数据、地表亮度温度数据对气象站进行分类,以及根据多种影像资料和元数据对台站进行分类,遴选出足够密度的气温参考站,得到了相互独立的中国参考站网气温数据。根据这些参考站网数据,采用城市减乡村方法评估不同国家站地面气温变化趋势中的城市化影响偏差,结论都十分接近。

在一项最近的研究中,地面气象台站分类采用了卫星可见光遥感土地利用分类数据,综合考虑观测场周围从微尺度(0~10千米)到中尺度(10~100千米)不同缓冲区内建成区面积的可能影响,使用这些缓冲区内城镇土地覆盖面积的相对比例作为城市化水平指标,将全国2419个国家站划分为六类。把城市化水平最低的两类台站作为参考站,通过对比不同类型城市站或国家站与参考站之间的气温差值序列,估算各类城市站和所有国家站气温序列中的城市化影响偏差。

这项研究表明,1960—2015 年和 1980—2015 年,国家基准气候站和基本气象站(825 个)数据集的年平均气温趋势中,城市化影响偏差分别为每 10 年 0.073 ℃ 和 0.093 ℃,相对偏差分别是 29% 和 26%;在全部国家站(国家基准气候站、基本气象站和一般气象站)(2419 个)数据集中,城市化影响偏差分别为每 10 年 0.041 ℃ 和 0.051 ℃,相对偏差分别是 17% 和 14%(图 5-7)。

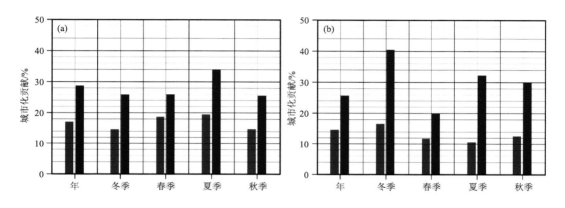

图 5-7　中国 1960—2015 年(a)和 1980—2015 年(b)城市化影响对全国年、

季节平均气温增加趋势的贡献或相对偏差

(深红色表示全部国家站,紫色表示国家基准气候站和基本气象站)

这项工作关于 1960 年以后城市化对国家基准气候站和基本气象站气温变化趋势影响的评估结果,与先前利用其他方法(综合方法和卫星亮度温度分类方法)遴选参考站网获得的估计几乎完全一致。这些研究都指出,由于各种分类方法遴选出的乡村站本身在不同程度上受到城镇化过程的影响。因此,估算的气温序列中城市化影响偏差是最低估计值。

由于平均气温序列中存在明显的城市化影响偏差,最高和最低气温序列中,以及与此相关的极端气候指数序列中,也必然存在显著的城市化影响偏差。

例如,1961—2008 年,中国国家基准气候站和基本气象站平均最低气温、最高气温和气温日较差序列均存在显著的城市化影响偏差,分别为每 10 年 0.07 ℃、0.02 ℃ 和 -0.05 ℃,相对偏差分别是 18%、10% 和 32%(图 5-8);在极端最低气温、最高气温大于或等于 25 ℃ 的暖日日数、最低气温大于或等于 20 ℃ 的暖夜日数和霜冻日数序列中,以及根据相对阈值定义的暖夜日数、冷夜日数序列中,城市化影响偏差也都是显著的。其中在冷夜日数减少和暖夜日数增加中,城市化影响偏差分别为每 10 年 −1.49 天和 2.26 天,相对偏差分别是 18% 和 26%,暖夜日数增加趋势中的相对偏差达到 38%。

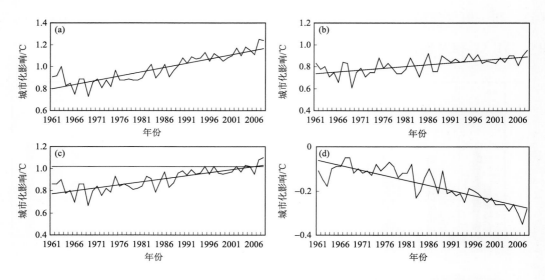

图 5-8　1961—2008 年中国国家基准气候站和基本气象站网(城市+乡村)与参考站网

(乡村)年平均最低气温(a)、最高气温(b)、平均气温(c)和气温日较差(d)差值序列及其趋势

　　回顾 2022 年夏季长江流域的极端高温热浪,媒体记者和公众希望了解背后的原因。大尺度气候变暖和年度环境场异常的影响是很重要的(媒体访谈),大家谈论也比较多。此外,中国快速城市化,以及由此引起的城市热岛效应不断上升,也会使城市人群感受到的和国家站观测到的极端高温天气越来越多、越来越严重。

媒体访谈

　　国家气候中心气候变化首席专家任国玉,2022 年 7 月 19 日接受《环球时报》记者采访时表示,欧洲和中国长江中下游等地出现高温热浪,是多个大气、环境因子共同作用的结果。全球气候变化应该有助于增加高温热浪发生频次和强度;异常的大气、海洋和陆地表面状况是欧洲中西部、东亚副热带地区出现高温热浪的直接因素。例如，长江中下游的持续性高温热浪，与拉尼娜背景下西太平洋副热带高压偏强及其亚洲夏季风偏强、长江中下游梅雨期降水偏少等因素有关。东亚夏季风偏强年份一般北方降水偏多，长江中下游主汛期降水偏少。由于2022年梅雨降水量偏少，梅雨结束后伏旱期云量少，太阳辐射强烈，加之2021年梅雨期也偏短，降水量较常年少，长江中下游出现较严重干旱，土壤水含量低，这些因素都有利于增强高温热浪。

在东亚地区，1951—2011年，城市化对中国气象局发展的日气温资料序列具有大致相似的影响，对年平均最低气温、最高气温和气温日较差趋势的影响分别为每10年0.05 ℃、0.04 ℃和−0.02 ℃，其相对偏差分别为21%、21%和33%。

在中国气象局和中国地质大学(武汉)发展的全球陆地日气温资料数据集中，城市化影响偏差仍然可以清晰地被检测出来。

根据全球土地利用/土地覆盖遥感数据，采用机器学习中异常检测方法，从全球陆地气温观测网中遴选出参考站。这些参考站周围12千米范围内，每1千米增量面积内的城市用地百分比均小于3%。利用所有站和参考站的气温距平差值序列，定量评估了1951—2018年全球陆地平均气温和极端气温序列中的城市化影响偏差。在全球陆地整体和东亚的年平均气温序列中都检测到了显著的城市化影响，相对偏差分别为13%和15%。在全球陆地和澳洲、东亚、欧洲和北美区域，在平均暖夜日数序列上升趋势中均检测到了显著的城市化影响，其相对偏差分别为17%、36%、20%、8%和22%(图5-9)。在各个大陆的平均气温和极端气温指数序列中，东亚地区的城市化影响偏差最大，欧洲地区最小。

区域极端气温指数序列表明，中国、东亚和全球陆地气候变暖正在发生，但在这些指数序列中，还存在着较明显的城市化影响偏差。这种系统性偏差在与最低气温有关的极端气温指数中更大，在与最高气温有关的极端气温指数中较小；最近60~70年在中国和东亚地区一般较大，其他地区相对较小，但大部分区域都是显著的。由于目前选用的参考站还不是真正意义上的乡村站，上述极端气温序列

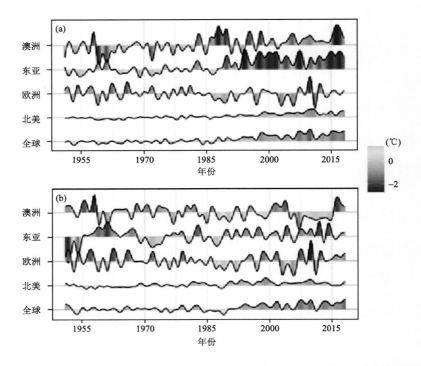

图 5-9　城市化对全球陆地极端气温指数（a,暖夜日数；b,热日日数）序列变化的影响

（图中给出的是所有站与参考站的差值序列,代表城市化的影响程度）

中的城市化影响偏差都是保守估计值,实际的偏差还应该更大一些。

　　对平均和极端气温变化趋势中的城市化影响偏差有了定量认识,就可以进一步理解全球和区域尺度外部驱动因素的可能影响,也可以为下一步订正地面观测气温数据奠定基础。

　　例如,在 1960—2015 年中国国家基准气候站和基本气象站年平均地面气温趋势中,城市化影响相对偏差是 29％,说明在现有的全国年平均气温上升趋势估计（每 10 年约 0.25 ℃）中,城市化影响贡献了近 1/3;由于全球和区域气候变暖造成的气温上升趋势,原来的估计都明显偏高,实际上只有不到每 10 年 0.17 ℃,后者与同时期的全球变暖速率大体上是一致的。

　　自 20 世纪 50 年代初或 60 年代初以来,中国和东亚地区气温日较差下降趋势中,城市化贡献率分别是 32％和 33％,表明台站附近城市化是造成气温日较差下降的主要原因之一（图 5-10）,其他原因可能包括全球气候变化、区域气溶胶浓度增加和农业灌溉面积增加，或者区域云量和降水量增加。

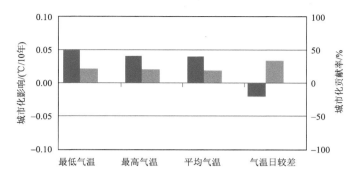

图 5-10　1951—2011 年东亚地区年平均最低气温、最高气温、平均气温和

气温日较差序列中的城市化影响（绝对偏差，蓝色，单位：℃/10 年）及相对贡献

（相对偏差，或城市化贡献率，绿色，单位：%）

最近的研究发现，1901—2018 年，东亚地区气温日较差下降主要发生在 20 世纪 50 年代初以后，降水量（云量）与日较差之间具有显著的年际和多年代尺度负相关关系，说明 70 余年气温日较差减小的另一个主要原因可能是云量和降水量增加。

气温日较差下降已经被作为一个重要因子，用以评估气候变化对农业等敏感行业和自然生态系统的影响（知识窗 5-2）。现在来看，至少在中国气温日较差下降不完全是大尺度气候变化的结果，而在很大程度上是由局地人类活动影响造成的。这一结论，对于极端气候变化影响评估应该具有启示意义。

知识窗 5-2

气温日较差对农业、林业、陆地碳循环以及人们日常生活有很大影响。我们都知道，新疆的瓜果很甜，其他农牧业产品质量也好，这在很大程度上与干燥气候区气温日较差大有关系。大的气温日较差，即白天气温高、晚上气温低，既有利于白天作物通过光合作用生产有机质，又有利于晚上减少呼吸作用，消耗的有机质会少，积累的有机质会多，在果实成熟时，这些有机质转化成蔗糖，这样瓜果就比较甜。

东亚边缘海地区平均海表温度上升和海洋热浪频率增多现象在中国边缘表现得十分突出,其中东海的长江口岸外、台湾海峡和广东沿海地带都是增温和海洋热浪频率上升最显著的区域,距离海岸线远的外海区域,海洋热浪发生频次比较低。这说明,过去几十年内,东亚边缘海地区,特别是中国边缘海区域,海表温度增加和海洋热浪增多可能在很大程度上受到了陆地不同规模人类热释放的影响,不完全是对全球变暖和"全球变亮"的响应,或者在一定程度上受制于年代到多年代尺度自然气候变率。

六

极端降水发生了什么变化

最近 10 余年,中国东部季风区发生了系列特大暴雨洪涝灾害,引起了严重的生命财产损失和广泛的社会关注。

例如,2012 年 7 月 21 日至 22 日 08 时,北京及其周边地区遭遇特大暴雨,引起罕见洪涝灾害,有 79 人因灾死亡;2016 年 7 月初武汉遭遇特大暴雨,1 周内累计降水量达 580 毫米,7 月 6 日全市百余处被淹,武汉高铁站停运;2021 年 7 月 20 日郑州发生历史上未见的极端特大暴雨,7 月 20 日 16—17 时,最大 1 小时降水量达到 201.9 毫米,打破中国大陆国家站最大小时降水量纪录,全市发生严重城市洪水内涝,导致 380 人死亡,直接经济损失达 409 亿元。

暴雨和特大暴雨是湿润地区,特别是东亚季风区极端强降水过程的一种表现形式,以分钟、小时或日降水强度大为主要特点。极端强降水事件也包括那些强度不是很高,但持续时间长、累计降水量大的过程。此外,极端降水事件还包括极端弱降水事件,如小雨或痕量降水,以及最长连续降水日数和最长连续无降水日数等。

长期以来,直到 2010 年前后,学术界和气象行业对于全球陆地、东亚季风区和中国极端强降水事件长期变化的监测、研究,没有发现明显异常。全球陆地总降水量和极端强降水事件频次增加,主要发生在北半球中高纬度地带,北半球副热带地区出现减少趋势,全球、亚洲大陆、东亚季风区或中国作为整体,趋势并不是很明显。

但在 2010 年前后,北半球陆地降水变化出现了转折,亚洲地区降水量开始明显增加,中国年降水量和极端强降水事件频次也开始增多,并因此造成 20 世纪中期(50 年代初或 60 年代初)以来的上升趋势逐渐清晰。

在亚洲大陆,1901—2016 年,年降水量标准化距平和降水量距平百分率表现出较为明显的上升,这种上升主要和 2010 年以后的多年正异常有关,其中 2013 年和 2016 年降水量超过历史上任何一年(图 6-1)。在中国,1961—2021 年,全国平均年降水量距平也有一定上升趋势,而且这种上升趋势主要和 2010 年以后连续 10 余年的降水偏多有关(图 6-2)。

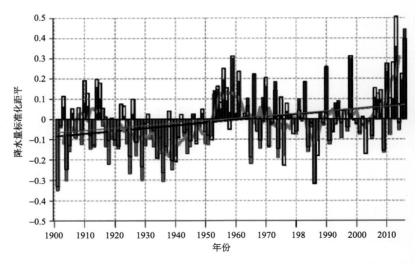

图 6-1 亚洲大陆年降水量标准化距平(蓝色)

(白色柱指示剔除了西亚、中亚和东亚北部地区的结果;绿色曲线表示 5 年滑动平均;

黑色直线表示线性趋势)

1956—2019 年,中国年总降水量距平百分率(图 6-3)、年暴雨降水量距平百分率(图 6-4)和暴雨日数呈现出较为显著的增加,其中暴雨降水量和日数每 10 年分别增加 3.14 毫米和 0.04 天,但暴雨强度没有明显变化。暴雨降水量和日数增加主要发生在珠江流域、东南诸河流域和长江中下游地区,海河流域和西南诸河流域暴雨降水量和日数呈现出一定的下降趋势。同期,中国东部季风区 1 日、连续 3 日和连续 5 日最大降水量均有所增加,但 1 日最大降水量增加更明显,表明极端

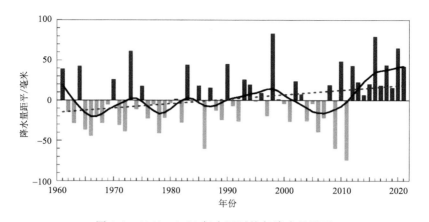

图 6-2　1961—2021 年中国平均年降水量距平

（点线为线性变化趋势线；中国气象局气候变化中心，2022）

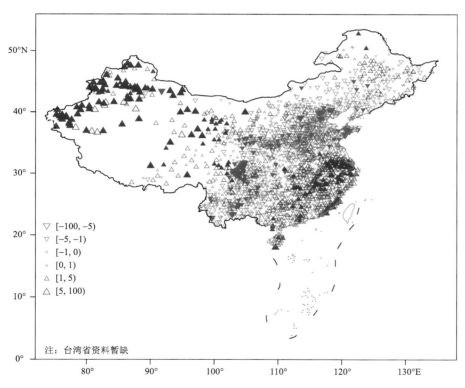

图 6-3　1956—2019 年中国年总降水量距平百分率变化趋势

（实心三角形代表通过 95% 显著性水平检验，单位：%/10 年）

强降水事件持续时间呈现出短历时性倾向。

1961—2021 年，中国暴雨日数和极端强降水事件频次呈现较明显的增加趋势（图 6-5），后者平均每 10 年增加 19 个站日。和总降水量一样，这种增加主要与

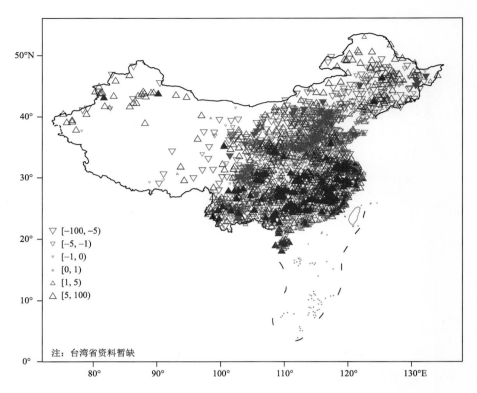

图 6-4　1956—2019 年中国年暴雨降水量距平百分率变化趋势

（实心三角形代表通过 95% 显著性水平检验，单位：%/10 年）

2010 年以后的异常偏多有关；但不同于总降水量距平，极端强降水事件频次的增加更明显。2016 年极端强降水事件频次为 1961 年以来的最高值。

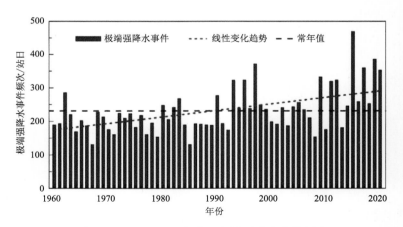

图 6-5　1961—2021 年中国极端强降水事件频次

（中国气象局气候变化中心，2022）

在大喜马拉雅(兴都库什—喜马拉雅)地区,1961—2012年,区域平均强降水日数有明显的增多趋势,其中青藏高原地区和印度北部增多更明显,但中国西南地区一般减少。此外,这个地区强降水量距平百分率(图6-6),以及1日、连续3日和连续5日最大降水量也出现了显著的增加趋势。

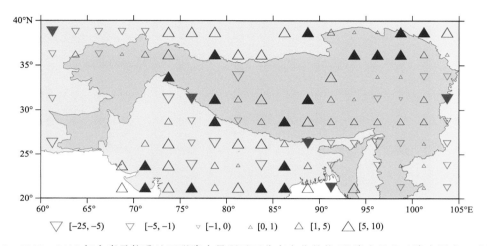

图6-6　1961—2012年大喜马拉雅地区强降水量距平百分率变化趋势(强降水是指日降水量大于或等于基准气候期90%分位值的降水,实心三角形表示趋势通过于95%显著性水平检验,单位:%/10年)

在朝鲜地区,1960—2007年,尽管雨季(相当于我国华北雨季)的长度缩短了,但20世纪70年代初以来,雨季中的暴雨频次、暴雨累计量和平均强度却增加了,其中,6小时降水量100毫米或以上的特大暴雨以及12小时降水量200毫米或以上的极端特大暴雨增加都很明显,极端特大暴雨频次增加更显著(图6-7)。在韩国,20世纪后半期,每年的暴雨频次也上升了。

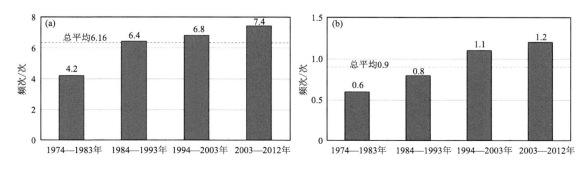

图6-7　朝鲜地区每10年特大暴雨(6小时降水量大于或等于100毫米)(a)和极端特大暴雨

(12小时降水量大于或等于200毫米)(b)平均频次变化

　　自从 20 世纪中期以来,小雨日数在大部分地区都表现出减少。中国气象局业务规定的小雨是日降水量在 0.1～10.0 毫米的降水。这种弱降水事件日数在中国的国家站普遍出现下降趋势,东部季风区下降趋势极为显著且十分普遍,只有极个别台站表现出增加(图 6-8)。由于大部分区域小雨频次显著减少,全国平均小雨日数距平百分率呈现非常显著的下降趋势。

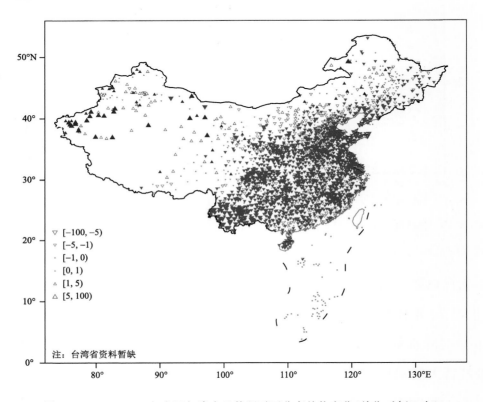

图 6-8　1956—2019 年中国年降水日数距平百分率趋势变化(单位:%/10 年)

　　进一步分析发现,20 世纪 50 年代中期以后,中国小雨频次减少,主要是由更微量降水日数减少造成的,每日降水量在 0.1～1.0 毫米的微量降水日数下降趋势更大、更显著。同样,在中国,不计雨量的痕量降水日数呈现出十分显著的减少趋势,东部季风区国家站几乎没有例外。

　　与暴雨或强降水事件频率变化不同,小雨日数减少开始的时间不是最近 10 余年的事情,十几年、二十几年前的观测研究就已经发现中国及其他地区小雨普遍减少现象。在中国,小雨减少早在 20 世纪 60—70 年代就开始了。

总体来看,自 20 世纪中期以来,亚洲、东亚季风区、中国降水已经发生了显著的变化。除了年总降水量表现出整体增加趋势外,一个鲜明的特点是强降水事件频次、降水量和强度开始出现明显增加,而小雨或弱降水事件频次、降水量显著减少,降水变化出现了两极分化现象:"强者更多,弱者更少"。降水变化的这种两极分化或极端化现象,对于农业、林业和牧业,水循环、水资源及水土保持,自然生态系统和陆地碳循环都会产生一定影响。

那么,为什么降水变化会出现这种两极分化现象? 这个问题比较复杂,需要开展进一步的研究。这里仅以中国为例,结合已有的分析,做一个简短的讨论。

首先,需要检查气象站的日常降水观测是否有问题。

目前,气象站常规观测中,一般采用雨量计记录降水量。常见的雨量计有虹吸式雨量计、称重式雨量计、翻斗式雨量计等。雨量计测量降水量的主要误差来自入口处空气动力学或风速的影响(图 6-9),以及降水停止后的蒸发。在有风情况下,雨量计测量的降水量比实际降水量小,湍流越强或风速越大,雨量计的捕获率越小。另外,雨水进入雨量计会有少量被蒸发掉,观测场附近风速大、湿度小、温度高,蒸发损失就会比较多。

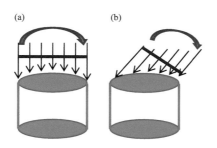

图 6-9　无风(a)和有风(b)情况下雨量计降水量(降雪量)捕获率示意图

(无风时捕获率接近 100%;有风时捕获率一般在 100% 以下、30% 以上)

在过去的几十年,中国近地面平均风速普遍明显下降。这种现象也发生在全球其他大陆。1956 年以来,全国年平均近地面风速下降速率达到每 10 年 0.12 米/秒左右,20 世纪 70 年代中期以后风速下降速率更大。不论是什么原因,观测场附近风速减弱都会引起雨量计捕获率上升。在实际降水量不变的条件下,捕获率的上升将造成测量的降水量增加,产生观测降水量升高的假象。另外,一些气象站观测的相对湿度有所下降,但全国总体变化不明显,由于相对湿度或饱和差变化对降水量趋势的影响应该不大。

在对风速、蒸发和沾湿误差进行订正后,确实发现全国 2250 个站 1961—2016 年的年总降水量变化趋势减低了,由原来的每 10 年增加 3.98 毫米减少到每 10 年增加 2.04 毫米,说明观测的降水量变化趋势有较明显高估;但是,订正后的暴雨降水量变化趋势相比原始数据序列的趋势并没有普遍减小,东部季风区大部分减少了,说明风速等偏差造成原来暴雨降水量趋势被高估;南方沿海和东北北部等地区订正后的趋势增加了,说明原始数据序列的趋势被低估。总体来看,订正前后全国平均暴雨降水量变化趋势差异并不大,风速下降、蒸发和沾湿等误差可能不是引起全国极端强降水量增加的主要原因。

区域尺度总降水量和强降水事件增多的驱动因子,包括多年代尺度自然气候变率、人为引起的全球变暖、气溶胶气候效应和城市化影响等。

多年代尺度自然气候变率的影响是可能的。早在 2003 年,国家气候中心“全国水资源综合规划专题研究”曾经预测,华北和东北南部等降水减少、干旱化严重地区,夏季降水量将于 2010—2015 年开始增多,并逐渐进入一个持续 20～30 年的多雨期。这个预测就是根据华北和东北南部过去降水量 60～70 年准周期性规律,并意识到它可能与太平洋、大西洋多年代尺度变率有联系。现在来看,当时的这个超长期预测应该是正确的。

自从 2010 年前后开始,东亚夏季异常多雨带已经从 20 世纪 90 年代的长江中下游、21 世纪初的黄淮流域移动到黄土高原、海河、辽河流域,北方大范围区域总降水量和暴雨降水量明显增多,对全国平均降水和极端降水变化具有较大贡献。

人为引起的全球变暖,从理论上说应该对总降水量和极端强降水事件变化具有影响。气候变暖后,海洋蒸发会加强,大气中水汽含量会增加,全球地表温度每增加 1 ℃,大气水汽含量可能增加 7%(图 6-10),全球平均总降水量和极端强降水量也将上升。

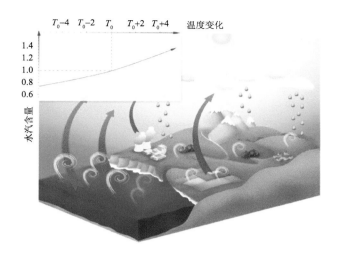

图 6-10　气候变暖会引起蒸发和大气水汽含量增加

（T_0 代表假设的平均温度；水汽含量是标准化值，无单位；IPCC，2013）

自从 20 世纪 70 年代末以来，不同的观测资料表明，中国水汽净收支在一定程度上增加了，不论近地面还是对流层中下层，空气比湿出现较明显的上升趋势，即绝对水汽含量一般增加了。水汽含量增加的原因可能是对全球变暖的响应，但也可能是由其他人为或自然因素引起的。不管怎样，增加的大气水汽含量或可降水量应该对大范围降水变化产生了直接影响。

根据当前的归因方法，利用观测和模式模拟数据，对全球陆地降水量和强降水事件变化的分析表明，能够从北半球中高纬度地区观测资料序列中部分地检测出人类活动影响或全球变暖的信号，也能够从较大的区域（例如，中国）部分地检测到全球变暖的信号。但是，总体上看，从区域尺度极端强降水变化趋势和个例极端强降水事件发生概率中明确检测出人类活动影响信号，目前还难以做到。

另一方面，古气候代用资料序列表明，近几十年降水变化仍处于近几百年历史时期正常自然波动范围内，华北等地区近百年降水量序列及近 500 年旱涝等级序列具有多重时间尺度相互叠加的特点，其中低频自然气候变异的影响有清晰的表现。历史和现代时期经历的持续性干旱和多雨阶段，以及现代极端强降水事件增多主要发生在 2010 年以后的特点都表明将目前检测到的强降水增加大部分归因于全球变暖，还缺乏足够说服力。

长江是东亚季风区发生特大洪水最多的流域。在近现代历史上,曾有若干次特大暴雨洪水过程是最近几十年、上百年所没有见过的。例如,1870 年 7—8 月,长江干流三峡地区出现数百年最高洪水位,洪水泛滥,受灾广,灾情严重,很可能是自 1153 年以来发生的最大一次洪水。

位于宜昌市三斗坪的黄陵庙是一座千年古庙。黄陵庙中央的禹王殿里保留着可靠的历史洪水记录,大殿的多根楠木柱上留下了 1870 年的洪水痕迹。经测定,这一年的洪水痕迹海拔高程达到 81.16 米(吴淞),发生在 7 月 20 日(清朝同治九年六月十八日)。作为比较,1954 年最高洪水位是 71.80 米,1998 年是 73.21 米,1931 年长江发生了 20 世纪初以来最大洪水,但此地最高洪水位也仅有 75.02 米。

一个小流域或者某一个地点,例如,郑州市 2021 年 7 月 20 日,发生局域性极端暴雨洪水,并打破当地历史纪录是很容易的。世界非常大,中国也很大,每一年都会有不少地点气候出现异常,甚至打破当地历史纪录,这不奇怪。但是,长江和黄河等大河流域覆盖范围很广,汇水面积很大,特大暴雨洪水在三峡或汉口这样的地段打破历史纪录,确实很不容易。

因此,在现代气候变暖最迅速的 20 世纪中后期,长江三峡地区的大洪水主要表明了上游流域的特大暴雨汇流还远没有达到或超过最近几个世纪或几千年自然气候变率的范围。

人类活动影响的另一个方面,即区域性人为气溶胶的气候效应可能会对降水和极端强降水过程产生影响。

在大气水汽充足的情况下,气溶胶作为凝结核,可以促进云滴形成和雨滴增长,有助于产生降水和强降水;但在大气水汽不充足时,气溶胶作为凝结核,可能与其他凝结核争夺水汽,形成过量的云滴,但无助于产生雨滴,会抑制降水和强降水过程形成。云下气溶胶会捕获层云降落的微小雨滴(即毛毛雨),致使小雨特别是毛毛雨频次减少。另外,气溶胶还会遮挡太阳光,减少到达地面的太阳辐射量,白天地表温度会下降,不利于形成强的对流作用,也不利于形成降水和强降水。

自 20 世纪 70 年代末以来,中国东部季风区气溶胶排放和浓度增加,华北地区增加更明显,可能是 2010 年之前南方地区强降水事件频率增加、北方地区强降水事件频率减少的原因之一;2010 年以后,空气污染治理力度逐渐加强,大气中气溶胶浓度开始下降,可能有助于北方地区降水和强降水事件增多。

最后,对于长期降水和极端降水变化,可能更重要的一个原因是局地人类活动的影响,特别是城市化气候效应。

最近 10 余年,针对北京、上海和广州等特大城市或城市群的研究,已经发现了充足的城市化影响降水证据。这些研究表明,城区及其中心城区下风方向多年平均总降水量和强降水事件频次,特别是短历时强降水事件频次,明显比具有同等自然条件的周围郊区、乡村多。

2007—2014 年,北京市五环以内的城区年平均短历时强降水事件频次(3.7±0.7 次)比六环附近的郊区(2.8±0.5 次)高 32%;城区年平均短历时强降水量达到 180±35 毫米,而郊区仅有 140±30 毫米,前者比后者高 29%(图 6-11)。短历

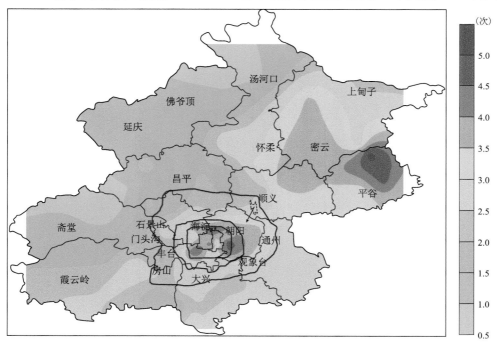

图 6-11　2007—2014 年北京市年平均短历时强降水频次空间分布

(短历时强降水是指 1～12 小时内累计降水量达到 25 毫米以上的降水事件;东北部的高值区对应平谷和密云山地区域及密云水库;三条环线分别是北京的四环、五环和六环道路)

时强降水频次和降水量的空间分布和日内变化与城市热岛强度具有很好的对应关系,说明城市热岛效应可能是造成短历时强降水事件的重要因素。

两项早期的研究表明,华北地区的太原、石家庄和郑州等大型城市气象站,夏季特别是 8 月降水量,相对于周围乡村有增加趋势;比较 1960—2004 年山西省各类台站年暴雨日数变化趋势,发现城市站的减少趋势比乡村站偏小,城市站暴雨日数有相对增加趋势;1961—2005 年,郑州站年降水量相对乡村站的变化不明显,但 20 世纪 80 年代中期以后,二者差值表现出一定的增加趋势。

最近针对中国的研究更清晰地揭示了 20 世纪 60 年代初以来,城市化对国家站总降水量和暴雨、极端强降水变化的影响。研究发现,1960—2018 年,城市化对国家站年、夏季暴雨(极端强降水)日数、降水量增加趋势造成了显著的正影响(图 6-12),相对贡献率达到 30% 左右;城市化对中国南部暴雨和极端强降水量变化造成的影响更明显,其相对贡献率一般在 22%~45%。城市化对同时期年降水量变化的影响不是很明显,但对夏季降水日数和降水量变化的影响显著,相对贡献分别为 8% 和 12%。

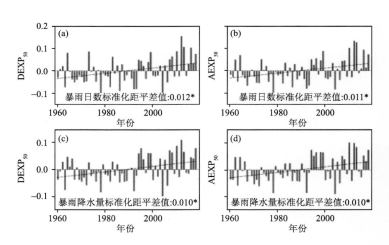

图 6-12　城市化对中国东部季风区年(a,c)和夏季(b,d)暴雨日数(a,b)与暴雨降水量(c,d)趋势的影响
(DEXP$_{50}$ 表示日降水量大于或等于 50 毫米的日数(a,b),AEXP$_{50}$ 表示日降水量大于或等于 50 毫米的累计降水量(c,d);图中给出国家站(大部分为城市站)与乡村站暴雨日数、暴雨降水量标准化距平差值,差值增加表示国家站暴雨日数和降水量相对增多;* 表示差值序列的趋势通过了 95% 显著性水平检验)

城市化通过以下三个过程影响城区极端强降水事件的发生和变化。

（1）伴随着城市发展，城市面积和人口不断增加，城市热岛效应逐渐增强，城市热岛环流也加强。城市热岛环流就是地面空气由郊区向城区辐合，在城区对流抬升。空气辐合抬升有利于水汽凝结，形成对流性云和降水。城市热岛环流随时间加强，城区的暴雨或短历时强降水事件就会越来越多。

（2）高楼大厦越来越多，下垫面粗糙度也会逐渐增加。平原、高原或盆地上的城市相当于小型丘陵、山头，对近地面风和中小尺度天气系统有阻滞效应，并造成低空气流辐合抬升，成云致雨或致使对流性天气系统在城区停留时间更长，引起较强降水过程。

（3）城市地区污染物或气溶胶浓度较高。在水汽比较充足的地区和季节，气溶胶会充当、补充空气中凝结核，有助于形成更多的云滴和雨滴，这与其他促进城市对流的城市化效应一起，提高雨季城区云量和云层厚度，增加城区降水和极端强降水事件发生的概率。

城市化对北京城区小雨时空分布特征的影响，及其对国家站观测的小雨变化趋势的影响，也是十分显著的。

2007—2017年，北京城区小时降水量在0.1～0.3毫米的小雨频次比郊区少得多，四环内一般每年只有不到100小时，而郊区可多达120小时以上，分布差异十分明显（图6-13）。从季节来看，城区小雨频次偏少，主要发生在春、夏、秋季，冬季却出现了相反的情况，城区比郊区还多，中心城区每年冬季平均出现10小时以上，高度相同的郊区则不到5小时。

城市化对中国国家站观测的小雨（日降水量在0.1～10.0毫米），特别是痕量降水（≤0.1毫米）长期变化趋势产生了显著的影响。1960—2018年，国家站小雨频数减少趋势比乡村站小雨频数减少趋势明显得多，据此估算的城市化对痕量降水变化影响非常显著（图6-14），相对贡献率为27%；痕量降水变化在整个中国都受到了显著的城市化影响，特别是在中国中部和东部，其城市化贡献可达29.8%和23.2%，最高接近50%。随着小雨中降水强度的增加，城市化对小雨天数长期

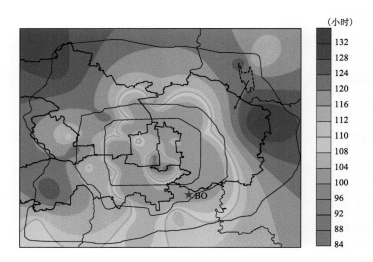

图 6-13　北京中心城区和近郊区年平均小雨频次空间分布

（三条环线分别是北京的四环、五环和六环道路，BO 代表北京观象台位置）

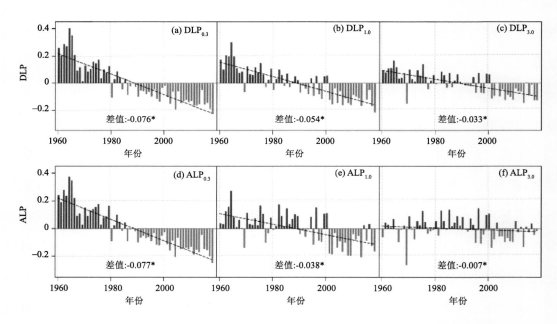

图 6-14　中国国家站不同级别（＜0.3 毫米，＜1.0 毫米，＜3.0 毫米）小雨标准化距平与乡村站

同级别小雨标准化距平序列的差值

（DLP 表示小雨频数，ALP 表示小雨降水量，下角 1.0 表示小于 1.0 毫米小雨级别；下角 0.3 表示小于 0.3 毫

米小雨级别；下角 3.0 表示小于 3.0 毫米小雨级别。差值序列呈下降趋势，表示城市化导致国家站小雨频次

和降水量减少，* 表示差值序列的趋势通过了 95％显著性水平检验）

变化趋势的影响和相对贡献率逐渐减少,但在统计上都是很显著的。

需要再次强调的是,由于不可能选出真正的乡村站,参考站网的代表性仍然不足。因此,上述城市化对各类降水事件频次和降水量的影响、相对贡献都是最低估计值,真实的影响,比这里估计的要大。

为什么城市化会导致小雨特别是痕量降水频次减少? 主要原因包括以下三个方面。

(1)城市里相对湿度减小,空气更干燥,这称为"城市干岛效应"。例如,北京中心城区(四环以内)年平均相对湿度比郊区低 $6\%\sim8\%$,其他城市也存在明显的城市干岛效应。小雨雨滴一般很小,在降落过程中,经过城市上空边界层空气时,由于空气相对湿度小、饱和差大,再次蒸发,落不到地面。

(2)城市由于存在城市热岛效应,其上空几百米甚至上千米高的空气一般也比郊区温暖,这就使水汽的凝结高度或云底高度抬升。云底高度上升后,微小雨滴下降过程中,要经过更长的路径才能达到地面。由于云底以下空气总是不饱和的,更长的路径就增加了雨滴蒸发的可能性。

(3)城市里和附近空气污染比较严重,气溶胶浓度较高。较多的气溶胶颗粒作为水汽凝结核,有利于捕获从小雨滴蒸发的水汽,形成雾/霾混合物,致使降落到地表的雨滴减少。

随着城市的不断发展,上述三个过程会得到加强,特别是城市热岛效应和城市干岛效应会逐渐增强,导致城市里及其附近小雨特别是痕量降水频次和雨量不断下降。

气象水文干旱事件增多了吗

干旱是重要的极端天气气候事件。在自然经济时代,农业几乎完全依赖天气气候条件,严重干旱常常造成粮食减产和饥荒,甚至引起社会动荡,是造成古代人口大量死亡和迁移的主要原因。在现代时期,社会经济系统对干旱的脆弱性已经不像过去那样大,但持续性干旱还是能够对社会造成明显冲击。

2022年7—8月,长江流域遭遇1961年以来最严重的气象水文干旱,在主汛期出现枯水位。8月初,鄱阳湖提前进入枯水期,成为1951年以来最早进入枯水期的年份。重庆和四川盆地遭受高温和干旱双重打击,河湖水位下降,植物枯萎,山火频发,电力供应紧张,造成较大经济损失,引起广泛的社会关注。

2022年夏季长江流域的大旱,确认是最近60余年最严重的,但在更长历史时期处于什么地位?长江流域以及北方和西南地区的干旱频率有没有时间演化规律?近现代时期是不是发生了明显的趋势性变化?造成干旱频率变化的原因和机制是什么?这些问题既是公众希望了解的,也是气候科学研究者需要关注的。

干旱有多种类型,其中包括气象干旱、水文干旱、农业干旱和社会干旱等。气象干旱是其他类型干旱的基础,主要由大气降水和地表蒸散发共同作用引起,但大气降水常常起到主导作用,一般用各种降水指标或气象干旱指数来表征。国家气候中心业务上采用的是综合气象干旱指数(CI),其中考虑了前30天和前90天降水量,以及前30天近地面大气相对湿润度。相对湿润度计算有各种不同方法,但基本思路是设法确定大气降水和蒸散发的对比关系。

根据 CI 确定干旱等级,可以计算分析不同级别干旱事件发生频次和影响面积。1951—2017 年,中国年平均气象干旱面积百分率序列表明,全国气象干旱面积没有明显趋势性变化(图 7-1);年际和年代际波动主要对应北方降水量异常。例如,1999—2001 年干旱面积百分率较高和华北、东北南部的异常少雨有关,2010 年以后干旱面积百分率偏低与华北和东北年、夏季年代际降水增加相联系。

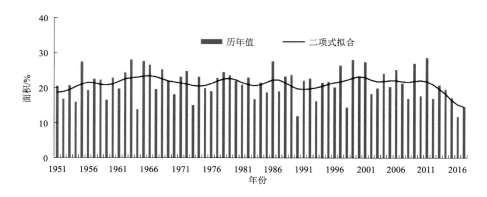

图 7-1　1951—2017 年中国年平均气象干旱面积百分率变化

(曲线为 11 点二项式滑动)

一般情况下,气象干旱取决于降水和潜在蒸散发。在 20 世纪 50 年代以后,中国降水量总体上略有增加,但气温也普遍上升。气温上升应该有利于增强潜在蒸散发,但和世界其他地区一样,中国蒸发皿蒸发量(水面蒸发量)在 20 世纪后半期却明显下降了。利用更成熟的方法计算的潜在蒸散发量,其长期变化与水面蒸发几乎一致,也表明 20 世纪后期明显下降的特点。研究表明,近地面风速下降以及太阳辐射减少是潜在蒸散发量明显下降的主要气候因子。地面气温上升的影响与风速减弱、太阳辐射减少的影响在一定程度上相互抵消了。因此,综合气象干旱指数表现出的趋势性变化不明显是可以理解的。

土壤湿度和农业干旱联系密切。根据模式同化的土壤湿度数据(GLDAS-2)分析 1961—2017 年中国年平均土壤湿度变化,发现全国整体上表现出显著减小的趋势,夏季和秋季减小尤为显著。这一发现与根据 CI 指数获得的结果并不一致,其原因可能在于,一方面,气象干旱与农业干旱确实存在不同;另一方面,同化的土壤湿度可能更多地受到了气温变化影响。由于地面气温普遍上升,当蒸散发计算方法过分依赖温度时,也会出现偏干和变干的现象。

华北地区作为中国土壤湿度减小速度最快的地区,近20年来土壤湿度下降速率较之前进一步加快。这一变化发生在气候变暖减缓和华北降水从偏少到偏多的转折时期,因此,格外引人注目。分析表明,这段时间增加的潜在蒸散发对土壤湿度的影响逐渐增大,年平均潜在蒸散发对土壤湿度的相对贡献率增加了26％,夏季增加了45％。

其中的缘由就是,尽管2010年以后降水开始增加了,同时1998年以后气候变暖减缓甚至局部逆转了,但气候变暖减缓主要发生在冬季与春季,夏季平均气温和极端高温事件增加了,近地表空气饱和水汽压差增大,导致夏季潜在蒸散发能力明显增加,蒸散发对土壤湿度的影响开始成为主导因素,造成华北地区土壤干旱程度上升。分析发现,华北夏季地面气温上升主要和日照时数或太阳辐射增加有关(图7-2)。由于云量和降水并没有减少,日照时数或太阳辐射增加很可能是由于污染物排放控制造成的。

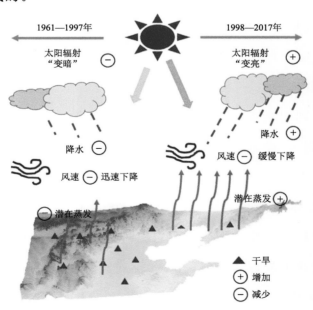

图 7-2　1961—1997年与1998—2017年华北土壤湿度同样变干,但驱动因子不同,

早期主要是降水减少,后期主要是潜在蒸散发增加

　　大气污染控制利国利民,是生态文明建设的重要方面。但是,控制空气污染在惠及社会,带来绿水青山、蓝天白云的同时,也会带来更强的阳光,更热的夏天,以及更干的土壤。夏季高温热浪和土壤干旱发生的概率可能增大,这是需要预防和解决的一个新问题。

　　从更长的时期来看,例如,自19世纪后期或20世纪初以来,气象干旱频率或面积是不是有明显的变化呢?

　　根据现有观测数据分析,20世纪初以来中国地面气温明显上升,降水量没有表现出明显变化。尽管2010年以后降水增加对几十年趋势估算有影响,但对百年以上降水序列的影响仍然轻微。不考虑其他因素,气温上升有利于加大饱和水汽压差,应该有助于增加气象干旱频率或面积。这些其他因素(包括太阳辐射、风速、实际水汽压或比湿等)都是重要的,但20世纪50年代以前的观测数据极为稀缺,目前开展综合评价分析还比较困难。

　　延伸到19世纪末之前的观测资料更少。局部地区的降水资料,以及个别地点不连续的气温观测资料,都难以满足全国或东部季风区的分析。

　　利用多种资料,包括器测资料、旱涝等级资料和雨雪分寸资料,综合分析海河流域1736年以后不同时间尺度降水量变化特征,发现年降水量距平百分率在1956—2013年表现出较明显减少,但在1880—2012年下降趋势很弱,1736—2012年未表现出任何长期趋势变化。从1736年以来的长序列数据看,20世纪中期以后的趋势性减少现象不再显得异常(图7-3)。从20世纪40年代后期到60年代早期是280年内最湿润的阶段,但20世纪初以来几次大的干旱,包括1997—2003年的严重干旱,在历史上并不罕见,其中,1826—1843年曾出现持续时间最长的特大干旱。短期特大干旱年份包括1743年和1877—1878年。相比较之下,20世纪末、21世纪初的海河流域干旱,从全流域降水量异常来看,远没有前两次特大干旱严重。

　　海河流域降水量序列还存在着准周期性特点,较明显的准周期有2～7年、11年、22～23年、33年和63～65年。因此,20世纪60年代后期至21世纪初降水偏

极端天气 更频繁了吗

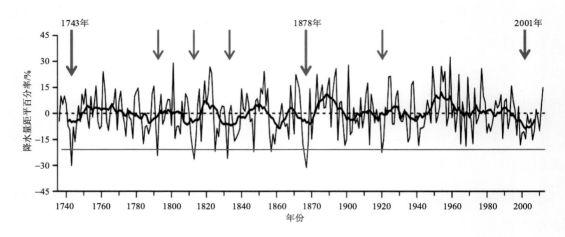

图 7-3　1736—2012 年海河流域年降水量距平百分率

（黑色曲线是 11 年滑动平均值,红色直线代表 20％降水量距平百分率,红色箭头指示历史上严重干旱年）

少、气象干旱明显,可能是流域 60～70 年自然周期性振动的组成部分。

　　在华北地区和西北地区东部,历史上曾发生过一系列重大干旱,其中较近的两次是 1877—1978 年的"丁戊奇荒"和 1926—1930 年的西北大旱。利用树轮宽度数据和历史文献记录分析比较整个黄河流域（包括华北平原）这两次特大干旱的时空特征,发现"丁戊奇荒"主要出现在下游,持续时间很短,1877 年干旱程度最高（知识窗 7-1）;而 20 世纪 20 年代后期西北大旱主要发生在上游和中游,下游也有表现,是一次全流域性特大干旱事件,重度干旱持续时间很长（图 7-4）。

知识窗7-1

1877 年［三月初八日山西巡抚鲍源深年奏］

　　上年(1876 年)直、东、豫、晋各省歉收,民力已拮据异常……晋省自交春后,尚未得透雨,二麦收成未定,人心惶惶,并闻邻近各省亦皆雨泽愆期。就晋省现在情形而言,民食之艰,至于到处卖儿鬻女权度饔飧,更有食树皮草根以苟延残喘者,饥鸿遍野惨目伤心,总因地方出粮无多,民间又素鲜蓄藏,是以偶遇饥荒遂至于此。现已时届暮春,若再迟不雨,则旱象已形。

1878 年［十月十四日曾国荃等奏］

查,山右上年旱荒成灾州县延袤将(及)二千余里①,待赈饥民统计五六百万人,实为国朝二百余年未有之奇劫,向非寻常水旱偏灾所能比拟。本年六月雨泽愆期,灾象仍重,小民颠连失所,道殣相望,凄凉之状、惨痛之情虽东南兵燹憔悴凋零,未有甚于此地此时者也。

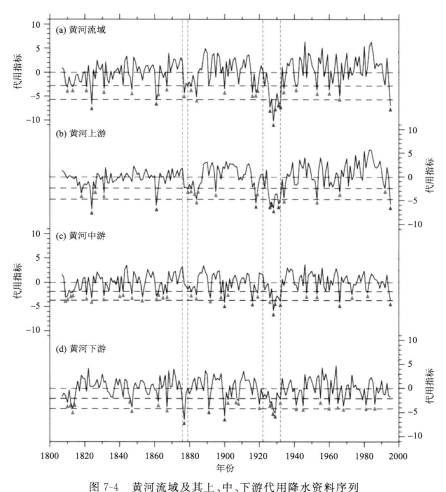

图 7-4　黄河流域及其上、中、下游代用降水资料序列

(代用指标序列标准化值 EOF 第一特征向量 PC1;"丁戊奇荒"和 20 世纪 20 年代

西北大旱起讫时间用绿色虚线表示;蓝色虚线表示 1 个和 2 个标准差;

绿色和红色三角分别表示干旱年和极端干旱年)

---

①　1 里＝500 m。

进一步分析发现，"丁戊奇荒"与强厄尔尼诺-南方涛动（ENSO）联系密切，而20世纪20年代后期西北大旱可能受到ENSO、太平洋年代涛动（PDO）和北大西洋涛动（NAO）的共同影响。

"丁戊奇荒"和20世纪20年代西北大旱都造成罕见的大饥荒，夺去无数饥民生命。但是，历史记载似乎表明，"丁戊奇荒"饥饿程度更惨烈，可能造成1000余万人饿死，而20世纪20年代西北大旱死亡人数可能达数百万。受灾程度与代用资料重建的干旱程度不一致，表明"丁戊奇荒"的背后，可能还有其他社会因素影响。据记载，受灾严重的山西、陕西等省，多年来被清政府强制推广鸦片种植，以致粮食大量减产，面对突发的特大干旱，拿不出足够的救济粮，只能眼睁睁地看着普通百姓逃荒、饿死。

汉江是长江最大的支流，位于中国南北自然地理过渡地带，丹江口水库位于汉江上游。了解汉江流域的重大干旱变化，对于长江中游防洪防涝和南水北调中线水资源管理，具有参考价值。

根据历史文献资料，补充确定汉江流域的五级旱涝等级，并建立历史时期全流域极端干旱事件序列。1426—2017年汉江流域极端干旱的相对多发时段，分别出现在15世纪至16世纪初、17世纪及20世纪三个时段，20世纪的极端干旱事件发生频次最高，18世纪和16世纪后期极端干旱事件最少（图7-5）。总体上看，极端干旱事件在小冰期（16—19世纪）之前和之后的相对温暖期发生频次较多，而在持续近四个世纪的小冰期里出现的较少。正如后边要介绍的，这种世纪到多世纪尺度降水和干旱变化也发生在三峡白鹤梁石鱼石刻记录中。

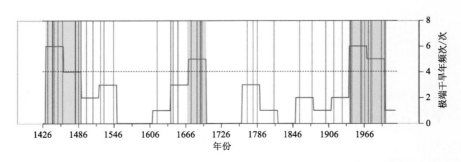

图7-5　1426—2017年汉江流域极端干旱年频次分布及每30年的频次变化

在长江三峡大坝蓄水之前，涪陵江段水中有一块岩石叫白鹤梁。自唐代开始，古代当地人就在白鹤梁上刻石鱼及题词来记录水位（图7-6）。特别干旱年份，石鱼露出水面。因此，石鱼出水即代表一次极低水位或极端水文干旱事件。自公元764年以来，已有82个历史极低水位记录。白鹤梁被联合国教科文组织誉为"世界上保存最完好的古代水文站"。

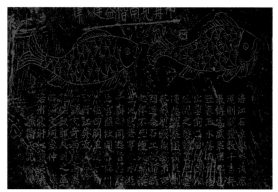

图 7-6　长江三峡涪陵白鹤梁石鱼及题词

（重庆白鹤梁水下博物馆授权）

根据前人对涪陵白鹤梁石鱼出水年份的记录整理，采用现代器测水位数据对每次石鱼出水事件给出具体的现代水位高度，并对石鱼出水年表进行了插补订正，得到一份更为完整的白鹤梁石鱼出水年表。

利用这份年表，统计分析每50年石鱼出水频次，可以得到过去1000余年涪陵江段水位和长江上游特大干旱事件时间序列。分析发现，在小冰期（公元1501—1900年）阶段，石鱼出水频次较低，平均每50年只有1.8次，表明这400余年水位一般较高，极端水文干旱事件较少；而在此前的中世纪暖期（公元1051—1250年）石鱼出水频次较高，平均每50年出现10次，显著高于后来的小冰期阶段，为小冰期的5.6倍，说明长江上游地区在中世纪暖期出现了更为频繁的极端水文干旱事件（图7-7）。

有趣的是，自从19世纪中期以来，白鹤梁石鱼出水频次再次上升，1900年以来已经明显高出此前的400～500年平均水平，平均每50年达到4～7次。这说

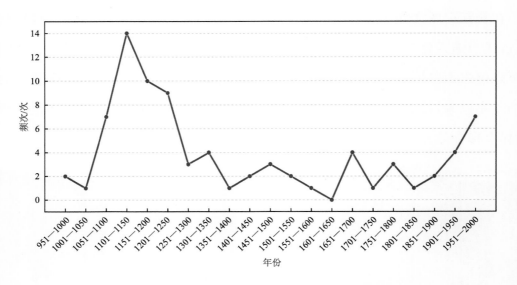

图 7-7　公元 951 年以来三峡白鹤梁石鱼出水频次变化

明,进入 20 世纪以后,长江上游重大水文干旱发生频次又有增加。由于 20 世纪和中世纪暖期都处于北半球和东亚地区的相对偏暖阶段,因此,似乎可以得出这样的认识,即在多年代到世纪尺度的温暖期,长江上游地区更容易发生重大水文干旱。

对于白鹤梁记录的重大水文干旱变化机制还需要开展深入研究。目前初步认为,在气候偏冷的小冰期阶段,东亚夏季风偏弱,夏季主雨带位置偏南,长江流域中下游和川渝地区降水偏多,冬春季枯水位也较高;而在气候偏暖的中世纪暖期,东亚夏季风偏强,主雨带位置偏北,北方降水偏多,长江流域降水偏少,长江上游冬春季枯水季节更容易出现极端低水位事件。近现代暖期,同样伴随着东亚夏季风的增强,白鹤梁石鱼出水频次又呈增高的趋势。

白鹤梁石鱼出水记录分析结果得到附近采用其他代用资料研究的支持。这些代用资料重建序列,包括汉江历史极端旱涝事件变化,以及湖北西北部石灰岩洞穴石笋生长率序列。

汉江流域过去 600 年历史极端干旱事件发生频率也是在早期和 20 世纪明显偏多,小冰期阶段总体偏少,与白鹤梁石鱼记录的历史极端水文干旱事件频率基本一致。

在三峡地区北部、湖北西北部的和尚洞，中国地质大学（武汉）刘浴辉博士团队通过分析石笋生长速率，重建了当地过去上千年的暴雨洪水发生频率。他们发现，在小冰期阶段鄂西北山地暴雨洪水发生频率是很高的，而20世纪暴雨洪水事件频率减少了。这说明，作为暴雨洪水的对立面，当地小冰期阶段极端干旱事件可能是较少的，而20世纪则出现相反变化。这个分析结果也和白鹤梁石鱼出水记录分析结果非常一致。

因此，尽管20世纪中期以来，中国气象干旱并没有表现出明显变化，但在近现代全球变暖的时期内，长江上游冬春季枯水期极低水位，即重大水文干旱事件的出现频率，已经呈现出一定的增加趋势；在多年代到世纪时间尺度上，长江中上游区域未来气候将继续变暖，这是否会伴随更频繁、极端的水文干旱事件，值得密切关注。

八

沙尘天气为什么减少了

沙尘暴是发生在干燥、半干燥和半湿润地区的一种天气现象。沙尘暴出现时,强风把沙尘物质吹到空中,并向下风方向移动,所到之处能见度降低,造成严重空气污染。

沙尘暴可分为沙暴(即狭义的沙尘暴)、扬沙和浮尘 3 种天气类型。沙暴和扬沙天气常伴随着大风,前者主要出现在荒漠、半荒漠地区,后者也可发生在半湿润甚至湿润地区;浮尘天气常常出现在沙暴和扬沙天气之后,大气中细颗粒粉尘尚未沉降,或者出现在沙尘源区高空气流下游,空气中粉尘由上游沙尘暴产生、由高空气流携带至本地形成。

2021 年 3 月 14—16 日,一次强沙尘天气横扫中国北方大部分地区,造成广泛的影响(图 8-1)。这次沙尘暴起源于蒙古国,伴随强大的蒙古气旋,影响中国北方和东亚广大地区。3 月 14 日,蒙古国多人在极低能见度中失踪;当晚,中国内蒙古包头市发布沙尘暴橙色预警,15 日最小能见度不到 100 米,全市幼儿园、小学、初中放假一天;北京市 15 日清早 PM_{10} 浓度从 100 微克/立方米快速升至 5000 微克/立方米以上,两大机场取消航班 400 余架。

沙尘暴主要是一种自然天气气候现象。中国古代文献经常有黄尘、黄沙、黑风、雨土、降尘等记录,就是指当时发生的沙尘天气,或者雨水与空中细颗粒粉尘混合形成的沉降物。

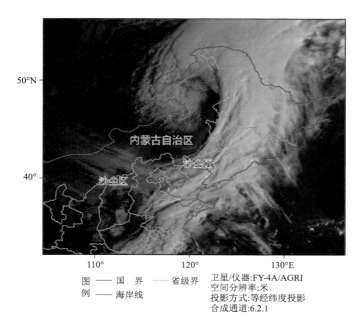

图 8-1　2021 年 3 月 15 日蒙古气旋和强沙尘天气

　　在更古远的第四纪更新世(300 万年前到 1 万年前),大部分时间处于冰期,全球和中亚的沙尘暴频次非常高,根据极地冰芯记录,很可能比如今高出十几倍到几十倍(图 8-2),大气非常浑浊。中国黄土高原的深厚黄土层主要是由第四纪频繁浮尘天气长期沉降粉尘逐渐堆积而形成的。

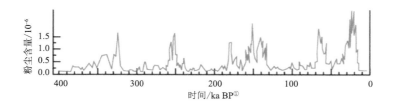

图 8-2　南极冰芯重建的过去 40 万年大气中粉尘含量变化

(PAGES[②],2008)

　　更新世冰期内,沙尘暴频次非常高,主要是因为当时气候寒冷,大气水汽含量少,中低纬度内陆降水量很少,地表干燥,植被稀疏,加上近地表风速很大,湍流和

---

①　BP:英文全称 before present,表示距今。

②　来源:Past Global Changes (PAGES) Newsletter。

对流活动强盛,荒漠、半荒漠和大陆冰盖前缘冰碛物中细颗粒物质很容易被风吹起,携入空中,频繁形成各种类型的沙尘天气。

最后一次冰期于一万年前结束,地球进入当前的间冰期,即全新世阶段。全新世气候温暖湿润,大部分地区降水量增多,植被繁茂,风速减弱,北半球各大陆沙尘暴频率大大下降。但有证据表明,过去一万年中,北半球和东亚季风区气候也是不断变湿润的。因此,早全新世北方沙尘暴可能还较多;最近几千年,在人类活动不强烈的地区,沙尘暴一般是更少的。

中国东北地区过去 6000 年夏季的变湿、变凉过程就非常明显。长白山等山地的红松、云杉和冷杉是距今 5000 年以来逐渐发育起来的,原来生长较多的是相对喜干、喜暖的栎树(蒙古栎)、榆树等阔叶树(图 8-3)。在科尔沁沙地东北方向的长白山山麓平原,全新世早期频繁沙尘天气条件下沉积的黄土,后来由于气候变湿,逐渐发育成肥沃的黑土。

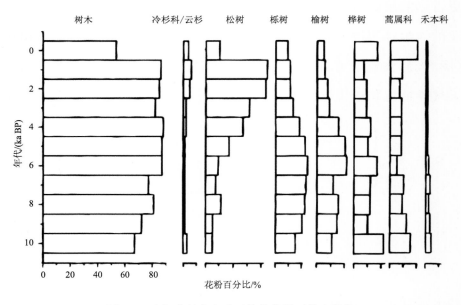

图 8-3　全新世长白山地区植物花粉百分比变化

(针叶树在距今 5000 年前开始逐渐增多)

因此,在千年及其以上时间尺度上,东北地区可能也包括北方其他地区,沙尘暴频率都是减少的。在中原地区以及黄土高原和华北平原北部,由于持续的农业开发和扩张,情况可能会有不同。

但由于各大陆,特别是亚洲和非洲大陆,广大内陆区域始终还存在大片荒漠和半荒漠,不论历史上还是今天,沙尘天气现象始终陪伴着人类,而且今后也不可能完全消失。

有些国外媒体记者,包括韩国和日本记者,在东亚、太平洋地区出现浮尘天气时,常常把责任推给中国人,这是缺乏科学依据的。沙尘天气从本质上讲是自然现象,与其相伴的大气粉尘污染是自然条件下中亚荒漠里细颗粒物质被吹送到天空的,它们不是人为污染物,不是中国北方人类活动引起的(媒体访谈)。

媒体访谈

国家气候中心研究员任国玉(2017 年 7 月)23 日接受《环球时报》记者采访时说:……美韩报告提及的细微颗粒物……并非人为的。在自然情况下,中国西北、蒙古国以及中亚地区地表的尘土被风刮入空中,就会在高空随气流传播到朝鲜半岛或者日本,这与中国北方的人类活动关系不大。韩国、中国华北和西北地区均处于西风带,特别是春季和冬季,地面刮起的尘土会随着西风一路向东,随气流传播到朝鲜半岛或者日本,甚至可以到达格陵兰、美国西部以及加拿大。这是早在几百万年前就形成的自然现象,在格陵兰冰芯里,科学家发现两万多年前来自亚洲的粉尘沉积速率甚至比今天高出十几到几十倍。因此,这笔账不能算在现代中国人头上。

在现代时期,部分国家气象部门对沙尘天气开展观测。中国沙尘暴观测已有70 余年历史。根据国家站观测资料可以对过去几十年沙尘天气频次(日数)变化进行分析。

自从 20 世纪 50 年代初或 60 年代初以来,中国北方地区沙尘天气日数呈现明显的下降趋势(图 8-4)。在 20 世纪 60—70 年代,平均每年有 15～25 次,但此后不断减少,最近 20 年一般不到 10 次。沙尘暴、扬沙和浮尘天气均减少,而且西北、华北、东北地区都减少了;所有种类沙尘天气和所有地区沙尘天气的长期下降趋势都是非常明显的。

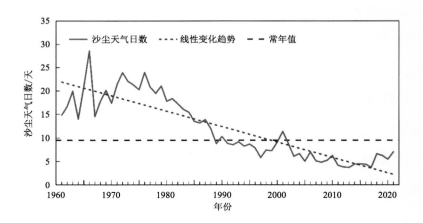

图 8-4　1961—2021 年中国北方每年平均沙尘天气日数变化

（中国气象局气候变化中心，2022）

北方沙尘暴主要发生在春季的 3 个月（3—5 月），极端干燥区（如南疆地区）夏季沙尘暴发生频次也很高。但不论哪个季节，沙尘暴频次都显著下降。

20 世纪 70 年代以前出生的人，对东北、华北各地 60—70 年代的沙尘暴会有深刻记忆。那时，为防止风沙沉落，街上很多男士戴防沙镜，女士用纱巾。今天，这种街头情景很少见到了。

那么，为什么现代时期沙尘暴频次逐渐减少呢？有 3 个因素。

（1）北方沙尘源区气候变湿。北方沙尘源区主要位于我国西北干燥区和蒙古国，我国黄土高原北部、华北北部和东北西南部是次级源区。主要源区过去 60～70 年降水有明显增多，气候有变湿趋势。气候变湿，总体上有利于植被生长，部分地区地表覆盖得到改善，沙尘物质难于被吹扬起来。

（2）近地面风速持续减弱。近地面风速减弱、大风日数减少是一个全国普遍现象。风速减弱的主要原因是城市化影响，导致观测场附近各种障碍物增加、增高，但直到 20 世纪后期大尺度大气环流滞缓也是一个因素。强风是地表沙尘跃动、飞扬的基本动力条件，风速减弱和大风频次减少直接导致沙尘暴日数下降。

（3）"三北防护林"等生态建设。长期以来，国家推行"三北防护林"建设，在半湿润、半干燥的生态脆弱带大力植树造林；后来实行退耕还林、退牧还草政策，鼓励农民减少脆弱土地耕种,恢复自然植被;近些年又提出生态文明建设、绿色发展。这些政策促进了我国北方地区的植被恢复和环境保护,有助于阻止荒漠化,减少沙尘天气。

在这些自然和人为因素的共同作用下,中国植被覆盖度得到提高,地表正在变绿。从不同年代卫星照片看,20世纪80年代以后的陆地植被覆盖逐渐变好(图8-5)。内蒙古高原和青藏高原的三江源地区,过去草原退化比较严重,后来通过治理、保护,再加上降水量趋于增加,草被覆盖得到了恢复。

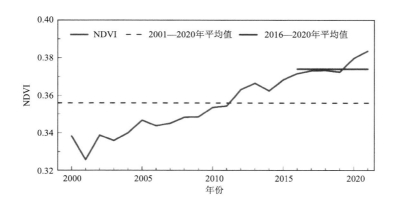

图8-5 2000—2021年中国年平均归一化植被指数(NDVI)呈显著上升趋势

(中国气象局气候变化中心,2022)

此外,在城市区域市区绿化和城郊道路升级改造,以及建筑工地环境保护措施推行,减少了裸露地面,应该对减轻局地性扬沙天气影响发挥了作用。由于我国的气象站大多设立在各类城镇附近,西北干燥区大多位于不断发展的绿洲内,部分观测到的沙尘天气频次减少趋势可能也与此有关。这个作用的相对贡献有多大,目前还不清楚。

如果这个局地地表覆盖改善的影响较显著,那么它就和地面气温一样,在大尺度极端气候变化监测和研究中是一种系统性偏差。目前,只能假设这个观测站周围小环境改善的影响不是主要的。

因此,过去几十年北方沙尘暴频次减少,既有"人努力"的效果,也有"天帮忙"的效应,其中"天帮忙"的作用往往被低估。忽视气候条件变化的影响,有可能被生态建设成就"一时胜利"冲昏了头脑,对未来出现长期气候干旱化或短期重大干旱的风险,思想准备不足,应对措施阙如。

过去几十年,在沙尘暴频次总体不断减少的情况下,某些年份会略有回升。一个明显的例子就是,1999—2002 年春季,华北和东北地区沙尘天气有所增加。现在回过头来看,这只是一个短暂的"脉冲式"上调,与 20 世纪 60—70 年代水平比较还差得远。但当时并不清楚这一点,略有增多的沙尘天气曾引起媒体和公众大量议论,得到国家高层领导高度关注。人们想知道,是什么原因造成这几年沙尘暴又多了起来?将来会不会回到 20 世纪 80 年代前的状态?

实际上,这几年沙尘暴的"回光返照"与前述华北、内蒙古和东北南部连年降水偏少、出现严重气象干旱有关。在北京、海河流域或华北地区 1999—2001 年降水量异常偏少(图 8-6),出现罕见干旱,对农业和城市用水造成重要影响。这场干旱应该是海河流域 20 世纪 50 年代初以来最严重的,也是我国最终决定"南水北调"工程上马的促进因素。

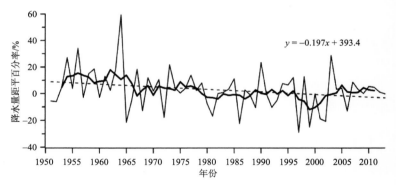

图 8-6　1951—2013 年华北地区年降水量距平百分率变化

(虚线为线性趋势线,黑实线为 5 年滑动平均值)

世纪之交的连年干旱,造成中国华北、内蒙古、西北东部及蒙古国草原自然退化,植被枯萎,地表裸露,春季地表加热迅速,湍流、对流活跃,沙尘天气变得比前 10 年更为常见。

因此,中国北方的沙尘暴频次在多个时间尺度上都是呈现减少趋势的,但减少的幅度不在一个数量级上。现代时期的长期减少,以及在下降过程中的短暂反弹,不考虑观测数据本身的系统性偏差,主要影响因子是气候变化和气候变率,特别是沙尘源区降水量增加,以及北方近地面大风频次减少;中国北方的生态建设和环境保护在区域和局地尺度沙尘天气减少中也发挥了重要作用。

九 登陆台风是不是增多了

　　热带气旋是生成于热带洋面上,具有强烈对流和气旋性环流特征的天气尺度涡旋。它包括热带低压、热带风暴和台风。出现在热带西太平洋及其邻近海域的热带气旋数量最多,其中较强的热带气旋称为台风(图 9-1);热带气旋也发生在热带大西洋和东太平洋赤道以北区域,那里称为飓风,以及热带印度洋和热带西南太平洋地区。

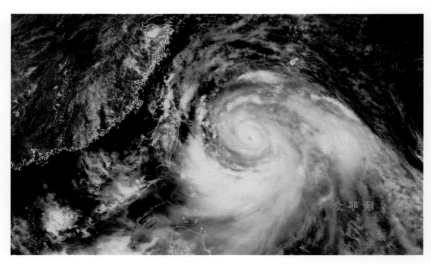

图 9-1　气象卫星(FY-4A)监测图像(2019 年 8 月 8 日 13 时)

(台湾以东洋面上有一个成熟台风"利奇马")

　　登陆台风会引起沿岸地区狂风暴雨,造成巨大破坏(图 9-2)。例如,超强台风"桑美"2006 年 8 月 10 日在中国浙江温州登陆(图 9-3),登陆时中心最低气压为

920 hPa，中心附近最大风速 60 米/秒，风力达到 17 级，在温州鹤顶山风力发电站，测到了 81 米/秒的极端最大风速，打破中国历史最高风速纪录。尽管提前采取了应对措施，台风"桑美"还是造成了大量的人员伤亡和严重的经济损失。

图 9-2　台风引起的强风和暴雨，常常对我国华南、华东甚至华北沿海地区造成重大破坏

2018 年 9 月 7 日，台风"山竹"在西北太平洋洋面上生成，9 月 15 日在菲律宾北部登陆，强风、暴雨和泥石流造成 150 多人死亡或失踪；9 月 16 日傍晚在我国广东台山海宴镇登陆，登陆时中心附近最大风力 14 级，阵风 17 级以上（图 9-3），中心最低气压 955 百帕，对广东省造成严重影响。由于台风"山竹"对菲律宾和我国华南造成了重大破坏，2019 年 2 月 27 日，在第 51 届台风委员会年度会议上决定将其除名。

过去不同时期台风发生和登陆频次出现了一定变化。但是，对于远古历史时期来说，目前的台风重建都是依赖间接证据，包括古海滩、河口和泻湖粗颗粒沉积物记录，存在的不确定性比较大。在这种情况下，提出假说和寻找证据是同样重要的。

更新世冰期阶段，全球地表温度比如今低得多（平均低 5.0～6.0 ℃），西太平洋热带和东亚边缘海热带气旋可能比现在少。根据浮游有孔虫介壳同位素含量，古气候学家重建了太平洋热带和副热带海表温度，表明末次冰期热带海表温度下降并不多，个别地方还比今天略暖。温度下降主要发生在北半球中高纬度地区，特别是北美和欧洲大陆冰盖上及其周边地区。因此,仅从海表温度来看,当时西太平洋热带气旋频次减少或许没那么多。

在最近的一万多年,即全新世阶段,有研究表明,早期赤道东太平洋海表温度年际变率比较小,ENSO 发生频率较少,进入晚全新世 ENSO 才逐渐变成每 2～7 年出现一次。这可能说明,早中全新世(0.6 万～1.0 万年前)沃克环流减弱,赤道东风减弱,热带东西太平洋海温差异减小,热带西太平洋暖池海表温度下降。在这种情况下,西太平洋生成的热带气旋或台风可能减少。进入晚全新世,上述海-气环流发生反转,西太平洋生成的热带气旋或台风可能逐渐增加。

图 9-3 2006 年 8 月 10 日在浙江温州登陆的超强台风"桑美"气象卫星(FY-1D)监测图像

由于地球轨道参数和固定纬度带太阳辐射的周期性波动,包括 2 万年左右的春分点进动周期,远古时期特别是全新世还可能出现一种变化,就是行星尺度大气-海洋环流系统的南北向漂移。热带信风和副热带高压系统的南北漂移应该会影响热带气旋的生成频次、最大强度、移动路线和登陆点位置,这会造成某一固定地点热带气旋频次、强度出现千年尺度的波动。

相比远古时期,近现代的台风及其变化更值得重视。这个时期,人们非常关注的一个问题是,在全球变暖背景下,世界各地特别是热带西太平洋地区热带气旋是否出现了增多、增强的趋势?

近现代的研究,依靠各种高精度观测记录得到的结果可靠性很高。但是,经过长期的观测和研究，迄今没有发现，在过去的几十年或一百多年，从全球整体上看，热带气旋发生频次或登陆数量有显著的增加；西太平洋地区及东亚边缘海的热带气旋没有显著增多。

在具有较长观测数据的美国、澳大利亚，从19世纪后期到目前，登陆热带气旋数量没有明显的变化（图9-4）。尽管从100多年来看没有明显变化，但在最近的40多年（20世纪70年代末以后），大西洋热带气旋特别是强热带气旋数量有增加趋势。也有研究认为，即使从100多年时期看，影响美国的强飓风频次也增加了。

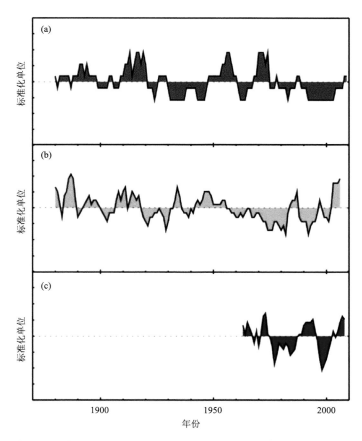

图9-4　澳大利亚东部（a）、美国（b）和中国（c）登陆热带气旋数量变化（IPCC，2013）

在东太平洋赤道以北地区、澳大利亚东海岸、印度洋等地区，现有的历史观测资料序列都未表明，热带气旋频次发生了显著的长期趋势性变化。

在西太平洋和东亚地区具有100年以上观测记录的分析一般表明，影响中国和日本的热带气旋频次基本稳定，或者呈现出下降趋势（图9-5）。1910—2019年，影响日本和中国南海地区的热带气旋数量略有减少,且表现出较明显的年代尺度波动;1877—2019 年,登陆日本群岛的热带气旋频次变化趋势不明显;1885—2017 年,影响香港地区的热带气旋数量总体上表现出微弱的下降趋势,如果从 20 世纪 60 年代初开始观测,下降的趋势更明显。

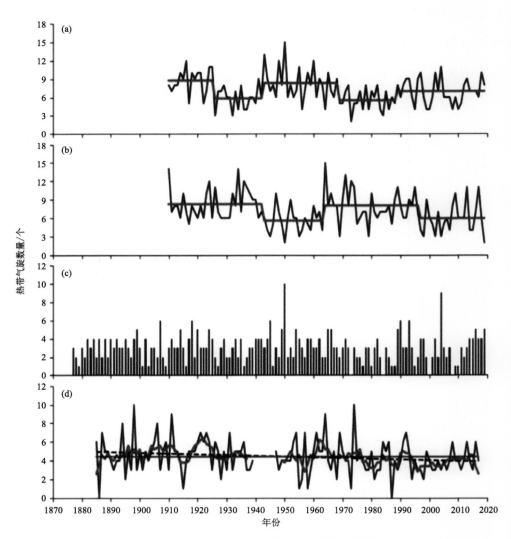

图 9-5　1877 年以来西北太平洋地区热带气旋数量变化

(a,1910—2019 年日本附近热带气旋;b,1910—2019 年中国南海地区热带气旋;

c,1877—2019 年登陆日本的热带气旋;d,1885—2017 年影响中国香港的热带气旋)

自从 20 世纪 50 年代初以来,东亚和中国的热带气旋观测网络越来越健全,研究也越来越多。在这 60～70 年里,无论生成的热带气旋数量还是登陆中国的热带气旋数量都表现出一定的减少趋势；登陆中国的强热带气旋或台风频次也呈现微弱的下降趋势(图 9-6)；分析热带气旋引起的累计降水量，或者登陆热带气旋中心的最大风速，同样没有看到增加趋势。

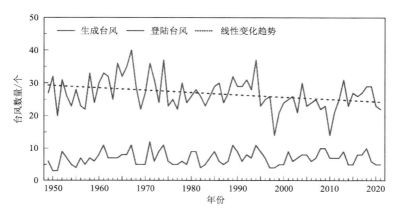

图 9-6　1949—2021 年西北太平洋生成及登陆中国的台风数量变化

(中国气象局气候变化中心,2022)

　　尽管东亚地区作为一个整体，热带气旋数量、降水量和最大风速表现出一定减少。但有证据表明，过去几十年内，热带气旋移动路径发生了向北漂移，影响副热带和温带的热带气旋有所增多。这种移动路径南北漂移到底是趋势性变化，还是年代到多年代尺度自然气候变率的表现，目前还不清楚。

　　但是，热带气旋移动路径向北移动可以造成一个后果：热带(包括中国华南等地区)受到热带气旋影响会减少；而副热带北部和温带(包括中国黄海沿岸和东北、日本等地区)受到热带气旋影响会增多。如果选择中纬度地区做观测分析，就会得出与针对整个东亚地区或中国研究相反的结论。空间范围代表性不充分，与时间序列代表性不够一样，研究都可能犯"盲人摸象"、以偏概全的错误(图 9-7)。

　　近些年，科学家也发现，自 20 世纪中期以来，特别是自 20 世纪 80 年代初以来，热带气旋登陆后，移动的速度变迟缓，登陆后生存的时间变长，造成的极端暴雨量上升。这个变化特征在中国东南沿海地区得到证实。出现这种变化的原因还需要进一步研究。有一种可能就是它们和前述暴雨、短历时强降水频率和强度变化一样，与城市气象站记录的局地人类活动影响有关；东亚季风区，包括东亚的

图 9-7　盲人摸象，"其触牙者，言象如芦菔根；其触鼻者，言象如杵；其触腹者，言象如瓮；

其触尾者，言象如绳"

（寓言引自《大本涅槃经》）

陆地和边缘海，21世纪初以来夏季大尺度近地面变暖速率加快，可能也是一个因素。

　　移动路径北移以及登陆后移动速度减缓造成部分区域极端强降水量增加，这些观测到的变化特征，或者出现在部分地区，或者发生在有限时间段内，目前还不能看作为具有空间普遍性、时间持续性的现象，同时其具体成因机制也不清楚，改变不了过去足够长时期热带气旋频次总体稳定或略有减少的科学结论。

强对流天气急剧减少为哪般

局地或中小尺度强对流天气,通常指雷暴、闪电、冰雹、龙卷、短时大风和短时强降水等,具有突发性、局地性、破坏性强等特点,可以引起严重的局地性气象灾害(知识窗 10-1)。局地强对流天气气候事件的长期变化及其成因机制,是极端气候变化监测和研究的重要内容,但由于历史观测数据不完善,长期以来关注不多。

> **知识窗10-1**
>
> 雷暴和闪电每年都会造成人员伤亡,引起森林火灾。2022 年 8 月 24 日 13 时 34 分,玉龙雪山云杉坪突发雷击伤人意外事件,一对新人拍婚纱照时,新郎遭雷击不幸去世;两天后,8 月 26 日 19 时 25 分,安徽芜湖市籍山镇一广场突发雷击伤人意外事件,2 名正在健身的人员不幸被击中死亡,另外 2 人受伤。据报道,全国每年因雷击死亡人数达 460 人。冰雹和龙卷也可以造成严重的局地性灾害,对农作物和建筑物造成毁灭性破坏。

从 1954 年开始,中国国家站都有雷暴、闪电、冰雹、龙卷等强对流天气现象人工观测,直到 2013 年(冰雹 2019 年);此后转换为自动观测。不同于气候要素观测,天气现象的人工观测和自动观测差异太大,前后序列存在严重的非均一性,目前还没有办法将其合并使用。

分析表明,中国雷暴和闪电主要发生在 6—8 月,冰雹主要出现在 5—9 月,6

月频率最高；雷暴和闪电的高发区在华南、西南和青藏高原；冰雹的高发区出现在青藏高原东部、内蒙古高原、黄土高原西北部、东北平原北部和东部、云贵高原等地区（图10-1）；雷暴和冰雹出现频率随海拔高度增加而增加，冰雹和海拔高度的对应关系更好。

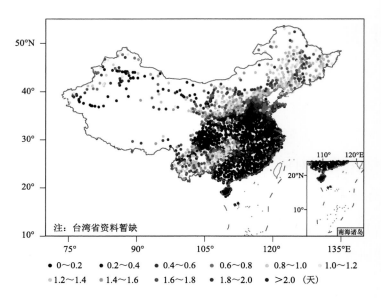

图 10-1　中国国家站年平均冰雹日数分布（1961—2019 年平均）

（粉红色和红色站点表示冰雹日数较多区域，其中红色表示平均每年达到 1.6 天以上，

蓝色站点表示冰雹日数较少区域，平均每年不到 1 天）

在 1961—2013 年，中国每年雷暴日数整体上表现出非常显著的下降趋势，全国平均每 10 年下降 2.7 天（图10-2）。相对于多年平均值，雷暴日数距平百分率减少，在空间上分布比较均匀，绝对减少趋势在雷暴多的南方更大，但绝大部分地区的减少都是显著的。同期全国每年闪电日数表现出相似的变化特征，而且闪电日数下降趋势比雷暴日数还剧烈，全国平均每 10 年下降 6.5 天。

进入 21 世纪第二个 10 年以来，中国雷暴和闪电频次似乎有所回升。由于资料截至 2013 年，这个转折信号还不能确定。2015 年以后，中小尺度强对流天气变得更为频繁，可能是这个逆向趋势的继续。但是，从目前已有的长序列资料看，20世纪 70 年代中期以来，中国观测到的雷暴、闪电频次的快速、大幅度减少现象是没有疑问的。

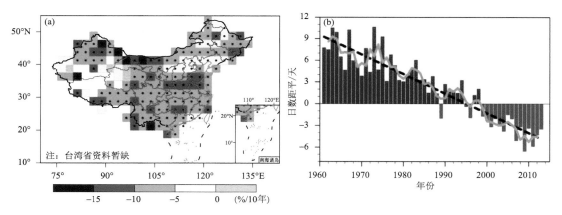

图 10-2　1961—2013 年中国年雷暴日数距平百分率趋势分布（a）和全国平均年雷暴日数距平变化（b）

（a 中黑点代表趋势通过了统计显著性水平检验，b 中黑色虚线代表趋势线，橙色曲线代表 3 年滑动平均）

冰雹是另一种局地尺度强对流天气现象。它是一种坚硬的球状、锥状或形状不规则的固态降水形式。冰雹天气对农业生产破坏性很大，损毁作物、损坏房屋、砸伤人畜，常常形成严重的局地性自然灾害。

1961—2019 年，中国冰雹日数同样表现出显著减少的趋势（图 10-3）。正常年份，冰雹频繁发生区域包括东北、内蒙古中东部、鄂尔多斯、青藏高原和云贵高原地区，每年可发生一次以上。这些地区冰雹日数减少趋势的绝对值也是最大的，其中青藏高原东南部、内蒙古中部每 10 年减少 0.6 天以上。绝大多数地区都经历了显著的减少，20 世纪 70 年代末以后下降趋势尤为突出。

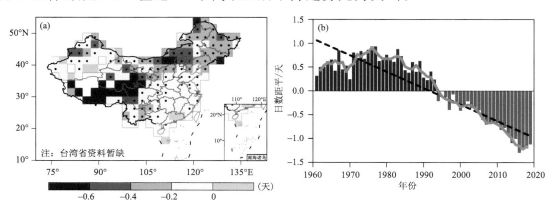

图 10-3　1961—2019 年中国年冰雹日数距平趋势分布（a）和全国平均年冰雹日数距平变化（b）

（a 中的黑点代表结果通过了统计显著性水平检验；b 中黑色虚线代表趋势线，橙色曲线表示 3 年滑动平均；

标准气候期是 1981—2010 年）

冰雹日数开始减少的时间以及下降趋势的逆转时间似乎比雷暴、闪电日数要晚几年。前者发生在 20 世纪 70 年代末,那之前经历了十几年的增加;后者发生在 2016 年前后,但这个转折特征还需要新的资料去证实。

龙卷是更为罕见的极端强对流天气现象,可对建筑物造成毁灭性破坏。世界上龙卷发生频率最高的区域在美国东部。在中国,龙卷主要出现在东北的黑龙江和吉林、华东的江苏和浙江、华南的海南和广东三个区域。

1961—2013 年,中国国家站记录的龙卷日数表现出非常明显的下降趋势。就有龙卷记载台站整个时期累计数量来看,全国在 20 世纪 60 年代每年有 50~60 个,但到 2000 年以后一般不足 5 个,下降现象十分明显(图 10-4)。常年情况下龙卷集中发生的三个地区,绝对下降趋势都是非常显著的,其中中国东部区的江苏和浙江下降速率最大。

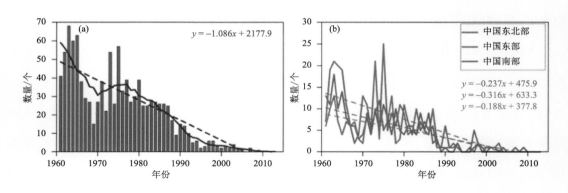

图 10-4　1961—2013 年中国(a)和各主要区域(b)每年龙卷累计数量变化

(虚线是趋势线,a 中红色实线是 9 年滑动平均)

综合上述研究发现,结合前述平均风速和大风日数也存在普遍的下降趋势,可以得出结论:在过去的几十年,主要是从 20 世纪 70 年代中期到 2010 年前后,中国中小尺度强对流天气事件发生频次出现了非常明显的、急速的下降。这些事件包括雷暴、闪电、冰雹和龙卷。下降的速率和持续性是极不寻常的,在同期其他极端天气气候事件的变化上都没有看到过。

那么,究竟是什么原因造成了中国中小尺度强对流天气越来越少了呢?

从大气环流的角度可以发现直接的影响因素。自从 20 世纪 60 年代初以来,东亚地区高空南北位势高度（相当于高空气压）差减小了，这就引起高空西风风速减小，西风急流变弱，垂直方向风切变减弱，大气中下层稳定度增加，不利于中小尺度对流活动的发展。

引起高空南北位势高度差减小的一个原因可能是气候变暖的空间不均匀性。20 世纪中期以后，东亚地区的变暖在高纬度更明显，低纬度较弱。这就造成从低纬度到高纬度的温度差减小。由于高空南北位势高度差或气压差取决于地面南北温度差，南北温度差的减小会引起经向气压差减小，高空风速和西风急流强度就下降了。

造成中国中小尺度强对流天气频次下降的另一个原因可能是人类活动导致的空气污染物或气溶胶排放。20 世纪 70 年代中后期以来，中国东部季风区大气气溶胶浓度总体来看是增加的。气溶胶浓度增加会引起地表接收的太阳辐射减少，大气气溶胶层吸收更多短波和长波辐射，获得额外加热，这样就造成从地面到高空的温度差或气温直减率减小，大气中下层稳定度增加，空气对流作用减弱，不利于中小尺度强对流天气发生发展。

当然，多年代尺度上的气候自然变率，还是不能完全被忽视。总体来看，中小尺度强对流天气频次大范围持续性急剧下降，用自然变率解释是比较难的。但是，2010 年以后的转折，可能一方面是气溶胶排放得到了有效控制，地面接收的太阳辐射开始增加，促使各种空间尺度对流活动加强；另一方面是进入 21 世纪以来，由于多年代尺度自然变率引起的气候变暖减缓，至少在东亚地区造成了南北温度差加大，西风急流加速，西风带波动性增强，有助于中小尺度强对流天气形成、发展。

上述几个影响因素，前后变暖的空间非均质性（人为全球变暖）、气溶胶排放和自然气候变率可能是同时发挥作用的（图 10-5）。它们共同造成了中国中小尺度强对流天气频次的急速下降，以及 2010 年前后的触底反弹。

弄清楚这些因子各自的相对影响及其相互作用是非常重要的；因为只有这样，我们才可以预测未来，并提前做出更好的准备。

图 10-5　中国中小尺度强对流天气频次下降的影响因素

（人为全球变暖、气溶胶排放和自然气候变率可能同时对中国中小尺度

强对流天气频次下降产生了影响）

　　如果人为全球变暖是更重要的,那可能预示在未来继续变暖的情况下,中国未来中小尺度强对流天气频次还会减少,假设其他条件不变,由此造成的灾害风险也不会提升。

　　如果气溶胶排放是主要贡献者,那么,未来进一步的排放控制,就会像引起华北干旱风险上升一样,使得大部分地区中小尺度强对流天气活动更频繁、更严重,灾害风险更高。

　　多年代尺度自然气候变率发挥主导作用的可能性不大,但理解它的辅助作用,或者了解它在不同时期的相对影响,也有助于做好长期预测和应对工作。自然气候变率与气溶胶排放控制的结合影响值得密切关注。

十一

重大气候突变会不会发生

上述极端天气气候事件,尽管有些表现出增多或减少的变化,但都是在当前的气候态下发生的,出现以后短时间内总会消失,恢复到正常或振荡到另一极端方向。气候突变,也称跨越气候临界点,是指从一个气候态漂移到另一个气候态;在这个过程中,气候要素(例如,温度)或者气候系统内部相关分量(例如,冰盖),其均值、极值和可变性都会发生大幅度变化。

极端天气气候是现代人经常经历的,而重大气候突变是近一万年来人类没有经历过的。这种气候突变一旦发生,其后果难以预料。

具有全球意义的重大气候突变有以下几种。

(1)北大西洋温盐环流快速减弱或者停顿。这会造成北半球特别是北大西洋地区突然变冷,出现电影《后天》里夸张描述的情景,北美东部和欧洲大部分地区陷入数百年甚至数千年的寒冷期。

(2)格陵兰冰盖或西南极冰盖快速消融或崩裂。这可以导致海平面大幅度上升,格陵兰冰盖或西南极冰盖(图 11-1),任何一个完全消融都会引起全球海平面上升 6~7 米,淹没沿海大片低平地区。

(3)热带海洋珊瑚礁白化或北极永久冻土区甲烷急剧释放。这些可以造成热带海洋生态系统的不可逆改变,或者引起大气中甲烷含量突然上升,造成加速的全球变暖。

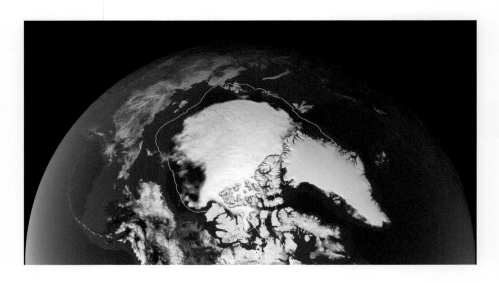

图 11-1　格陵兰冰盖和北冰洋海冰

(2021 年 9 月 16 日北极洋海冰面积最小为 4.72×10^6 平方千米；黄线：1981—2010 年平均最小范围；

图片来源：NASA's Scientific Visualization Studio)

此外，北极海冰面积大幅度减少、亚马孙热带雨林退化、北半球高纬度永久冻土层融化以及大陆超级干旱等也被作为可能出现的重大气候突变，引起学术界和公众的关注。

在上述重大气候突变中，最引人瞩目的是北大西洋温盐环流变化引起突然变冷。下面，对此做一简要介绍。

在 20 世纪 90 年代，欧洲和美国科学家在格陵兰冰盖钻取了两根长冰芯，实验分析结果同时表明，末次冰期（2 万～10 万年前）特别是末次盛冰期（2 万～3 万年前）和冰消期（1.2 万～2 万年前），格陵兰地区发生了一系列暖冷气候事件，伴随着快速、大幅度气温变化。每一次暖事件持续几百年到数千年，开始都来得很突然，在几年到几十年内气温上升 6～8 ℃，但返回到寒冷状态则相对较缓慢。

在冰消期，这些冷暖事件突出表现为变暖过程中的冷事件，它的最后一幕就是所谓的"新仙女木事件"。它发生在距今 1.16 万～1.29 万年前，是变暖过程最强的一次冷事件，开始和结束都非常突然，不超过几十年甚至几年；在结束时，可能在几年里，格陵兰年平均气温上升了 7 ℃ 以上。

实际上,早在 19 世纪末、20 世纪初,古气候学家就在北欧泥炭剖面的花粉研究中发现了新仙女木事件。在冰消期的花粉曲线上可以看到各种树木和草本花粉含量变化。喜暖的树木花粉开始增多了,表明气候正在不断变暖。但在这个过程中,突然出现了一种喜寒冷的小灌木花粉,也就是仙女木花粉,并在花粉曲线上持续了 800～1000 年,然后突然消失,再次被喜暖的树木花粉取代。

目前,仙女木生长在北极苔原地带,以及北半球各大陆高山地带。它们的花粉在泥炭剖面中出现,说明当时植被突然从针阔叶混交林变成了极地苔原,气温下降幅度非常大。早期的古气候学家就把这个降温时期称为"新仙女木"阶段。

在后来的格陵兰冰芯和大西洋海底沉积序列中,新仙女木寒冷事件都有清楚反映,并获得了更精确的年代测定。

那么,冰期里一系列的冷暖事件,以及新仙女木事件,它们形成的机制是什么呢?

现在有一个理论,把这些冰期中和冰消期的冷暖波动与大陆冰盖动态和北大西洋温盐环流变化联系起来。

在第四纪的历次冰期中,北半球的大陆冰盖都分布在北大西洋两侧陆地,即北美大陆和欧洲大陆,其中北美大陆冰盖面积最大,最大范围覆盖在 40°N 以北的广大区域,厚度可达 3000～4000 米(图 11-2)。北大西洋温盐环流(或称大西洋经向翻转环流)是大西洋南北向垂直环流圈(图 11-3),由北大西洋高纬度温度和盐度驱动,低温、高盐表层海水在那里沉降,由来自低纬度的高温、高盐墨西哥湾暖流补充,在北大西洋中下层南流。

大陆冰盖边缘南部会有冰融水汇集形成的湖泊,东部也不断有巨型冰块崩落到海里。湖泊可能会溃决,湖水就会流灌到海洋。当巨型冰块崩落或湖泊溃决向东流时,北大西洋表层海水可能被淡水冲淡,密度变小。密度更小的表层海水使海洋层结更稳定,表层水难以下沉,原来的深层水生成速率和温盐环流减慢,甚至停顿,来自南方的墨西哥湾暖流也减弱或南移,北大西洋地区快速降温,形成一次冷事件。后来,温盐环流的重建或恢复再引起北大西洋地区突然增暖。

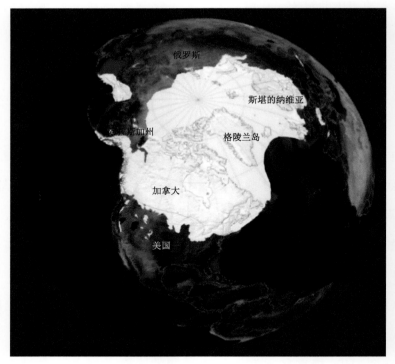

图 11-2 2 万年前北半球冰盖覆盖范围示意图

（图片来源：NOAA Climate. gov）

新仙女木事件发生在大陆冰盖消退过程中。在距今 1.3 万年前，北美大陆冰盖仍在消融，冰盖前缘退缩到加拿大南部。冰融水在早期堆积的冰碛堤后聚集，形成一个巨大湖泊（Agassiz）。这个大湖的湖水原来排泄到密西西比河，流入墨西哥湾；但在距今 1.29 万年前，湖水外泄口改道向东，经由五大湖-圣劳伦斯河排泄到北大西洋。由于有大量淡水注入，北大西洋表层水盐度降低，深层水生成速率减弱或停止，墨西哥湾流及北大西洋温盐环流也随之减弱或南移，造成整个北大西洋地区和欧洲大陆变冷。

在距今 1.16 万年前，湖泊蓄水量减少，北大西洋淡水注入量也减少，表层水盐度升高，深层水生成速率提升，温盐环流恢复或北移，北大西洋地区的气候迅速变暖，新仙女木寒冷事件结束。

在未来全球气候继续变暖的情况下，北大西洋温盐环流是否也会进入不稳定模式，引发类似新仙女木事件的寒冷期？在 20 世纪 90 年代末、21 世纪初，这个问

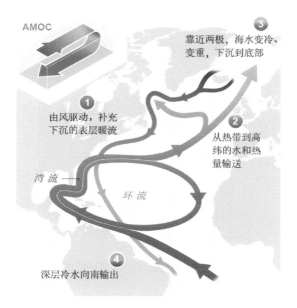

图 11-3　现代北大西洋温盐环流（AMOC）示意图（IPCC，2021）

（红色是表层暖流，蓝色是中下层冷水；在冰期或冰期中的相对寒冷期，

表层暖流最北位置会大大偏南）

题曾引起气候学界、政界和公众的很大关注。

2002 年，美国国家研究委员会发布了第一个报告：《气候突变：不可避免的意外》。报告强调了发生在最近地质时期的快速冷暖变化，提出在人类活动影响下，地球可能出现类似的气候突变；报告认为，科学界还没有足够信心预测未来，更没有做好充分准备迎接和应对未来可能的气候突变。

2004 年，影片《后天》在全球上映，把公众对气候突变的关注和担忧推向高潮。影片描绘的情景就是人类活动致使地球大气温室效应增强，北大西洋温盐环流消失，伴随一系列极端天气气候事件，并引发全球性气候突变，气温在很短时间内急剧下降，美国本土再现冰期和大陆冰盖景观。

影片在北京首映后，观众反响强烈。人们对地球未来平添了一份担忧。那么，公众的关切有没有科学依据呢？人为引起的全球变暖到底会不会引起温盐环流减弱或消退？（媒体访谈）

极端天气 更频繁了吗

2004 年 5 月 13 日，在《中国气象报》题为"气候突变：现实还是幻想？"的报道中，国家气候中心任国玉研究员有以下一段评论：

《后天》中描述的情景虽然夸张，但也有一定的科学依据。一方面，在过去的冰期和冰消期，北大西洋地区确实多次出现气候突变；另一方面，在大气中温室气体浓度增加几倍时，有的气候模式模拟出了北大西洋温盐环流明显减弱甚至停顿下来的现象，气温显著降低。但到目前为止，用成熟的海-气耦合模式进行模拟一般没有得出同样结果。退一步讲，假设全球变暖可以导致北大西洋地区气候突然变冷，地球进入新的冰期，人们也完全没必要因此而恐慌，因为从间冰期向冰期过渡是非常漫长的过程，要经历数万年时间，陆地冰盖不可能在一夜之间长出来。因此，可以有把握地说，《后天》中描述的情景完全不可能出现；变暖情况下未来 100 年内缓慢进入冰期的可能性也极为不可能，这种可能性，即使不会和一颗直径 5 千米以上的小行星未来百年撞上地球的概率相近，也不会比它高多少。尽管如此，气候变化可能带来的影响还是不可小觑的，加大气候变化科学研究的投入十分必要……

如前所述，新仙女木事件，以及前期的系列快速冷暖变化，发生于北半球存在大范围大陆冰盖的情况下。在温暖的间冰期，目前没有发现明确的气候突变证据。距今 8200 年前确有一次小幅度突变，出现在当前的间冰期即全新世，但当时北美大陆冰盖还没有完全消退。上次间冰期（11.5 万～13.0 万年前）和全新世其他快速冷暖变化的证据，目前还不充分。

因此，类似新仙女木事件这样的气候突变需要一个关键的条件：北大西洋两侧大陆存在大陆冰盖，特别是冰进期、冰盛期和冰消期的北美大陆冰盖。在这种情况下，在地球轨道参数变化等因子的调制下，由于冰川、大气、海洋和地壳的相互作用，或者冰盖-冰碛湖或冰盖-海洋的动力作用，有可能导致特定时期冰川崩裂或冰碛湖溃决，向北大西洋注入过量淡水，引起北大西洋温盐环流减弱或崩溃。

在间冰期,包括全新世中晚期,北半球各大陆的巨型冰盖不复存在,北大西洋地区气候系统突变条件不具备。未来至少数百年甚至上千年北美大陆和欧洲西北部也不可能有大陆冰盖;因为冰盖的生长速率很慢,需要上万年到几万年才可以达到末次盛冰期那样的规模。《后天》电影描述的,在一夜之间北美大陆冰盖就长出来了,是过于艺术化的电影表现手法。

重大气候突变发生的这个条件可能无关乎人类活动。在人类活动引起全球变暖的情况下,如果夏季不经历漫长的变冷过程,大陆冰盖当然更不会出现。

格陵兰冰盖快速消融是一个值得考虑的因素。随着全球气候继续变暖,格陵兰冰盖是否会快速持续消融,值得关注。上次间冰期时,地球表面年平均温度比如今高 1～3 ℃。一般认为,上次间冰期内,格陵兰冰盖仍然存在,并未消失。格陵兰冰盖在间冰期并未消退,应该是由于纬度足够高,夏季足够冷,温度升高不足以导致冰川完全融化。

伴随着气候变暖,北大西洋地区降水量上升、蒸发量减弱和径流量增加,也可以造成表层淡水输入通量增加,影响深层水生成速率。然而,这些因素引起的变化量级可能难以同冰期、冰消期的气候突变相提并论。

总体上看,未来气候继续变暖情况下,发生类似新仙女木事件这样的气候突变,短期内引起北大西洋及邻近大陆降温 5～10 ℃可能性非常低。

其他可能的重大突变,如格陵兰或西南极冰盖快速消融或崩裂、热带海洋珊瑚礁白化、北极永久冻土层融化和甲烷急剧释放、北极海冰面积大幅度快速减少、亚马孙热带雨林大规模退化、大陆内部超级持久干旱等,也引起学术界和公众的关注(图 11-4)。

最近几十年特别是进入 21 世纪以来,伴随夏秋季的快速变暖,北极海冰和格陵兰冰盖表面经历了显著的消融,其中海冰面积的大幅度减少尤为引人瞩目。一般认为,这一变化主要是与人为造成的全球变暖有关,未来还将持续下去,几十年后北极海冰完全消失或接近消失,对北半球中高纬度地区气候、环境和地缘政治造成深刻影响。与此同时,前述格陵兰冰盖大规模冰川消融及其对海洋环流影响

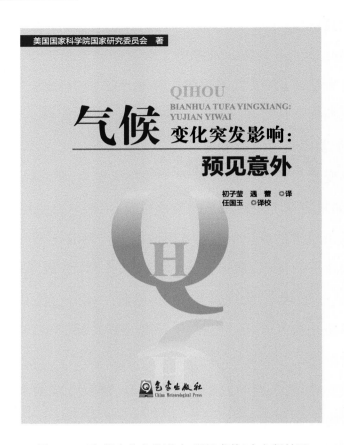

图 11-4 《气候变化突发影响：预见意外》中文版封面

的可能性有人认为也增加了。

值得注意的是，除了人为造成全球变暖外，其他因素包括大气和海洋环流年代到多年代尺度变率，对北极地区快速变暖和海冰消融的影响也是不可忽视的。这些因素可能是独立于全球变暖的，并可能产生了重要的直接作用。但是，目前还不清楚，这种多年代尺度自然气候变率对近几十年北极变暖和海冰面积减少的贡献有多大。

黑碳等气溶胶排放和沉降是否或在多大程度上引起了北极地区冰雪消融，也需要开展深入研究。黑碳等气溶胶沉降在冰雪表面会降低反照率，增加夏季太阳辐射的吸收，引起额外的增温和消融。

进入 21 世纪以来，北极地区的快速变暖也带来了其他一系列环境和生态问题。目前，科学家担心的一个问题是，西伯利亚和加拿大北部永久冻土消融会不会引发冻土层中聚集的甲烷持续释放，明显增加大气中温室气体浓度。自从 2012 年以来，在西伯利亚北部亚马尔半岛等地发现多个（有报道说是 17 个）巨大圆形深坑。初步调查研究表明，这些深坑可能是冻土层中浓聚的甲烷爆炸生成的，代表了过量甲烷气体的一种突发性释放过程。

显然，目前非常需要开展进一步监测和研究，理解北极地区永久冻土层内含甲烷气体的形成原因、储存规模、演化过程和释放机理。已发现的深坑可能是甲烷气体突发性释放的结果，同时北极地区可能还存在更多缓慢的甲烷释放机会。如果甲烷的释放是气候快速变暖和冻土层融化造成的，过去几十年北极快速增温主要起因于人为全球变暖，整个北极地区永久冻土中储存的甲烷气体体积数又足够大，这个问题就应该得到足够的关注。

甲烷浓度变化监测结果表明，全球大气甲烷浓度在 20 世纪 90 年代末以后增加速率一度放缓，但自 2007 年开始，又恢复较快上升趋势（图 11-5）。有研究表明，这一上升不是人类活动直接排放的结果，可能与微生物活动加强导致的自然排放有关。但是北极地区永久冻土层甲烷释放也可能是 2007 年以来全球大气中甲烷浓度再度抬升的一个原因。

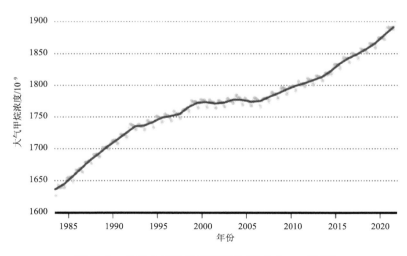

图 11-5　全球大气甲烷浓度变化（Tollefson，2022）

即使北极地区永久冻土层甲烷释放是造成全球大气甲烷浓度上升的原因，由于最近的上升速率并未超过早期的上升速率，同时甲烷在大气中的生命期比较短，只有 10 年左右，其对全球气候的影响能不能达到重大突发性程度，还有待继续观察和研究。

什么左右了人们的认知偏差

自从有完整观测数据序列以来,在东亚季风区或中国极端天气气候事件变化并没有像人们认识的那样,大部分都增多、增强了。事实上,至少在中国多数种类的极端天气气候事件频率、强度下降了。对这种复杂变化的原因有一些讨论,部分可能源于气候变暖本身的影响,区域尺度气溶胶浓度变化可能也发挥了不可忽视的作用,但完整的因果链图像还需要进一步探讨。

不论什么原因,观测事实是清楚的。在全球和区域变暖最明显的 60～70 年中,至少在中国,不是大部分、更不是所有种类极端天气气候事件都经历了趋向更多、更强的变化。这说明,人们对极端天气气候变化的认知,以及对气候变化及其影响的认知,还存在一定的偏差。

人们对自己、对世界、对科学的认知存在偏差是一件很正常的事。人就是人,人不是神;人的认识意愿、能力和水平存在差异,绝大多数人不可能对任何一件事情都搞明白。

在这种情况下,社会上出现了专业人士,他们系统地钻研某一特定领域的知识,代表公众去认识世界。气候学家就是代表公众深入钻研气候学和气候变化科学的一群人。

值得思考的是,在极端天气气候变化问题上,为什么学术界和公众都产生了认知偏差(图 12-1)? 讨论和理解这个问题,或许对于改革科研资助管理体系、提升个体理性认知能力、构建知性社会,以及对于如何更科学地应对气候变化影响具有一定的帮助。

图 12-1　学术界和公众对极端天气气候变化事实、原因和影响存在较大的认知偏差

完全搞清楚这个问题,需要心理学、社会行为学、传播学和气候科学等多学科合作开展深入探索。但是,以下几个方面因素或许是重要的,对于进一步理解人们在极端天气气候变化问题上的认知偏差可能有一定启示意义。

概括起来看,人性固有特点、西方宗教影响、环保主义思潮、经济利益考量、科学研究偏向和媒体报道倾向可能对于上述学术、公共认知偏差的产生起了重要作用。

(1)人性特点。趋利避害、保障自身和群体安全是人性的基本特点之一。由于这个特点,人对于面临的危险或风险始终保持高度警觉,防灾减灾甚至可以上升到国家战略层面。为了防御灾祸、减轻危害、确保安全,人们会把即将发生事件的危险性估计得高一些,采取"宁肯信其有,不可信其无"的策略。

极端天气气候事件常常伴随着各种气象灾害;极端天气气候事件频次、强度的变化也就和人们对未来风险保持警觉的心理高度契合起来。因此,人们可能更愿意相信,在气候变暖的背景下,各种极端天气气候事件增多、增强,气象灾害的风险会不断增大,而有意无意地忽视那些会使他们放松警惕的观测事实:大部分极端天气气候事件频次,实际上减少了,或者没有明显增加。

(2)宗教影响。宗教对价值判断的影响是重要的。西方基督教信仰"末日审判",天主教、东正教、犹太教、伊斯兰教都继承了"末日审判"的理念。因此,西方人也就具有浓厚的末日文化情结,时刻准备迎接各种灾难和"世界末日"。和东方人比较起来,西方人对地球未来和人类命运更加悲观,对全球气候变化影响的评价常常也更为负面。极端天气气候事件是引起各种负面影响的主要原因,强调全球变暖背景下极端天气气候事件增多、增强,符合气候变化影响总体上是不利的,甚至是灾难性的预期。

在 20 世纪 90 年代,古气候学家发现了末次冰期和冰消期的系列突变,厘清了新仙女木事件的起讫时间及温度变化速率和程度。如果类似气候突变事件发生会造成欧洲、北美东部气候、环境深刻变化,结局接近地球环境"末日"情景;20世纪 90 年代初,学术界的这一发现引起欧美政界、学界和公众的极大关注,对英国等主要欧洲国家的气候变化立场确立,应该不无影响。《后天》这部灾难片电影也是在这一背景下产生的。

自从古罗马时代开始至今,有关世界末日的预言数不胜数。这些预言宣称人类和世界会在过去或未来的某个时间节点消亡。预言过去 2000 多年内的末日时间点,数以百千计。然而,正如阅读这本书时看见的,今天的地球还是人类的美好家园,世界仍然充满生机。

(3)环保主义。环保是利国利民的大好事。理性的环保主义有助于促进社会经济可持续发展。但是,兴起于欧洲、逐渐扩散到全球的环保领域扩大化,环保主义极端化,这对于气候变化应对工作到底是好还是坏,可能需要我们深入思考。

早期的环境保护主要是控制和治理空气污染、水污染和土壤污染,以此来改善生存环境。自 20 世纪 90 年代初开始,环境保护范围扩大到更广泛领域,逐渐包含了荒漠化治理、生物多样性保护、臭氧层保护和气候变化应对,形成了"全球环境变化"的概念。对全球气候有影响的温室气体,也被当作"空气污染物",这为减缓气候变化奠定了舆情和法理基础。

将温室气体看作"空气污染物",由此引起的全球变暖,以及伴随气候变暖出现的极端天气气候事件变化,需要被当作"坏东西"处理;如果它们不是很坏,也得找到它们"坏"的地方,"坏"的时候,否则不符合舆情和法理。在这种情况下,极端天气气候事件频次,想不增多、增强,也是难的。

环保领域扩大化、环保主义极端化致使气候变化应对工作走上了非理性的道路。气候变化科学的信誉也受到了影响。

(4)经济利益。不同群体、不同行业和不同国家在应对气候变化,特别是减缓气候变化问题上,有明显不同的立场。立场差异背后是发展空间和政治经济利益的博弈(图12-2)。在减缓气候变化的过程中,相对传统能源,新能源会获得明显的竞争优势;在传统能源领域内,天然气行业将比煤炭行业拥有更大的发展空间。因此,新能源占比高、能源消费总量低的欧洲各国,在减缓气候变化中,相对的经济竞争力会得到提升。

图 12-2 气候变化应对过程中世界上和一个国家内部形成了明显不同的政治经济利益集团

预期的气候变化直接影响,包括水热条件改变、海平面上升和极端气候变化对各部门、各地区的影响,以及为适应这些影响所需付出的成本,也会对不同行业和国家的政策、立场产生直接或间接作用。

在减缓气候变化中获得竞争优势的群体、行业和国家,一般都会不遗余力地为减排奔走呼号。在他们眼里,在全球变暖背景下,极端天气气候事件如果减少、减弱了，给人类社会造成的灾害风险减小了，是难以接受的。

（5）研究偏向。这里是指课题立项和研究的偏向性。科学家是气候变化问题的始作俑者。气候变化也确实是一个重要的科学问题值得开展深入研究。但是，科学家和他们所从事的科学研究有时也变得不是很纯洁。不考虑那些相关利益部门或利益集团资助的研究，以及为了本部门、本单位利益去游说的项目，仅从国家级基础性和公益性科研来看，立项和研究中的偏向性也是难以避免的。

科学家需要科研项目资助；而要申请到气候变化领域的科研项目，在撰写项目申请书时，他们常常必须把气候变化或极端天气气候变化问题上纲上线，把它们已经或预期造成的影响说得比较严重，或者比较"坏"；不这样的话，难以引起同行专家和科技管理者的重视，也就难以立项。这些课题立项后，研究者会沿着项目立论依据中"指引"的方向，习惯性地追"坏"，获得一个又一个警示性结论。

研究结果如果是"好"的，预示影响是正面的，成果发表就会遇到困难。为什么会这样？因为那些控制主流期刊评审过程的学者不太相信气候变化的影响会这么"好"，或者他们虽然也知道可能会有"好"结果，但这与他们的期望和利益有冲突，因而选择拒绝或至少慎重让其通过评审。很多高影响学术刊物似乎都特别喜好"坏"的研究结果。《自然》和《科学》这类自然科学顶级期刊在追"坏"的竞赛中跑得更远（图12-3）。

由于学术期刊上发表的气候变化、极端天气气候变化研究成果多是"坏"的。在科学评估过程中，比较难于找到"好"的结果，科学评估结论因而也存在偏差，传达给决策者和公众的科学信息，与他们的"感受"就不谋而合了。

（6）媒体作用。新闻报道带有较强的倾向性。新近发生的事很多，新闻机构没有必要且没有可能都去报道，一般会选择有价值的新闻报道。在选择过程中，还会受到记者或编辑的政治态度、价值观念、经济利益、学术修养、兴趣爱好等多方面因素影响。但总的来说，媒体也了解大众的口味，知道迎合大众的喜好，喜欢追逐"坏消息"。这种负面新闻更能引起读者、观众的关注，也更可能为媒体带来收益。

图 12-3　《自然》《科学》等自然科学顶级期刊往往更青睐具有负面影响的研究结果

　　进入 21 世纪以来,互联网和新媒体发展迅速,使得人们对当下发生的各种重大极端天气气候事件能够及时了解、全方位感知,不再像过去那样,即使发生了,甚至比今天发生得更严重,但却不被报道。电视、互联网和新媒体报道更及时、更立体、更生动、更具视觉冲击力和轰动效应(图 12-4),会给人们造成一种错觉,就是极端天气气候事件变得更多了、更严重了。

图 12-4　电视、互联网和新媒体报道更具视觉冲击力和轰动效应,电视、互联网和新媒体

革新了极端天气气候报道时效性和覆盖度

最后，尽管属于少数，但也不时发生的，就是极少数媒体记者不顾职业操守，制造假新闻，或者过分夸大事实，对公众造成了误导。关于乞力马扎罗山冰川消失的消息、北极熊饥饿死亡的消息，以及最近（2022年8月22日）关于"乐山大佛'真身'全部露出"的消息等，都属于这类，这些在一定程度上对公众造成误导。

上述各种因素也是相互联系、相互影响的。在它们的综合协同作用下，"全球变暖背景下，极端天气气候事件增多增强了"这类"口头禅"呼之欲出、畅行无阻，也就不难理解了。

就在刚刚写完这部分内容的时候，关注到《医师报》一则报道：复旦大学阚海东教授团队与中国疾病预防控制中心周脉耕研究员团队合作研究发现，温度对我国272个城市居民死亡的影响明显，死亡风险最低的温度是22.8 ℃，14％的居民死亡与温度负面影响有关，其中与低温相关的比例为11％，与高温相关的比例是3％。这说明，与极端高温天气相比，极端低温天气更容易造成城市居民非意外死亡。其他大量研究也证实，极端低温事件导致的健康风险，包括对心脑血管疾病和呼吸系统疾病的影响，比极端高温事件要高得多。

先前也有研究指出，在中国，冬季由于低温造成的额外能源消费比夏季由于高温造成的额外能源消费要高得多；过去几十年气候变暖和低温寒潮频次减少、高温热浪频次增加，致使中国冬季加热所需能源消费量减少，夏季制冷所需能源消费量增加，但加热能源需求的减少幅度比制冷能源需求的增加幅度要大得多，加热和制冷的净能源需求量是明显减少的。

但是，由于上述各种原因，在气候与极端天气气候变化影响的研究和报道中，以及在气候变化经济学研究和报道中，极端天气气候变化的那些正面社会经济效应没有得到足够反映。

结束语

2001 年春季过后,社会上围绕沙尘暴展开了热烈讨论。讨论的一个主要问题是,中国北方沙尘暴发生频次是增加了,还是减少了?

现在,回过头来看,这个问题怎么回答都不算错。如果从几年或年际尺度上看,2000—2003 年的沙尘天气频次就是比之前的几年或 10 年增加了;但如果从多年代时间尺度上看,那几年的沙尘天气频次仍然不算高,比 20 世纪 60—70 年代低得多,而且只是短暂回升,并没有影响多年代尺度总体下降的趋势。

可见,参照的时间尺度不同,或者回溯参考期长度不同,得到的结论就不一样,有时甚至会完全相反。

问题在于,我们现在讨论的语境通常是气候变化,或者全球变暖与极端天气气候变化的联系。这个语境就意味着,我们谈论的事情是多年代到世纪尺度上的问题;极端天气气候变化是指发生在几十年到几百年时期内的长期趋势,而不是当年与上年比,或者这个 10 年与上个 10 年比。在长期变化的时间框架内,不论人们开始关注沙尘暴的 20 年前,还是现在,其前几十年的沙尘天气频次总体上都是显著减少的。这个特征与大风日数、低温寒潮频次以及中小尺度强对流天气明显减少的事实一起,共同决定了中国的主要类型极端天气气候事件,总体上讲并没有增多、增强。

实际上,这里说的是个参照系的问题。类似的问题也出现在对中国地面观测资料序列的城市化影响偏差讨论中。这个讨论之所以有不同研究结论,其根本原因在于,一些研究采用了客观、严格的标准去确定参考站,而另一些却没有这样做,这就导致所有站(或城市站)与参考站的平均趋势差或者它们差值序列的趋势出现很大不同。近20年,采用各种客观方法确定参考站网的研究得到的结论基本一致。

参照系也有空间维度。一个地点、一个城市或一个省份发生罕见的极端天气气候事件,譬如五十年一遇或百年一遇的事件,放在全国、亚洲和全球来看,就可能是正常的了。世界上每一年都会发生类似事件,以及各种各样的其他极端天气气候事件。

2022年7—8月,长江流域和欧洲西部的高温热浪在当地无疑是罕见的,但以全球视角去看,这类事件每年都会发生,不在这里,就在那里;在这一年的同时期内,西伯利亚中南部、南亚、北美东北部和格陵兰、澳大利亚等地区的地面气温是异常偏低的,北半球不少区域出现了冷夏天气气候事件,但由于多种原因,公众并不知晓或没有给予关注。

与空间参照有联系的一个问题是,地表观测空间范围逐渐扩大,气象站网密度不断增加。许多原来没有观测的地方,现在开始有了一定长度的记录。这意味着,在一个特定区域内,捕捉到更极端的天气气候事件的机会在提高。如果在研究中不注意处理这个问题,就会出现观测站网密度和覆盖范围增加引起的系统性偏差,导致区域或全球极端天气气候事件频次出现增多的假象。

在美国国家海洋与大气管理局有一位非常受尊敬的气候学家,若干年前,他和同事在《科学》杂志上发表的一篇文章就犯了这种错误。

他们认为,海洋浮标记录的海表温度普遍比过去的船舶观测温度偏低,需要订正;他们对所有浮标观测数据加上0.12 ℃。应该说,这个订正本身并没有问题。问题在于,他们继续使用订正的数据加上原来的船舶数据分析全球海表温度变化,得出全球变暖减缓现象本来就不存在的结论。

他们的错误在于忽视了浮标观测是从20世纪后期开始的,并不断扩展到高纬度地区这一事实。由于最近 20～30 年北极变暖更明显,早期主要分布在中低纬度的船舶观测,加上后期分布在全球包括高纬度地区订正后的浮标数据,就会导致 1998 年(2000 年)以后全球变暖减缓现象不再存在的结果。

造成这个错误的根本原因是,气候变化在空间上存在着不均一性,观测数据空间覆盖范围如果随时间不断扩展或向某一方向漂移,将会引起全球和一个大的区域平均气候要素序列趋势分析的偏差。这种偏差是较大的,它和陆地气温资料序列中的城市化影响偏差一样重要,但遗憾的是,它们都没有受到足够的重视。

上述例子说明,气候和极端天气气候变化监测、检测和归因研究还有不少认识上的偏差,其中包括一些可能源于观测数据和研究方法上的漏洞。即使在那些想把事实搞清楚的科学家当中,由于各种意识不到的动机和知识缺陷,还是有可能把不正确的研究结果呈现给同行和公众的。

极端天气气候变化研究,任重而道远。

这本书以笔者所负责的课题组多年研究成果为基础,同时吸纳了部分其他研究成果。这些研究试图甄别和解决观测数据和分析方法的各种漏洞,力图展现一个更真实的极端天气气候变化立体画面。

本书展示的画面与科学界流行的传统认知有些差异。至少对于东亚和中国,在近现代时期极端天气气候事件频次、强度多数情况下表现出明显的降低,只有少部分类型出现较显著的升高。

值得注意的是,过去几十年、上百年多数极端天气气候事件发生频次减少与部分极端天气气候事件发生频率增多一样,不一定是对全球变暖的响应,其根本原因还有待进一步研究。如前所述,当前的极端天气气候变化归因研究同样存在着较大的不确定性。

如果是对全球变暖的响应,这种响应机制可能与高低纬度变暖速率的差异有联系,后者可能会导致地球行星尺度大气-海洋环流变化,进而影响不同类型极端天气气候事件频率或强度变化,但总体上使得它们减少、减弱。如果这个假设成立,则说明大尺度气候变暖,或者说气候变化,对人类社会的影响可能并非如当前所认识的那样糟糕。

当然,还有一种可能,就是 20 世纪 70 年代末以后,亚洲特别是东亚地区气溶胶排放增加,地表太阳辐射减少,地面净辐射和辐射平衡发生变化,对西北太平洋和东亚季风区大气热动力过程产生了深刻影响,致使多数极端天气气候事件频次减少、强度减弱。

现代极端天气气候变化的机理和原因,今后还有许多问题需要解决

如果区域尺度气溶胶效应发挥作用,那么,未来中国和亚洲其他国家空气污染治理可能加速近地面气候变暖,逆转过去的趋势,导致区域尺度极端天气气候事件增多、增强。在中国北方,这个逆转过程是否已经发生,2010 年以后,多种极端天气气候事件表现出与早期不一样的变化,值得密切关注。

此外,还应该看到,不论什么原因,极端天气气候事件总体减少,不意味着它们造成的灾害风险下降了。风险或脆弱性的变化,不仅取决于极端天气气候事件频次和强度变化本身,还依赖其他社会经济和技术因素演化趋势。因此,极端天气气候事件及其随时间变化的监测、研究,以及防灾减灾的意识和措施,时刻都不能松懈。

参考文献

王颖,刘小宁,鞠晓慧,2007. 自动观测与人工观测差异的初步分析[J]. 应用气象学报,18(6):849-855.

中国气象局气候变化中心,2022. 中国气候变化蓝皮书 2021[M]. 北京:科学出版社.

IPCC,2013. Climate Change 2013:The Physical Science Basis. Contribution of Working Group I to the Fifth Assessment Report of the Intergovernmental Panel on Climate Change[M]. Cambridge:Cambridge University Press.

IPCC,2021. Climate Change 2021:The Physical Science Basis. Contribution of Working Group I to the Sixth Assessment Report of the Intergovernmental Panel on Climate Change[M]. Cambridge:Cambridge University Press.

HUANG J,YU H,GUAN X,et al,2016. Accelerated dryland expansion under climate change[J]. Nature Climate Change,6:166-171.

JONES P D,NEW M,PARKER D E, et al,1999. Surface air temperature and its changes over the past 150 years[J]. Reviews of Geophysics,37:173-199.

KNAPP K R,KRUK M C,LEVINSON D H,et al,2010. The international best track archive for climate stewardship (IBTrACS)[J]. Bulletin of the American Meteorological Society,91(3):363-376.

LIU Y,LI Z,2021. Stalagmite flooding frequency record since the middle little ice age from central China[J]. Climatic Change,164:28.

TOLLEFSON J,2022. Scientists raise alarm over dangerously fast growth in atmospheric methane[J/OL]. Nature. (2022-02-08)[2023-06-28]. https://www.nature.com/articles/d41586-022-00312-2.